答え隠しシートの使い方

カッターやハサミなどで切り取る

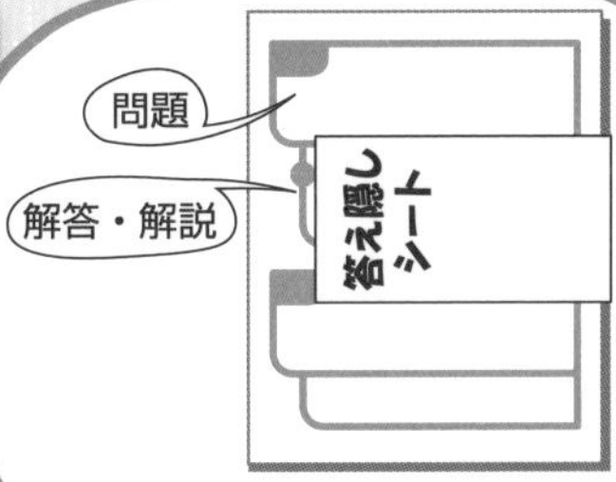

問題の解答解説を隠す

キリトリ線

ラクしてうかる！ 乙４類危険物試験

答え隠しシート

このシートを使えば問題を解く前に答えが目に入らないね！

ひたすら問題を解いて覚えるべし！

しおりとしても使えるよ！

オーム社

フルカラー

ラクしてうかる！乙4類危険物試験

オーム社 編

Ohmsha

読者の皆様へ

本書は乙種第4類危険物取扱者試験（乙4類危険物試験）を初めて受験する方や消防法関連や物理化学の専門的な知識がない方でも学習できる「合格するために必要な知識のみ」に的を絞って解説した受験対策書です．

乙4類危険物試験はマークシート方式（5つの選択肢の中から解答を1つ選ぶ方式）です．試験科目は「①危険物に関する法令（15問）」「②基礎的な物理学および基礎的な化学（10問）」「③危険物の性質ならびにその火災予防および消火の方法（10問）」の3つで，合格するには3科目すべてで6割以上の正解が必要となります．

試験問題の出題範囲には，消防法，物理学，化学，危険物の性質，危険物の特性，消火方法など幅広い問題が出題されており，知っているか（暗記できているか）が合否の分かれ目です．そこで，本書では多くの図やゴロ合わせなどを豊富に取り入れ，「図を見る」→「ゴロ合わせを読む」→「重要箇所の歌を動画で聴く」→「自分で歌ってみる」というように，視覚や聴覚に働きかけながら，楽しく学習できるような流れとなっています．また，目次構成にも工夫を施し，「危険物にどんなものがあるのか知る（③の範囲）」➡「危険物取扱者や危険物取扱所について知る（①の範囲）」➡「③と①を理解した上で物理学や化学の基礎知識と燃焼や消火の基礎知識について学ぶ（②の範囲）」というように，理解しやすい順番に並べることで関連づけながら学習し，無理なく合格ラインに到達できるようにしました．

実際の試験では，過去に出題された問題の類題が多く出題されています．しかしながら，過去に出題された問題をすべては公表されていないため，本書は過去問題を徹底分析した予想問題を作成し，重要度（★～★★★）に分けて掲載しています．また，章末の練習問題に関しては，数多くの問題に慣れることを目的として，通常5択のところを○×形式の2択にしています．これにより，短時間で効率の良い学習が可能です．本書で学んだ数多くの攻略法を使って解けるようになるまで繰り返しチャレンジしてみてください．

本書を有効に活用され，皆様が乙4類危険物試験に合格されることを祈念いたしております．

2024年4月

オーム社編集局

本書の使い方およびおすすめの学習法

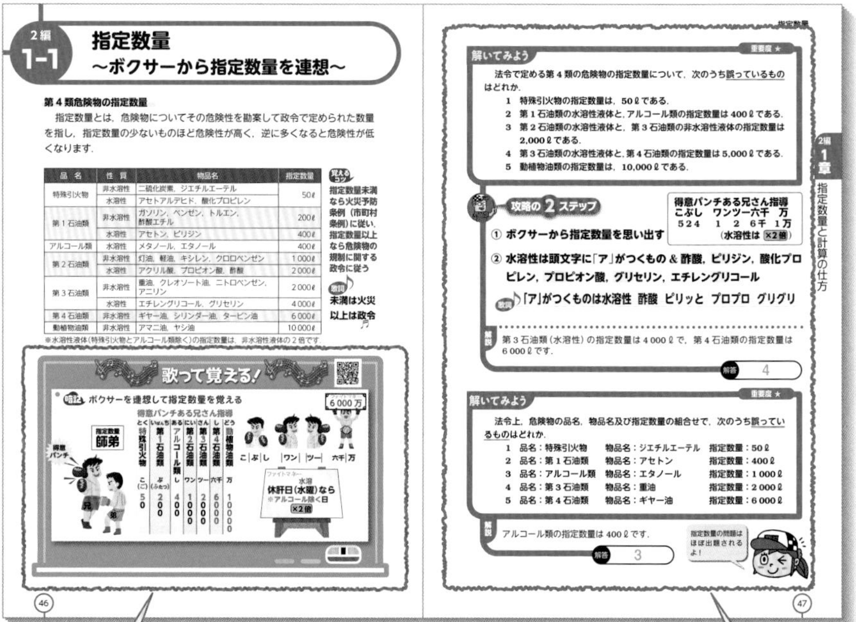

2編 1-1 指定数量 ～ボクサーから指定数量を連想～

第4類危険物の指定数量

指定数量とは，危険物についてその危険性を勘案して政令で定められた数量を指し，指定数量の少ないものほど危険性が高く，逆に多くなると危険性が低くなります．

品名	性質	物品名	指定数量
特殊引火物	非水溶性	二硫化炭素，ジエチルエーテル	50ℓ
	水溶性	アセトアルデヒド，酸化プロピレン	
第1石油類	非水溶性	ガソリン，ベンゼン，トルエン，酢酸エチル	200ℓ
	水溶性	アセトン，ピリジン	400ℓ
アルコール類	水溶性	メタノール，エタノール	400ℓ
第2石油類	非水溶性	灯油，軽油，キシレン，クロロベンゼン	1 000ℓ
	水溶性	アクリル酸，プロピオン酸，酢酸	2 000ℓ
第3石油類	非水溶性	重油，クレオソート油，ニトロベンゼン，アニリン	2 000ℓ
	水溶性	エチレングリコール，グリセリン	4 000ℓ
第4石油類	非水溶性	ギヤー油，シリンダー油，タービン油	6 000ℓ
動植物油類	非水溶性	アマニ油，ヤシ油	10 000ℓ

※水溶性液体（特殊引火物とアルコール類除く）の指定数量は，非水溶性液体の2倍です．

覚えるコツ 指定数量未満なら火災予防条例（市町村条例）に従い，指定数量以上なら危険物の規制に関する政令に従う

歌詞 未満は火災 以上は政令

歌って覚える！

暗記 ボクサーを連想して指定数量を覚える

46

解いてみよう 重要度★

法令で定める第4類の危険物の指定数量について，次のうち誤っているものはどれか．

1 特殊引火物は，50ℓである．
2 第1石油類の水溶性液体と，アルコール類の指定数量は400ℓである．
3 第2石油類の水溶性液体と，第3石油類の非水溶性液体の指定数量は2,000ℓである．
4 第3石油類の水溶性液体と，第4石油類の指定数量は5,000ℓである．
5 動植物油類は，10,000ℓである．

攻略の2ステップ

得意パンチある兄さん指導 こぶし ワンツー六千 万 5 2 4 1 2 6千 1万 （水溶性は ×2倍）

① ボクサーから指定数量を思い出す

② 水溶性は頭文字に「ア」がつくもの & 酢酸，ピリジン，酸化プロピレン，プロピオン酸，グリセリン，エチレングリコール

歌詞 「ア」がつくものは水溶性 酢酸 ピリッと プロプロ グリグリ

解説 第3石油類（水溶性）の指定数量は4 000ℓで，第4石油類の指定数量は6 000ℓです．

解答 4

解いてみよう 重要度★

法令上，危険物の品名，物品名及び指定数量の組合せで，次のうち誤っているものはどれか．

	品名	物品名	指定数量
1	特殊引火物	ジエチルエーテル	50ℓ
2	第1石油類	アセトン	400ℓ
3	アルコール類	エタノール	1 000ℓ
4	第3石油類	重油	2 000ℓ
5	第4石油類	ギヤー油	6 000ℓ

解説 アルコール類の指定数量は400ℓです．

解答 3

指定数量の問題はほぼ出題されるよ！

47

このテーマで覚えるべき重要事項です．まずはこの内容を暗記してください．

実際に出題された過去問です．**これだけ覚える！** と **攻略のステップ** を使って問題を解いてみてください．

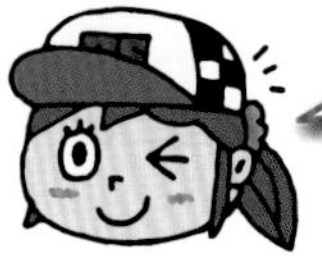

歌って覚える！のところは巻末のQRコードの動画をみながら覚えよう！

歌いながらラクして暗記できちゃう!

① 一通り問題を解く（1回目）

このとき，あまり時間をかけないことがポイントです．まずは左ページをサラーッと流し見てからすぐに右ページの 解いてみよう の問題を解きます．1回目はすぐ解説を読んでOKです．見開き2ページで3～5分程度で読めますので，読んだら次へと進んでいき，最後に章末の練習問題にチャレンジしてください．通常5択のところ，問題をたくさん短時間で効率良く解くためにあえて○×の2択にしています．

② 歌を覚える

危険物取扱者を攻略するには，数多くの専門的知識の暗記が必須となってきます．この暗記に苦戦し涙した受験生も数多くいます．そこで，ゴロ合わせを歌にまとめて聴いて，歌って，ラクラク暗記できるように巻末のページに歌詞とQRコードから読み取れる動画データ（または音声データ）を用意しました．歌を聴き流すことで①で学習した内容が自然と頭に入ってくるはずです．すべてを覚えようとする必要はありません．問題で出題されたときに，その部分だけ何となく思い出せるようになれるくらいでいいので，繰り返し聴き流して，時には口ずさみながら学習してください．

③ もう一度一通り問題を解く（2回目）

次は解答を隠しながら問題を解いてみてください．巻頭に目隠しシートがあるので，解答部分を目隠しシートで隠しながら問題を解き進めてください．もちろん，○×の2択の練習問題にもチャレンジしてみてください．

④ 最後に模擬試験問題にチャレンジ

本書では，実践問題に近い形式の模擬試験として，法令15問（合格点9問以上），物理化学10問（合格点6問以上），性質10問（合格点6問以上）を掲載しています．5択の問題ですが，2択で鍛えた実力と，歌で覚えたゴロ合わせ，本書で鍛えた覚えるコツ，目で見てイラストを目に焼き付けた実力がきっと合格という成果が得られることでしょう．万が一，合格点が取れなければ，諦めずにもう一度①～③を繰り返してみてください．

目次 CONTENTS

1編 • 危険物の性質ならびにその火災予防および消火の方法

1章 • 危険物について知ろう

2章 • 乙種4類の危険物とは

2編 • 危険物に関する法令

1章 • 指定数量と計算の仕方

2章 • 危険物取扱者について知ろう

3章 • 製造所等の区分と手続きとは

4章 • 製造所等の構造について知ろう

5章 • 消火設備と運搬方法とは

3編 • 基礎的な物理学および基礎的な化学

1章 • 燃焼から消火

2章 • 基本的な物理学とは

3章 • 基本的な化学とは

1編 危険物の性質ならびにその火災予防および消火の方法

1章●危険物について知ろう

消防法で定義されている危険物って何ですか？

ガソリンや灯油も危険物なんだ．他にもたくさんあるよ!

覚えることたくさんありそうですね．

そんなときは，この動画を見てからイメージしよう!

これならイメージがわきます!

1編
1-1

1編1章で必要な単語の意味 ～単語を覚えて理解力UP～

この章で必要な単語の意味を絵を見てイメージして覚えましょう．

絵を見て覚えよう

酸化性（さんかせい）とは

酸素を含有する化合物のうち，加熱・衝撃・摩擦などによって酸素を放出しやすく，また可燃物と接触すると燃焼・爆発しやすい性質のこと．

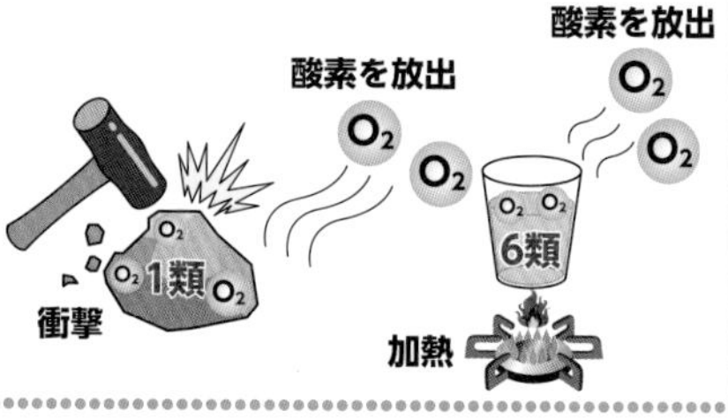

可燃性（かねんせい）とは

火に燃えやすい性質のこと．

自然発火（しぜんはっか）とは

人為的に火を付けることなく自然に発火する現象のこと．

禁水性（きんすいせい）とは

水に触れると発火したり可燃性ガスを発生する性質のこと．

燃焼範囲（ねんしょうはんい）とは

可燃性ガスと空気の混合割合で，**燃焼**が起こる**濃度の範囲**のこと．

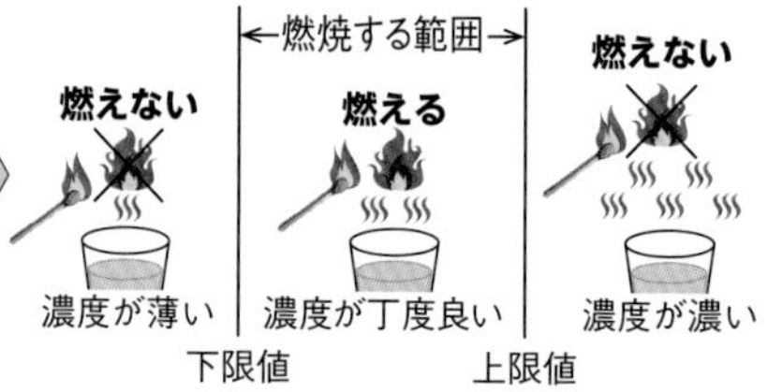

絵を見て覚えよう

引火点（いんかてん）とは

可燃性液体が，空気中で点火したとき燃焼するのに十分な濃度の蒸気を液面上に発生する最低の液温のこと.

発火点（はっかてん）とは

可燃物を空気中で加熱した場合，点火しなくても，自ら燃え出す最低の液温のこと.

自己反応性（じこはんのうせい）とは

物質の分子中に含有する酸素によって燃焼（自己燃焼）しやすい性質のこと.

不燃性（ふねんせい）とは

燃えない，あるいは，燃えにくい性質のこと.

酸化（さんか）と還元（かんげん）とは

一般的に**酸化**とは酸素と結び付くことであり，**還元**はその反対に酸素を失うこと．また，物質が水素や電子を失う反応を**酸化**，水素や電子と結び付くことを**還元**という.

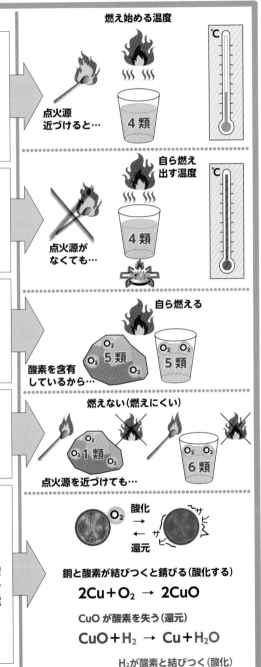

銅と酸素が結びつくと錆びる（酸化する）

$$2Cu + O_2 \rightarrow 2CuO$$

CuO が酸素を失う（還元）

$$CuO + H_2 \rightarrow Cu + H_2O$$

H_2が酸素と結びつく（酸化）

1編 1-2

消防法で定義する危険物 ～危険物って何がある？～

消防法で定義する危険物

消防法で定義する危険物とは，火災や爆発の危険性がある物質のうち，「消防法別表第 1 の品名欄に掲げる物品で，同表に定める区分に応じ同表の性質欄に掲げる性状を有するもの」と定められ，**第 1 類**から**第 6 類**までに分類されています．下記にまとめた消防法別表第 1 の内容を確認しておきましょう．

類　別	性　質	特　　性
第 1 類	酸化性固体 ➡無色や白色	多くは無色または白色の固体であって，自らは燃焼しないが，他の物質を酸化させる酸素を多量に含有している．可燃物と混合したとき，熱・衝撃・摩擦により分解し酸素を放出するため，極めて激しい燃焼を起こさせるもの．なお，アルカリ金属の過酸化物は，水と反応させると酸素と熱を発生する．
第 2 類	可燃性固体	固体であって，火炎によって着火しやすいまたは比較的低温（40℃未満）で引火しやすく，燃焼が速いため消火することが困難であるもの．なお，燃焼すると一部の物質（硫化リン，硫黄等）が有毒ガスを発生する．金属粉（アルミニウム粉末等）は，水や酸の接触により発熱や発火のおそれがある．
第 3 類	自然発火性物質 および 禁水性物質	固体または液体であって，空気にさらされると自然に発火し，または水と接触すると発火，もしくは可燃性ガスを発生するもの．代表的なものとして，自然発火性のみ有する“黄(おう)リン”，禁水性のみを有する“リチウム”，両方の危険性を有している“**アルキルアルミニウム**”がある．
第 4 類	**引火性液体**	液体であって，引火性の蒸気を発生させて引火や爆発のおそれがあるもの．
第 5 類	自己反応性物質	固体または液体であって，燃焼に必要な酸素を含んでおり，外部からの酸素の供給がなくても燃焼するものが多い．燃焼速度が極めて大きく，加熱，衝撃，摩擦などにより発火や爆発のおそれがある．
第 6 類	酸化性液体	液体であって，不燃性であるが酸化力が強く，多くは腐食性があり，蒸気は有毒である．

消防法別表第１に掲げる第４類の危険物　乙種４類はココに該当！

危険物取扱者丙種や乙種４類の資格を取得するためには，左記の消防法別表第１のうち「第４類の危険物」についてさらに細かく知る必要があります．下記にまとめた第４類の危険物の内容を確認しておきましょう．

品　名	性　質	主な物品名	特　徴	指定数量
特殊引火物	非水溶性	二硫化炭素，ジエチルエーテル	ジエチルエーテル，二硫化炭素その他１気圧において，発火点が **100**℃以下のものまたは引火点が **−20**℃以下で沸点が **40**℃以下のものをいう．	**50ℓ**
	水溶性	酸化プロピレン，アセトアルデヒド		
第 **1** 石油類	非水溶性	ガソリン，ベンゼン，n-ヘキサン，トルエン，酢酸エチル，ギ酸エチル，メチルエチルケトン	アセトン，ガソリンその他１気圧において，引火点が **21**℃未満のものをいう．	**200ℓ**
	水溶性	アセトン，ピリジン，ジエチルアミン		**400ℓ**
アルコール類	水溶性	メタノール，エタノール，n-プロピルアルコール，イソプロピルアルコール	1分子を構成する炭素の原子の数が**1個**から**3個**までの飽和**1価**アルコール（変性アルコールを含む）をいい，組成等を勘案して総務省令で定めるものを除く．	**400ℓ**
第 **2** 石油類	非水溶性	灯油，軽油，n-ブチルアルコール，キシレン，クロロベンゼン	灯油，軽油その他1気圧において，引火点が **21**℃以上 **70**℃未満のものをいい，塗料類その他の物品であって，組成等を勘案して総務省令で定めるものを除く．	**1,000ℓ**
	水溶性	酢酸，プロピオン酸，アクリル酸		**2,000ℓ**
第 **3** 石油類	非水溶性	重油，クレオソート油，アニリン，ニトロベンゼン	重油，クレオソート油その他１気圧において，引火点が **70**℃以上 **200**℃未満のものをいい，塗料類その他の物品であって，組成等を勘案して総務省令で定めるものを除く．	**2,000ℓ**
	水溶性	エチレングリコール，グリセリン		**4,000ℓ**
第 **4** 石油類	非水溶性	ギヤー油，シリンダー油，タービン油	ギヤー油，シリンダー油その他１気圧において，引火点が **200**℃以上 **250**℃未満のものをいい，塗料類その他の物品であって，組成等を勘案して総務省令で定めるものを除く．	**6,000ℓ**
動植物油類	非水溶性	不乾性油…ヤシ油 半乾性油…ナタネ油 乾性油…アマニ油	動物の脂肉等または植物の種子もしくは果肉から抽出したものであって，１気圧において引火点 **250**℃未満のものをいい，総務省令で定めるところにより貯蔵保管されているものを除く．	**10,000ℓ**

※水にわずかに溶けるが、定義上は非水溶性に分類されているもの↓
特殊引火物のジエチルエーテル，第１石油類の酢酸エチルとメチルエチルケトン
※指定数量とは，その危険性を勘案して政令で定められた数量で，全国同一である．

危険物の類と共通する性状(その1) ～3行の歌詞でラクラク暗記～

危険物の性状および状態 ➡乙種4類の試験でも共通の問題として出題あり

危険物は，下表のように**第1類**から**第6類**の6つに分類されています．1気圧において常温（20℃）で**固体**または**液体**に限られ，気体は危険物に含まれません．

種別	性状	状態	燃焼性	該当する物品の例
第1類	酸化性	固体	不燃性	○○酸塩類（塩素酸塩類）
第2類	**可燃**性	固体	可燃性	硫黄，赤リン，鉄粉
第3類	自然**発火**および禁水性	固体と液体	可燃性（一部不燃性）	黄リン，リチウム，アルキルアルミニウム
第4類	引**火**性	液体	可燃性	ガソリン，灯油，軽油，重油
第5類	**自己**反応性	液体と固体	可燃性	ニトロ化合物，セルロイド，ニトロセルロース
第**6**類	酸化性	液体	不燃性	過塩素酸，過酸化水素，硝酸

※詳しくは 1編 1-2 の消防法別表を参照

歌って覚える！

暗記 危険物の性状および状態を歌って覚える

覚えるコツ 右表を書いて下の歌詞を読もう！

第1類	第2類	第3類	第4類	第5類	第6類
酸（さん）	可燃（かねん）	発火・水（ハッカ すい）	引火（いんか）	自己（じこ）	酸（(む)ざん）
固（コツ）	固（コツ）	固 液（コツ）	液（エキ）	液 固（エキ）	液（エキ）
不（ふねん）	可	可	可	可	不（ふねん）

歌詞

酸 可燃　発火 水　引火 自己　6類 酸

三カ年　ハッカ水　引火事故　無残

固固固　液液液　,3,5かぶって

ふねんでさんど

3類と5類だけが固体と液体があるからかぶっていて，1類と6類の不燃性がサンドイッチのように可燃性をはさんでいるよ．

解いてみよう

重要度 ★★★

危険物の類と共通する性状との組合せについて，次のうち正しいものはどれか.

1. 第1類 ……… 気体または液体
2. 第2類 ……… 液体
3. 第3類 ……… 液体
4. 第5類 ……… 固体または液体
5. 第6類 ……… 固体

攻略の2ステップ

① 歌詞を思い出して表を完成させる

歌詞

酸 可燃　発火 水　引火 自己　6類 酸

♪三カ年　ハッカ水　引火事故　無残♪

固固固　液液液　,3,5かぶって

ふねんでさんど♬

② 表を確認する

第1類	第2類	第3類	第4類	第5類	第6類
コツ 固	コツ 固	コツ 固 液	エキ 液	エキ 液 固	エキ 液

解説

第5類の危険物はニトロ化合物などの自己反応性物質で，**固体**と**液体**があります.

解答　4

解いてみよう

重要度 ★★★

危険物の類ごとに共通する性状について，次のうち正しいものはどれか.

1. 第1類の危険物は，強還元性の液体である.
2. 第2類の危険物は，燃えやすい固体である.
3. 第3類の危険物は，水と反応しない不燃性の液体である.
4. 第5類の危険物は，強酸化性の固体である.
5. 第6類の危険物は，可燃性の固体である.

攻略の2ステップ

① 歌詞を思い出して表を完成させる

② 表を確認する

左ページの歌詞さえ覚えちゃえば簡単に問題が解けちゃうね!

解説

第2類の危険物は**可燃性**（燃えやすい）**固体**です.

解答　2

1編 1-4 危険物の類と共通する性状(その2) ～危険物には固体と液体しかない～

各類の危険物の特性

第１類の危険物……不燃性なので，そのもの自体は燃えません．**酸化性を有していて**，他の物質を酸化することができる酸素を含有している固体です．なお，アルカリ金属の過酸化物は，水と反応させると酸素と熱を発生します．

第２類の危険物……着火または引火しやすい可燃性の固体で，自ら燃えます． ➡ 一部の物質（硫黄など）は有毒ガスを発生

第３類の危険物……空気中にさらされると酸素と反応して自然発火するため自然発火性物質です．また，水と接触すると発火したり可燃性ガスを発生するため禁水性物質です．一部を除き，ほとんどが可燃性の物質で固体と液体があります．

第４類の危険物……可燃性蒸気を発生して空気との混合気体をつくり，火源を与えることで蒸気に引火する危険性がある液体です．

第５類の危険物……酸素含有物質であるため内部（自己）燃焼を起こしやすく，固体と液体があります．

第６類の危険物……不燃性なので，そのもの自体は燃えません．酸化性の液体です．**酸化力が極めて強いため他の燃焼を助けます**．

これだけ覚える！

暗記 危険物は１気圧において常温（20℃）で**固体**または**液体**（気体がない）

覚えるコツ 危険物には**期待**（気体）**しない**と覚えよう

危険物ではない

注意 **第１類から第６類の危険物の性状の問題では「すべて」，「必ず」，「～のみ」の３つのワードに注目！**

覚えるコツ 「すべて」，「必ず」，「～のみ」は**誤っている可能性あり**

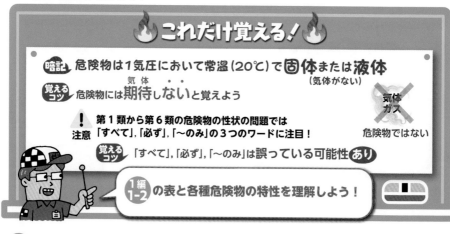

1編 1-2 の表と各種危険物の特性を理解しよう！

解いてみよう

重要度 ★★★

第 1 類から第 6 類の危険物の性状について，次のうち正しいものはどれか．

1. 1 気圧において，常温（20℃）で引火するものは，すべて危険物である．
2. すべての危険物には，引火点がある．
3. 危険物は，必ず燃焼する．
4. すべて危険物は，分子内に炭素，酸素または水素のいずれかを含有している．
5. 危険物は，1 気圧において常温（20℃）で固体または液体である．

攻略の 2 ステップ

① 第 1 類から第 6 類の危険物の性状の問題では「すべて」，「必ず」，「～のみ」は誤りの場合が多い

② 1 編 1-2 の表を思い出す

解説

危険物は 1 気圧において常温（20℃）で**固体**または**液体**です．気体はありません．また，不燃性のものもあります．

解答 5

解いてみよう

重要度 ★★★

各類の危険物の特性について，次のうち正しいものはどれか．

1. 第 1 類の危険物は，他の物質を酸化することができる酸素を含有している．
2. 第 2 類の危険物は，酸化力が極めて強いため他の燃焼を助ける．
3. 第 3 類の危険物は，酸素含有物質であるため内部(自己)燃焼を起こしやすい．
4. 第 5 類の危険物は，還元性が強いが不燃性である．
5. 第 6 類の危険物は，燃焼速度が極めて大きい化合物である．

攻略の 3 ステップ

① 第 1 類と第 6 類 とくれば▶ 酸化性 とくれば▶ 酸素を含有

② 第 2 類と第 4 類 とくれば▶ 還元性，可燃性

③ 第 3 類 とくれば▶ 水や空気と反応　第 5 類 とくれば▶ 自己反応

解説

第 1 類の危険物は，酸化性の固体で，他の物質を**酸化**することができる**酸素**を含有しています．

解答 1

攻略の 3 ステップのように各類の特性を覚えちゃおう!

乙種の試験は5択だけど2択で問題に慣れよう

●練習問題1（消防法の危険物）

問題1 法別表第1に危険物の品名として掲げられている方に○，掲げられていない方に×を付けよ．

1. 過酸化水素	⊗
2. プロパン	⊗

解答	1. ○	法別表第1に定める危険物は固体と液体のみです．気体のプロパンは消防法で定める危険物には該当しません．なお，過酸化水素は第6類危険物の品名として掲げられています．
	2. ×	

問題2 法別表第1の性質欄に掲げる危険物の性状として，次のうち該当するものに○，該当しないものに×を付けよ．

1. 可燃性気体	⊗
2. 酸化性固体	⊗

解答	1. ×	危険物は常温常圧（20℃・1気圧）において固体または液体です．気体は該当しません．なお，酸化性固体は第1類危険物に該当します．
	2. ○	

問題3 消防法上の危険物についての説明として，次のうち正しいものに○，誤っているものに×を付けよ．

1. 危険物は，法別表第1に掲げられているものの他に，市町村条例で定められているものもある．	⊗
2. 危険物はその性質により，第1類から第6類に区分されている．	⊗

解答	1. ×	消防法上の危険物とは，法別表第1の品名欄に掲げる物品です．その性質により，第1類から第6類に区分されています．
	2. ○	

合格するためには，たくさん問題を解き，理解することが大切です．そこで，本書の練習問題は，実際の乙種4類の試験問題（5択）を2択（○×）にすることで，多くの問題を短時間で学習できるようにしました．

問題 4 法令上，危険物に関する記述について，次のうち正しいものに○，誤っているものに×を付けよ．

1. 危険物とは，1気圧において温度が0℃で固体または液体の状態にあるものをいう．	
2. 酸化性固体，可燃性固体，自然発火性物質および禁水性物質，引火性液体，自己反応性物質，酸化性液体に区分されている．	

解答		
1. ×	危険物とは，1気圧において**温度 20℃**（常温）で固体または液体の状態にあるものをいいます．0℃ではありません．	
2. ○		

問題 5 法令上，危険物の品名（組成等を勘案して規則で定めるものを除く．）について，次のうち正しいものに○，誤っているものに×を付けよ．

1. 1気圧において，発火点が200℃以下のものまたは引火点が0℃以下で沸点が40℃以下のものは，特殊引火物に該当する．	
2. 1分子を構成する炭素の原子の数が1個から3個までの飽和1価アルコールは，アルコール類に該当する．	

解答		
1. ×	特殊引火物とは，1気圧において発火点が**100℃**以下のもの，または，引火点が**－20℃**以下で沸点が**40℃**以下のものになります．	
2. ○		

問題 6 法令上，危険物に関する説明について，次のうち正しいものに○，誤っているものに×を付けよ．

1. 液化石油ガスは，危険物に該当する．	
2. 危険物に該当するかしないかを判断するための試験の1つとして，火炎による着火の危険性を確かめる試験がある．	

解答		
1. ×	液化石油ガス（プロパンガス）は，プロパン・ブタンなどを主成分とし，圧縮することにより常温で容易に液化できる気体状のガス燃料のことです．法別表第1に定める危険物は固体と液体のみで，液化石油ガスは消防法で定める危険物には該当しません．なお，第2類の危険物は原則として，火炎により，着火の危険性を確かめる試験をしています．	
2. ○		

●練習問題2（危険物の類ごとの性状）

数多くの問題をこなすことこそ，合格への近道！

問題 1 危険物の類ごとの性状について，次のうち正しいものに○，誤っているものに×を付けよ．

1. 第 1 類の危険物は，いずれも分子内に酸素を含有しており，水と反応して酸素を発生するものがある．	
2. 第 2 類の危険物は，いずれも可燃性の固体であり，燃焼すると有毒なガスを発生する．	

解答		
	1. ○	第 1 類のアルカリ金属の過酸化物は，水と反応すると酸素と熱を発生します．
	2. ×	第 2 類の危険物はいずれも可燃性の固体です．燃焼すると有毒なガスを発生しないものがあります．

問題 2 危険物の性状について，次のうち正しいものに○，誤っているものに×を付けよ．

1. 第 3 類の危険物は，空気または水と接触すると発火もしくは可燃性のガスを発生させる固体または液体であり，多くは禁水性と自然発火性の両方を有する．	
2. 第 5 類の危険物は，いずれも可燃性の固体で，酸素含有物質なので，着火すると燃焼が速く爆発的に反応が進行する．	

解答		
	1. ○	第 5 類の危険物は，可燃性の固体のみではなく，液体もあります．
	2. ×	

問題 3 危険物の類ごとに共通する性状について，次のうち正しいものに○，誤っているものに×を付けよ．

1. 第 2 類の危険物は，燃えやすい固体である．	
2. 第 6 類の危険物は，可燃性の固体である．	

解答		
	1. ○	第 6 類の危険物は不燃性で，酸化性の液体です．
	2. ×	

1編 危険物の性質並びに その火災予防及び消火の方法

2章●乙種4類の危険物とは

第4類の危険物にはどんなものがありますか?

特殊引火物に第1石油類，アルコール類に…

え! こんなにたくさん覚えられませんよ.

そんなときはコレ!このQRコードを読み取ってみて!歌って覚えちゃえば簡単だよ♪

これなら楽しく覚えられそうです♪

1編 2-1 1編2章で必要な単語の意味 ～単語を覚えて理解力UP～

この章で必要な単語の意味を絵を見て頭でイメージして覚えましょう.

絵を見て覚えよう

比重（ひじゅう）とは

ある物質の質量と，それと同体積の基準となる物質の質量との比のことです. ここでは水（比重 1）に対して重い（水に沈む）か, 軽い（水に浮く）か示す数値です.

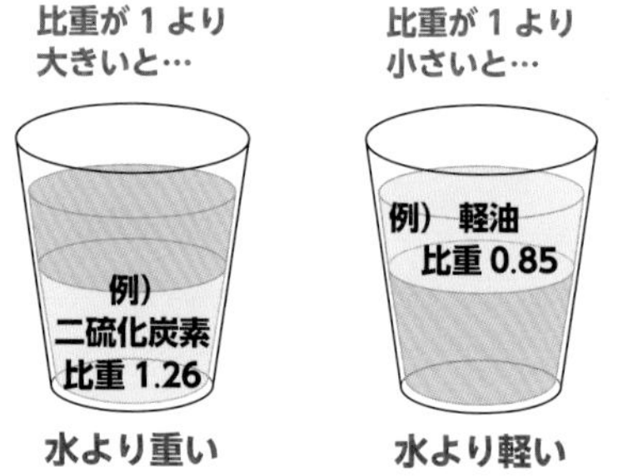

蒸気比重（じょうきひじゅう）とは

液体の蒸気の重さと空気の重さの比のことです. ここでは空気（蒸気比重 1）に対して重い（空気の下にくる）か, 軽い（空気の上にいく）か示す数値です.

蒸気比重が 1 より大きいと…
第 4 類の危険物はすべて蒸気比重が 1 より大きい
蒸気は空気より重い

水溶性（すいようせい）とは

水に溶けることです. なお, 非水溶性とは水に溶けない（溶けにくい）ことです.

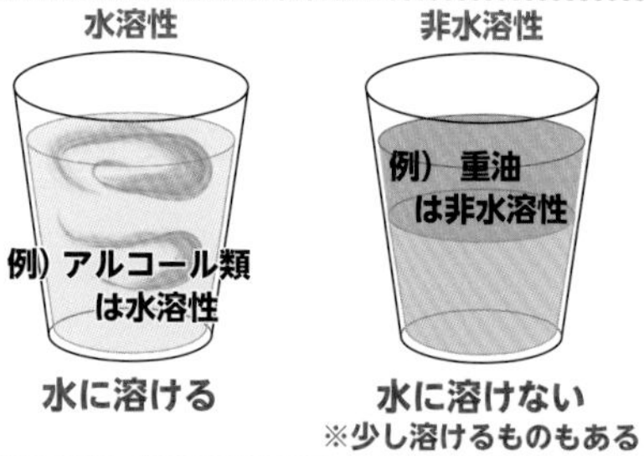

沸点（ふってん）とは

液体の飽和蒸気圧が外圧に等しくなる温度のことです. 液体が気体に変化し沸騰が始まる温度のことです. なお, 気圧が低ければ低い温度で沸騰が始まります.

絵を見て覚えよう

危険等級（きけんとうきゅう）とは

危険性の度合により危険等級がⅠ，Ⅱ，Ⅲに区分されています．危険等級に応じた運搬容器を使用します．

危険等級Ⅰ
- 特殊引火物

危険等級Ⅱ
- 第1石油類　アルコール類

危険等級Ⅲ
- 第2石油類　第3石油類
- 第4石油類　動植物油類

指定数量（していすうりょう）とは

危険物の品名ごとに危険性の度合を勘案して，政令で定められた基準となる数量のことです．

指定数量 50ℓ　　指定数量 200ℓ

※詳しくは 2編 1-1 へGO

揮発性（きはつせい）とは

液体の蒸発（気化）しやすい性質を表し，常温（20℃），常圧（1気圧）で蒸発（気化）しやすい性質を揮発性といいます．

常温20℃かつ1気圧

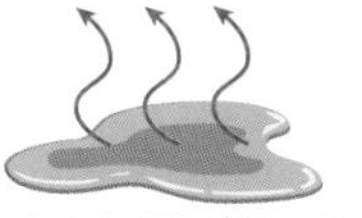

蒸発（気化）が起こる

揮発性が高いもの
- ガソリン　ベンゼン
- アルコール
- 灯油　軽油　など

揮発性が低いもの
- プラスチック
- アルミニウム
- 石　岩　など

芳香（ほうこう）とは

かぐわしい香り，甘い香り，良い香りを意味します．

良い香り

芳香があるもの
- ベンゼン
- トルエン
- キシレン

! 危険　毒性あり

有機溶剤（ゆうきようざい）とは

水に溶けない物質を溶かす，常温（20℃）常圧（1気圧）で液体の有機化合物をいいます．

水に溶けない物質を溶かす

有機溶剤

有機溶剤の一例
- アセトン
- トルエン
- エタノール　など

乾性油（かんせいゆ）とは

空気中で徐々に酸化することにより，固形化する油のことです．

酸化して固形化

酸化熱

乾性油の一例
- アマニ油
- キリ油　など

! 危険　自然発火注意

第４類危険物の性状 ～危険物の全体像をイメージしよう～

[全体に共通する事項] 第４類危険物の全体に共通する性状

第４類	引火性を有する液体
換気方法	低所から高所に換気
蒸気比重	1より大きいため蒸気は空気より重い
燃焼の仕方	蒸発燃焼
非水溶性	流動などにより静電気を発生

1編 2-4 の特殊引火物でも共通しているので合わせて覚えよう!

[ほぼ共通する事項] 第４類危険物の全体にほぼ共通する性状

液比重	1より小さいものが多い.（1より小さいものは水より軽い）
消火方法	窒息消火または抑制（負触媒）消火（水溶性は耐アルコール泡を使用）
色・におい	無色透明で，においがあるものが多い
非水溶性	水に溶けない（一部水に少し溶けるが非水溶性に分類されている）
水溶性	水に溶ける
有機溶剤	有機溶剤に溶けるものが多い ➡ 有機溶剤に“溶ける”がよく出る

歌って覚える!

暗記 水溶性の危険物（アニリンとアマニ油は非水溶性であるため除く）

水溶性は頭文字に「ア」がつく危険物と酢酸，ピリジン，酸化プロピレン，プロピオン酸，グリセリン，エチレングリコール　が水溶性

歌詞 「ア～」溶けちゃったよ　水溶性♪

さくさん　ピリっと　プロプロ　グリグリ♬

暗記 引火性の液体

● **第４類はすべて引火性をもつ液体**

覚えるコツ 液体のみ！

暗記 比重（液比重）

● **1より小さいものが多い**

覚えるコツ 油は水に浮き，水に溶けない！

暗記 沸点が水（100℃）より高い品名

● **第２～４石油類と動植物油類とトルエンとピリジン**

※ガソリンの沸点は 40～220℃

暗記 第4類の蒸気比重

● **すべて１を超える**

覚えるコツ すべて蒸気は空気より重い！

暗記 消火方法 主に窒息消火

歌詞 乙４消火は　窒息消火♪

暗記 燃焼の仕方は蒸発燃焼

非水溶性が多く，電気の不導体のため，流動やかく拌で静電気を発生しやすいぞ！ 自動車用ガソリンと軽油は着色！

消防法別表第1に掲げる第4類の危険物の性状

品名	物品名	引火点 ℃	発火点 ℃	沸点 ℃	燃焼範囲 vol%	液比重	蒸気比重	水溶性：水 or 非水溶性：非	色	臭い
特殊引火物	酸化プロピレン	−37	449	35	2.1~37	0.8	2.0	水	無色	エーテル
	二硫化炭素	−30以下	90	46	1.3~50	1.3	2.6	非	無色	不快
	アセトアルデヒド	−39	175	20	4.0~60	0.8	1.5	水	無色	刺激
	ジエチルエーテル	−45	160	35	1.9~36	0.7	2.6	非	無色	刺激
第1石油類	ガソリン	−40以下	約300	40~220	1.4~7.6	0.65~0.75	3~4	非	オレンジ着色	特有
	ベンゼン	−11	498	80	1.2~7.8	0.9	2.8	非	無色	芳香
	n-ヘキサン（ノルマルヘキサン）	−22	240	68.7	1.1~7.5	0.6	3.0	非	無色	特有
	トルエン	4	480	111	1.1~7.1	0.9	3.1	非	無色	特有
	酢酸エチル	−4	426	77	2.0~11.5	0.9	3.0	非	無色	果実
	ぎ酸エチル	−20	440	54	2.7~16.5	0.9	2.6	非	無色	果実
	メチルエチルケトン	−9	404	80	1.4~11.4	0.8	2.5	非	無色	特異
	アセトン	−20	465	56	2.5~12.8	0.8	2.0	水	無色	特異
	ピリジン	20	482	115.5	1.8~12.4	0.98	2.7	水	無色	悪臭
アルコール類	メチルアルコール（メタノール）	11	464	64	7.0~37	0.8	1.1	水	無色	芳香
	エチルアルコール（エタノール）	13	363	78	3.3~19	0.8	1.6	水	無色	芳香
	n-プロピルアルコール（1-プロパノール）	23	412	97.2	2.1~13.7	0.8	2.1	水	無色	芳香
	イソプロピルアルコール（2-プロパノール）	12	399	82	2.0~12.7	0.8	2.1	水	無色	芳香
第2石油類	1-ブタノール（*n*-ブチルアルコール）	35~37.8	343~401	117	1.4~11.3	0.8	2.6	非	無色	芳香
	キシレン	32	463	138~144	0.9~7.0	0.9	3.7	非	無色	芳香
	クロロベンゼン	28	590	132	1.3~9.6	1.1	3.9	非	無色	特異
	灯油	40以上	220	145~270	1.1~6.0	0.8	4.5	非	無色	特有
	軽油	45以上	220	170~370	1.0~6.0	0.85	4.5	非	淡黄着色	特有
	アクリル酸	51	438	141	2.4~8.0	1.05	2.5	水	無色	刺激
	プロピオン酸	52	485	141	2.9~12.1	0.99	2.6	水	無色	刺激
	酢酸（氷酢酸）	39	463	118	4.0~19.9	1.05	2.1	水	無色	刺激
第3石油類	クレオソート油	74	336	200以上	無し	1.1	無し	非	黄色	刺激
	重油	60~150	250~380	300以上	無し	0.9~1.0	無し	非	暗褐色	特有
	ニトロベンゼン	88	482	211	1.8~40	1.2	4.3	非	淡黄色	芳香
	アニリン	70	615	185	1.2~11	1.01	3.2	非	淡黄色	特有
	エチレングリコール	111	398	198	3.2~15.3	1.1	2.1	水	無色	無臭
	グリセリン	160~199	370	291	無し	1.3	3.1	水	無色	無臭
第4石油類	ギヤー油	220程度	無し	無し	無し	0.9	無し	非	—	—
	シリンダー油	250程度	無し	無し	無し	0.95	無し	非	—	—
	タービン油	230程度	無し	無し	無し	0.88	無し	非	—	—
動植物油類	アマニ油（乾性油）	222	343	無し	無し	0.93	無し	非	—	—
	ヤシ油（不乾性油）	234	無し	無し	無し	0.91	無し	非	—	—

1編 2-3 第4類危険物の事故事例 ～原因や対策を考えよう～

第4類危険物の事故事例の絵を見て頭でイメージして覚えましょう.

絵を見て覚えよう

誤販売 給油取扱所

給油取扱所に 20ℓ ポリエチレン容器を持った客に間違ってガソリンを売ったとき.

対策

・誤販売を防ぐための保安教育を徹底する.
・ポリエチレン容器をガソリンの運搬容器として使用できないことを徹底する.
・運搬容器の注意事項の表示を確認する.
・色を確認する.
（自動車用ガソリン：オレンジ着色, 灯油：無色）
・危険物取扱者が注油を行うか, または立会う.

重要ポイント 保安教育の徹底

漏れ 給油取扱所

給油取扱所のガソリンを貯蔵する地下専用タンクの漏えい検査管から多量のタール状物質が検出された.

原因

腐食により地下の専用タンクの底部に穴があき, 漏れたガソリンが外面保護用のアスファルトを溶かした.

対策

・定期的に点検する.
・一定期間ごとに気密試験による点検を行う.
・耐用年数を超えて設置されている施設については, 点検時期を早めるなど, 異常の早期発見に努める.

重要ポイント 点検と異常の早期発見

誤注入 貯蔵タンク

移動タンク貯蔵所から貯蔵タンクに危険物を注入するときに誤って満液タンクに注入した.

対策

・荷卸し作業は, 受入側と荷卸し側の双方立会いのもとに行う.
・残油量や発注伝票の荷卸量を確認する.
・貯蔵タンクに危険物の量を表示する装置を設け, 移動タンク貯蔵所の危険物取扱者は, 危険物の注入状態を常時監視する.

重要ポイント 残油量の確認

絵を見て覚えよう

運搬容器転倒 運搬

ポリエチレン容器を密栓せず，さらに容器の転倒防止措置もせずに，軽トラックの荷台に灯油を積載して運搬した．

対策

・運搬容器は必ず密栓する．
・運搬容器の転倒や破損等を防ぐ措置を講じる．
・運搬基準を遵守する．

重要ポイント 運搬基準を遵守

残留蒸気 解体作業

廃止した地下貯蔵タンクを解体中にタンクが爆発した．

対策

・タンク内の可燃性蒸気は完全に除去する．
・タンク内を洗浄し，水を完全に充てんするが，水を充てんする際も静電気の発生を防止するため高圧では行わない．
・タンク内に窒素ガス等の不燃性ガスを封入して可燃性ガスと置換する方法も検討する．
・残油等を抜き取るときは，静電気の蓄積防止のために，タンクや受皿を接地（アース）する．
・可燃性蒸気が残っている状態で火花を発する工具は使用しない．

残留蒸気 注入作業

以前ガソリンを貯蔵していたタンクに，灯油を入れたところ突然タンクが爆発した．

原因

タンク内にガソリンの蒸気が残っており，ガソリンの蒸気が灯油に吸収されて燃焼範囲の濃度に薄まり，灯油の流入で発生した静電気の火花で引火した．

対策

・異なった種類の危険物をタンクに注入する場合，タンク内の可燃性蒸気を完全に除去してから行う．
・静電気発生防止のため，流速を遅くし，タンクを接地（アース）してから行う．
・危険物取扱者が注油を行うか，または立会う．

引火 詰替え作業

ガソリンを詰め替え中，付近で使用していた石油ストーブにガソリンの蒸気が引火した．

原因

ガソリンの蒸気が石油ストーブの付近まで流れ，引火して火災となった．

対策

・周囲の状況を確認して危険要因を取り除いてから行う．
・ガソリン等の取扱いの際，火気の付近では行わないこと．
・通風，換気のよい場所で取り扱うこと．
・ガソリンは金属製容器を使用し，接地（アース）する．

重要ポイント 火気厳禁

1編

2-4 特殊引火物 ［危険等級Ⅰ］指定数量 50 ℓ
～危険等級Ⅰの最も危険な危険物～

特殊引火物 ➡ 引火点が低い，燃焼範囲が広い，燃焼下限値が低い 危険

特殊引火物とは 1 気圧において，発火点が 100°C 以下のものまたは引火点が −20°C 以下で沸点が 40°C 以下のものです．**注意** 発火点 100°C 以下は二硫化炭素のみ ➡ 発火点が 100°C を超えるものの方が多い

主な特殊引火物（試験に出たもののみ） ※詳しくは 1編 2-2 へ GO

酸化プロピレン 【水溶性】 ➡ 発火点が高い

引火点（−37°C），**発火点（449°C）**，沸点（35°C），燃焼範囲（2.1～37 vol%）

水や有機溶剤によく溶ける． ➡ 水溶性液体用泡消火薬剤（耐アルコール泡）を使用

貯蔵容器内に窒素などの不活性ガスを封入． ➡ 蒸気は有毒

銀や銅などの金属と接触すると重合（分子が複数個結合して化合物になる）する．

二硫化炭素 【非水溶性】 ➡ 日光で黄色く変色 ➡ 発火点が最も低い

引火点（−30°C 以下），**発火点（90°C）**，沸点（46°C），燃焼範囲（1.3～50 vol%）

水に沈み，**水中で貯蔵**． ➡ 水中貯蔵（揮発するのを防ぐため）

蒸気は**空気より重く**，燃焼すると**有毒な二酸化硫黄**（亜硫酸ガス）を生じる．➡ 蒸気は有毒

アセトアルデヒド 【水溶性】 ➡ 沸点が最も低く，燃焼範囲が最も広い

引火点（−39°C），発火点（175°C），**沸点（20°C）**，**燃焼範囲（4.0～60 vol%）**

酸化されると酢酸になる．熱や光で分解して，メタンと**一酸化炭素**を発生する．

水や有機溶剤によく溶ける． ➡ 水溶性液体用泡消火薬剤（耐アルコール泡）を使用

蒸気は空気より重く有毒．貯蔵容器内に窒素などの不活性ガスを封入． ➡ 蒸気は有毒

ジエチルエーテル 【非水溶性】 ➡ 引火点が最も低い

引火点（−45°C），発火点（160°C），沸点（35°C），燃焼範囲（1.9～36%）．

空気との接触や直射日光により爆発性の過酸化物を生じる． ➡ 直射日光禁止，遮光保管

蒸気は空気より重く麻酔性がある． ➡ 蒸気に麻酔性あり

歌って覚える！

暗記 特殊引火物 の種類を暗記

歌詞 **特殊隊員 ①プロのレン ②二流と言われて ③焦っ ④てる♪**

（特殊引火物：①酸化プロピレン ②二硫化炭素 ③アセトアルデヒド ④ジエチルエーテル）

暗記 特殊引火物の定義

- **発火点が 100℃以下または引火点が −20℃以下．➡『または』に注目！**

覚えるコツ **乙 4 の中で最も危険！** 危険

暗記 二硫化炭素の貯蔵

- **水中貯蔵**

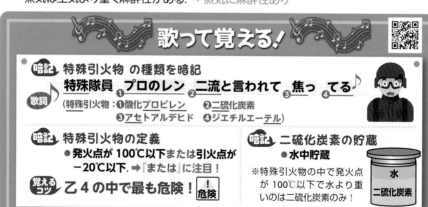

※特殊引火物の中で発火点が 100℃以下で水より重いのは二硫化炭素のみ！

解いてみよう
重要度 ★

特殊引火物の性状について，次のうち誤っているものはどれか．

1. 引火点は −20°C 以下のものがある．
2. 水に溶けるものがある．
3. 40°C 以下の温度で沸騰するものがある．
4. 水より重いものがある．
5. 発火点が 100°C を超えるものはない．

攻略の 2 ステップ

① **定義を覚える（1 気圧）**
- **発火点 100°C 以下　または 引火点が − 20°C 以下で 沸点が 40°C 以下**

② **連想しよう**
水より重い ➡ 水中保管 ➡ 二硫化炭素

解説

第 4 類危険物の中で発火点が 100°C 以下のものは特殊引火物の二硫化炭素のみです．他はすべて**発火点が 100°C を超えます**．

解答　5

解いてみよう
重要度 ★★★

二硫化炭素の性状について，次のうち誤っているものはどれか．

1. 無色透明の液体であるが，長時間，日光に当たると黄色に変色する．
2. 水より重く，水にほとんど溶けない．
3. 発火点は 90°C と低く，高温の蒸気や配管などに接触しただけで発火することがある．
4. 蒸気は，空気より軽く，毒性がある．
5. 燃焼すると有毒な二酸化硫黄を発生する．

攻略の 2 ステップ

① **二硫化炭素の特徴を思い出そう！**
二硫化炭素➡水中保管➡発火点が最も低い 90°C ➡燃焼時に二酸化硫黄発生

② **乙種 4 類の蒸気比重はすべて 1 を超えるため，蒸気は空気より重い**

解説

二硫化炭素の蒸気は，空気より**重く**，毒性があります．

解答　4

1編 2-5

第1石油類(その1)～ガソリンの問題は出題頻度多～

[危険等級Ⅱ]
非水溶性
指定数量 200 ℓ

第1石油類

第1石油類とは1気圧において引火点が 21°C 未満のものです.

第1石油類の共通する性状(まとめ)

- 引火性がある液体
- 蒸気は空気より重い
- 容器は密栓して冷所に貯蔵
- 無色(自動車ガソリンのみオレンジ着色)
- 水より軽い
- においがある

ガソリン 【非水溶性】【主成分:炭化水素 不純物:微量の有機硫黄化合物が含まれることがある】

引火点(−40°C 以下), **発火点(約 300°C)** ➡ この数値は必ず暗記. なお, 自然発火はしない

燃焼範囲(1.4～7.6 vol%) ➡ おおむね 1-8vol% として出題. 特殊引火物より範囲は狭い

比重(0.65～0.75) ➡ 比重は1より小さいため水に浮く

蒸気比重(3～4) ➡ 蒸気比重は1より大きいため蒸気は空気より重い(低所に滞留)

自動車用ガソリンは**オレンジ色**に着色 ➡ ガソリンは無色だが自動車用はオレンジ色に着色

過酸化水素や硝酸との混合は危険, 皮膚に触れると皮膚炎を起こす ➡ まぜるな危険!

ベンゼン 【非水溶性】

引火点(−11°C) ➡ 引火点は 0°C より低い

無色透明の液体で, 揮発性があり, 特有の芳香を有している ➡ 無色, 揮発性, 芳香あり

エタノール, ヘキサンなどの有機溶媒によく溶ける ➡ 水に溶けないが有機溶媒に溶ける

蒸気は有毒 ➡ 蒸気は有毒, 毒性はトルエンより高い. トルエンと比較する出題あり

***n*-ヘキサン** 【非水溶性】 ➡ 上記の共通する性状(まとめ)の項目のみ暗記

トルエン 【非水溶性】 ➡ 引火点は常温 20°C 以下, 蒸気は空気より重い

引火点(4°C), **沸点(111°C)**, **蒸気比重(3.1)**

金属への腐食性はない ➡ 金属と作用しない

濃硝酸と反応し, ニトロ化するとトリニトロトルエンになる ➡ トリニトロトルエンになる

蒸気は毒性がある ➡ 蒸気の毒性はベンゼンより低い. ベンゼンと比較する出題あり

歌って覚える!

暗記 第1石油類の定義
- 引火点が 21℃未満

覚えるコツ 第1石油の給料が初任給で 21 万と連想

引火点 21℃未満

暗記 第1石油類(非水溶性)の種類を暗記

歌詞
①ガリ ②ベンゼンゼン ③平均点 ④トルエン.
⑤作戦エッチに ⑥ぎぃさんエッチで, ⑦メチャイケル

(第1石油類:❶ガソリン ❷ベンゼン ❸ヘキサン ❹トルエン ❺酢酸エチル
非水溶性 ❻ぎ酸エチル ❼メチルエチルケトン)

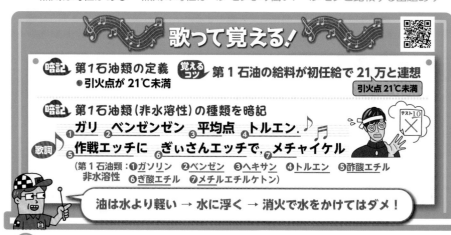

油は水より軽い → 水に浮く → 消火で水をかけてはダメ!

解いてみよう 重要度 ★★★

自動車ガソリンの性状について，次のうち誤っているものはどれか.

1. 水より軽い.
2. オレンジ系の色に着色されている.
3. 自然発火しやすい.
4. 引火点は一般に－40℃ 以下である.
5. 燃焼範囲は，おおむね 1 ～ 8 vol% である.

攻略の 2 ステップ

① ガソリンの問題は最重要 引火点，発火点，燃焼範囲など暗記！

② 自然発火 とくれば 動植物油類（乾性油）

解説

ガソリンは**自然発火**することがありません．動植物油類の乾性油は，空気中で酸化され，その熱で自然発火することがあります.

解答 3

解いてみよう 重要度 ★★★

ベンゼンの性状について，次のうち誤っているものはどれか.

1. 無色透明の液体である.
2. 特有の芳香を有している.
3. 水によく溶ける.
4. 揮発性があり，蒸気は空気より重い.
5. アルコール，ヘキサン等の有機溶媒に溶ける.

攻略の 2 ステップ

① 共通する性状(まとめ)を覚える

② ベンゼン ➡ 無色，揮発性，芳香，トルエンより強い毒性あり，水には溶けず，有機溶媒に溶ける.

解説

ベンゼンは**非水溶性**のため，水に溶けません.

特に，ガソリン，ベンゼン，トルエンに注目！.

解答 3

第1石油類(その2) ～1問ぐらい出るかも～

[危険等級Ⅱ] 非水溶性 指定数量 200ℓ

[危険等級Ⅱ] 水溶性 指定数量 400ℓ

【非水溶性液体】第1石油類つづき(1編 2-5 の共通の性状(まとめ)と合わせて暗記！)

酢酸エチル 【非水溶性】➡少し水に溶けても分類は非水溶性

引火点(−4℃)，融点(−83.8℃)➡引火点は常温(20℃)より低い，気温が−10℃でも液体

発火点(426℃)，沸点(77℃)➡沸点は100℃より低い

比重(0.9)➡水の比重は1なので，水より小さい

常温で無色透明の液体で，**果実臭**がある➡パイナップルのようなにおい

有機溶剤に溶ける➡アルコールやベンゼン，ヘキサン等ほとんどの有機溶剤に溶ける

ぎ酸エチル 【非水溶性】➡少し水に溶けても分類は非水溶性

引火点(−20℃)，**融点(−112.9℃)**，比重(0.9)➡気温が−10℃でも液体

常温で無色透明の液体で，においは果実臭がある➡甘い果実のにおい

メチルエチルケトン(エチルメチルケトン) 【非水溶性】➡少し水に溶けても分類は非水溶性

引火点(−9℃)，融点(−86℃)，発火点(404℃)，沸点(80℃)，比重(0.8)

貯蔵や取扱い方法：火気厳禁，換気や通風良くし直射日光避けて冷所に貯蔵

貯蔵容器は**通気口のないもの**を使用➡メチルエチルケトンの問題ではこの文章に注目!

消火の際は耐アルコール泡が有効➡一般の泡消火器は不適当！

【水溶性液体】第1石油類(1編 2-5 の共通の性状(まとめ)と合わせて暗記！)

アセトン 【水溶性】➡水によく溶けるほか，アルコールやジエチルエーテルなどの有機溶剤にも溶ける

引火点(−20℃)，発火点(465℃)，**沸点(56℃)** ➡引火点は0℃より低く，沸点は100℃より低い

無色透明の揮発性が高い液体で，特異な臭気を有する➡無色，揮発性，特異な臭気 あり

酸化性物質と混合すると発火することがある.

ピリジン 【水溶性】➡水によく溶けるほか，有機溶剤にも溶ける

引火点(20℃)，発火点(482℃)，沸点(115.5℃) ➡引火点は0℃より高く，沸点は100℃より高い

無色透明の液体で，**悪臭**を有している➡無色，悪臭 あり

歌って覚える!

● 【非水溶性液体】

暗記 酢酸エチル＆ぎ酸エチルの性状
- 有機溶剤に溶ける　●果実臭

覚えるコツ 酸＋エチル＝果実臭

※第1石油類に無臭はない！

貯蔵容器は通気口がないものを使用するぞ．引火性の蒸気が外に出てしまうため，容器は密栓!

【水溶性液体】

暗記 第1石油類の水溶性液体の性状
- 水と有機溶剤に溶ける
- 無色の液体，においあり

暗記 第1石油類の水溶性液体の種類を暗記

歌詞 ♪とけちゃう ❶あせが ピッリ❷ピリ

(水溶性：❶アセトン　❷ピリジン)

解いてみよう 重要度 ★

酢酸エチルの性状について，正しいものはどれか．

1. エタノールには溶けにくい．
2. 比重は水より小さい．
3. 引火点は常温（20°C）より高い．
4. 無色・無臭の液体である．
5. 沸点は 100°C より高い．

攻略の 2 ステップ

① 第 1 石油類は「1 気圧において引火点が 21°C 未満」

② 第 1 石油類はすべて「水より軽い」=「水の比重 1 より小さい」

解説

× 1. エタノールに（×溶けにくい ➡ ○溶ける）
○ 2. 比重は水より**小さい**．
× 3. 引火点は常温より（×高い ➡ ○低い）
× 4. 無色で（×無臭 ➡ ○果実臭がある）液体である．
× 5. 沸点は 100°C より（×高い ➡ ○低い）

解答 2

解いてみよう 重要度 ★

アセトンについて，次のうち誤っているものはどれか．

1. 無色・無臭の液体である．
2. 引火点は 0°C より低い．
3. 水によく溶けるほか，アルコール，ジエチルエーテルにも溶ける．
4. 酸化性物質と混合すると発火することがある．
5. 沸点は 100°C より低い．

攻略の 3 ステップ

① 第 1 石油類は共通して「においあり」=「無臭ではない」

② 第 1 石油類は引火点が 0°C より低くなるものが多い

③ 第 1 石油類は沸点が 100°C より低くなるものが多い

解説

アセトンは無色ですが，特異な**臭気**がある液体です．第1石油類はすべて"におい"があります．

解答 1

p.16 にある第 4 類危険物の全体に共通する性状も当てはまるよ！

1編 **2-7**

アルコール類 ～共通する性状に注目～

［危険等級Ⅱ］
水溶性
指定数量 400 ℓ

アルコール類の共通する性状（まとめ）

- 引火性がある液体
- 蒸気は空気より重い
- 容器を密栓して冷所に貯蔵
- **水に溶ける（溶解度㊅）**
- 水に浮く（水より軽い）
- ほとんど静電気を発生しない
- 蒸発燃焼（**炎の色は淡く見えづらい**）
- 危険等級Ⅱ 指定数量 400 ℓ
- **引火点は 0°C より高く，沸点は 100°C より低い**
- **耐アルコール泡で消火**
- **無色透明の液体で，揮発性があり，特有の芳香を有している**➡ **無色**，**揮発性**，**芳香** あり

【水溶性液体】主なアルコール類（上記の性状と合わせて暗記！）

メチルアルコール（メタノール）【毒性あり】【水溶性】➡ 水への溶解度㊅

メタノールとエタノールを比較する問題が出題

引火点（11°C），発火点（464°C），沸点（64°C），比重（0.8），
融点（−97.6°C），**燃焼範囲（7.0～37 vol%）**
混触により発火や爆発のおそれがある ➡ 三酸化クロム，硝酸と激しく反応
ナトリウムと反応して水素を発生する
毒性あり ➡ 摂取すると失明や，場合によって死亡するおそれがある

エチルアルコール（エタノール）【毒性なし】【水溶性】➡ 水への溶解度㊅

引火点（13°C），発火点（363°C），沸点（78°C），比重（0.8），
融点（−114.1°C），燃焼範囲（3.3～19 vol%）
混触により発火や爆発のおそれがある ➡ 三酸化クロム，硝酸と激しく反応

n-プロピルアルコール（1-プロパノール）【毒性なし】【水溶性】➡ 水への溶解度㊅

引火点（23°C），沸点（97.2°C），比重（0.8），融点（−126°C），燃焼範囲（2.1～13.7vol%）

イソプロピルアルコール（2-プロパノール）【毒性あり】【水溶性】➡ 水への溶解度㊅

引火点（12°C），沸点（82°C），比重（0.8），融点（−89°C），燃焼範囲（2.0～12.7 vol%）

歌って覚える！

暗記 **アルコール類➡炭化水素の水素（H）を水酸基（-OH）で置換した構造の化合物**
●**炭素数 1 個から 3 個，飽和 1 価アルコールの 60%以上の水溶液**

暗記 **アルコール類の種類を暗記**

歌詞
❶メチルどくどく ❷エチルどくなし ❸プロピル ❹プロピル イソプロパ

（アルコール類：❶ メチルアルコール（メタノール） ❷ エチルアルコール（エタノール）
❸ n-プロピルアルコール（1-プロパノール）
❹ イソプロピルアルコール（イソプロパノール）（2-プロパノール）

解いてみよう

重要度 ★

メタノールとエタノールの性状として，次のうち誤っているものはどれか．

1. 水によく溶ける．
2. 沸点は 100°C より低い．
3. 燃焼しても炎の色は淡く，見えないことがある．
4. 引火点は 0°C より低い．
5. 三酸化クロムと激しく反応する．

攻略の 2 ステップ

① アルコール類の共通する性状（まとめ）を覚えよう

② 毒性がある液体 とくれば メタノール

解説

引火点は 0°C より**高い**です．なお，メタノールの引火点は 11°C，エタノールの引火点は 13°C です．

解答 4

解いてみよう

重要度 ★

第 4 類のアルコール類に共通する性状について，次のうち正しいものはどれか．

1. 無色無臭の液体である．
2. 水よりも重い．
3. 水への溶解度は小さい．
4. 水より沸点が低い．
5. 蒸気の比重は，空気より軽い．

解説

1. （×無臭）➡ アルコール類は無色ですが，特有の芳香がある液体です．
2. （×水よりも重い）➡ メタノールとエタノールの比重は 0.8 であるため，水よりも軽いです．
3. （×溶解度は小さい）➡ 水への溶解度は大きいです．
4. （○水より沸点が低い）➡ 水の沸点が 100°C に対して，メタノールは 64°C，エタノールは 78°C と，水より沸点が**低い**です．
5. （×蒸気の比重は空気より軽い）➡ メタノールの蒸気比重は 1.1，エタノールの蒸気比重は 1.6 であるため，蒸気は空気よりも重いです．

解答 4

アルコール類は，無色透明で揮発性があり，芳香を有している水溶性の液体だよ．引火点は 0°C より高く，沸点は 100°C より低いと覚えよう！

1編 2-8

第2石油類(その1) ～灯油や軽油が出題されやすい～

【危険等級Ⅲ】
非水溶性
指定数量 1,000 ℓ

第2石油類

第2石油類とは，1気圧において引火点が21℃以上70℃未満のものです.

第2石油類の共通する性状(まとめ)

- 引火性がある液体（**霧状では引火点以下で着火**）
- 蒸気は空気より重い（**蒸気比重1より㊅**）
- 容器を密栓して冷所に貯蔵　• **沸点と発火点は100℃より㊅**
- 無色でにおいがある

第2石油類の灯油と軽油および第3石油類の重油の共通する性状はコチラ⬇

- 引火点の低い順(灯油＜軽油＜重油)　• 原油の分留で得られる
- 種々の炭化水素の混合物　• 蒸気は空気より重い　• 水より軽い
- 静電気を発生しやすい　• 霧状にすると火がつきやすい

【非水溶性液体】主な第2石油類（上記の性状と合わせて暗記！）

1-ブタノール【非水溶性】【燃焼時に有毒なガス発生】➡少し水に溶けても分類は非水溶性

n-ブタノールやn-ブチルアルコールともいう. ➡炭素数が4個なので，アルコール類に分類されない

引火点(35~37.8℃)，発火点(343~401℃)，比重(0.8)，融点(－90℃)

無色透明の液体で，強いアルコール臭がある.

キシレン【非水溶性】【3つの異性体あり(オルトキシレン,メタキシレン,パラキシレン)】

引火点(32℃)，無色透明の液体で，**芳香**がある➡水に溶けず，無色，芳香　あり

クロロベンゼン【非水溶性】【アルコールに溶ける】

燃焼範囲(1.3～9.6 vol%),無色透明の液体,**特異臭**がある➡水に溶けず，無色，特異臭 あり

灯油【非水溶性】【経年変化により淡黄色に変色】➡水に溶けず，静電気を発生しやすい

引火点(40℃以上)，発火点(220℃)，沸点(145~270℃)，比重(0.8)，蒸気比重(4.5)

軽油【非水溶性】【ディーゼル機関の燃料】【酸化剤と混合で発火】【精製会社で**淡黄色**に着色】

引火点(45℃以上)，発火点(220℃)，沸点(170~370℃)，比重(0.85)，蒸気比重(4.5)

歌って覚える!

暗記 第2石油類の定義
- 引火点が21℃以上70℃未満

覚えるコツ 給料2年で70万と連想
引火点70℃未満

暗記 第2石油類(非水溶性)の種類を暗記

歌詞 2頭の❶ぶたのる❷騎士のレンと❸クロロ便ぜんぜんでなくて便秘気味，ほっ❹と❺けー

(第2石油類：❶1-ブタノール　❷キシレン
【非水溶性】　❸クロロベンゼン　❹灯油　❺軽油)

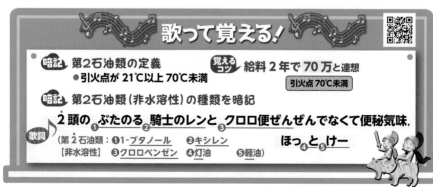

解いてみよう

重要度 ★★★

軽油の性状として，次のうち誤っているものはどれか．

1. 水より軽い．
2. 水に溶けない．
3. ディーゼル機関等で燃料として用いられる．
4. 蒸気は空気より重い．
5. 引火点は 40°C 以下である．

攻略の 3 ステップ

① 漢字に注目　軽油 ➡ 油 ➡ 水に浮き，水に溶けない

② 引火点で「以下」が使われるのはガソリンや二硫化炭素

③ 軽油の引火点 45°C 以上，灯油の引火点 40°C 以上

解説　軽油の引火点は **45℃ 以上**です．なお，灯油の引火点は 40°C 以上です．

解答　5

解いてみよう

重要度 ★★

キシレンの性状として，次のうち誤っているものはどれか．

1. 塗料などの溶剤として使用されている．
2. ジエチルエーテルによく溶ける．
3. 透明な液体である．
4. 沸点は水より高い．
5. 引火点は 35°C より高い．

攻略の 3 ステップ

① キシレンは 3 つの異性体があり，塗料に使われる透明な液体

② 水に溶けず，水に浮く

③ 引火点は 32°C，沸点は 138~144°C

第 2~4 石油類の沸点は水（100°C）より高い

解説　キシレンの引火点は **32℃** です．

解答　5

灯油や軽油の他にも第 2 石油類は出題されやすいから，しっかり覚えようね！

1編
2-9

第 2 石油類(その 2)～水溶性の〇〇酸!?～

[危険等級Ⅲ]
水溶性
指定数量 2,000 ℓ

【水溶性液体】主な第 2 石油類（1編 2-8 の性状と合わせて暗記！）

アクリル酸 【水溶性】【強い腐食性あり】【蒸気に毒性あり】

【高温になると重合が加速】➡ 暴走反応による爆発事故に注意

アクリル酸はアクリルポリマーの原材料で生理用品や紙おむつなどの吸収素材を生成する原料.

保管容器：ステンレス鋼, 内面をライニング(腐食・摩耗・汚損から保護)したポリエチレン

引火点(51°C), 融点(約 **14°C**)

➡ 引火点は常温 20°C より㊫, 融点も高いが保管の際は凍結させず, 冷暗所で容器を密栓する

〖単語の意味〗

重合とは…加熱により分子同士で次々と反応し,分子量が多くなり,より大きな分子の化合物を生じる反応のこと.

腐食性とは…接触することにより,化学反応によって表面を変質させたり消耗させること.
アクリル酸はコンクリートを腐食させたり, 皮膚と接触するとやけどします.

プロピオン酸 【水溶性】

➡ アルコール類の 1-プロパノールの酸化により得られる. 出題頻度㊣

酢酸(氷酢酸) 【水溶性】【強い腐食性ある有機酸】

➡ 高純度 96%以上のものを氷酢酸(ひょうさくさん)という

引火点(39°C), 融点(**17°C**), 無色透明の液体で, **刺激臭**がある.

➡ 約 15 ~ 16°C 以下で固体

アルコールやエーテルにも溶けて, 燃焼の際は青い炎をあげて, 二酸化炭素と水蒸気になります.

歌って覚える!

暗記 第2石油類(水溶性)の種類を暗記

歌詞 ♪台に ①アクリルつける, ②プロのオンナ, 名は ③サクさん♪

(第 2 石油類：①アクリル酸 ②プロピオン酸 ③酢酸)
【水溶性】

解いてみよう

重要度 ★

アクリル酸の性状について，次のうち正しいものはどれか．

1. 無臭の黄色の液体である．
2. 水やエーテルには溶けない．
3. 重合しやすく，重合熱が大きいので，発火・爆発のおそれがある．
4. 液体は素手で触れても安全であり，蒸気も無毒である．
5. 酸化性物質と混触しても，発火・爆発のおそれはない．

攻略の3ステップ

① **第4類は無色透明が多，においがあるものが多**

② **「ア」がつく** とくれば **水溶性** ※アニリンとアマニ油を除く

③ **アクリル酸** とくれば **重合しやすいため注意！**

解説

×1. 刺激臭のある無色の液体.
×2. 水溶性なので溶ける.
○3. **重合**しやすく，発火・爆発のおそれがある.
×4. 腐食性があり，皮膚に触れるとやけどする．蒸気も毒性がある.
×5. 酸化性物質と混触すると，発火・爆発のおそれがある.

解答 3

解いてみよう

重要度 ★★

酢酸の性状について，次のうち正しいものはどれか．

1. 無色無臭の液体である．
2. 蒸気は空気より軽い．
3. 強い腐食性がある有機酸である．
4. 水には任意の割合で溶解するが，アルコール，エーテルには溶けない．
5. 引火点は，常温（20°C）より低い．

解説

×1. 無色透明だけど（×無臭 ➡ ○刺激臭）の液体である.
×2. 蒸気は空気より（×軽い ➡ ○重い）.
○3. 強い**腐食性**がある有機酸である.
×4. 水に溶ける．アルコール，エーテルにも（×溶けない ➡ ○溶ける）.
×5. 引火点は，常温（20°C）より（×低い ➡ ○高い）.

解答 3

第３石油類 ～重油でも水に浮く！?～

［危険等級Ⅲ］非水溶性 指定数量 2,000ℓ

［危険等級Ⅲ］水溶性 指定数量 4,000ℓ

第３石油類

第３石油類は，１気圧において引火点が 70°C 以上 200°C 未満のものです.

第３石油類の共通する性状(まとめ)

- 引火性がある液体
- 蒸気は空気より重い
- 蒸発燃焼
- このページの**重油以外は水より重い**
- **引火点は常温 20°C より高**
- 火災の際，液温が高くなり消火が困難
- **沸点と発火点は 100°C より大**

【非水溶性液体】主な第３石油類（上記の性状と合わせて暗記！）

クレオソート油【非水溶性】【アルコールに溶ける】【ナフタレンやアントラセンなどを含む混合物】

引火点(74°C)，比重(1.1)，黄色の粘性の油状液体，金属の腐食性なし

重油【非水溶性】【1 種(A 重油)2 種(B 重油)引火点 60°C 以上】【3 種(C 重油)引火点 70°C 以上】

引火点(60~150°C)，発火点(250~380°C)，**比重(0.9~1.0)**➡ 水より軽く，３つに分類

ニトロベンゼン【非水溶性】➡ 空気中で自然発火しない

引火点(88°C)，**発火点(482°C)**，比重(1.2)➡ 引火点は常温 20°C より高く，水より重い

淡黄色の液体，特有の芳香がある➡ 水に溶けず，無色または淡黄色，芳香 あり

アニリン【非水溶性】➡ 頭文字に「ア」がついても非水溶性（水に溶けない）

【水溶性液体】主な第３石油類（上記の性状と合わせて暗記！）

エチレングリコール【水溶性】【エンジンの不凍液】➡ 水に溶けるが，エーテルに溶けにくい

引火点(約 111°C)，比重(1.1)，**融点(−12.6°C)** 無色無臭の粘性のある液体

グリセリン【水溶性】【火薬の原料になる】➡ 水に溶けるが，エーテルに溶けにくい

引火点(160~199°C)，**発火点(370°C)**，比重(1.3)，蒸気比重(3.1)，無色無臭の液体

歌って覚える！

暗記 第3石油類の定義

- 引火点が 70℃以上 200℃未満

覚えるコツ 給料３年で 200 万と連想

引火点 200℃未満

暗記 第3石油類（非水溶性）の種類を暗記

歌詞 ♪ダイさんの ❶クレヨンそーっと ❷自由 ❸に取ろう ❹兄の名前がリン

（第３石油類：❶クレオソート油 ❷重油 ❸ニトロベンゼン ❹アニリン）
【非水溶性】

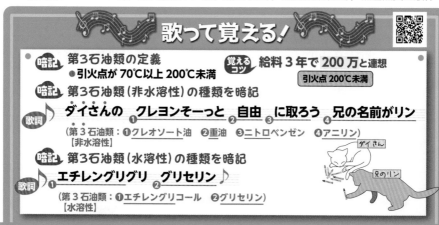

暗記 第3石油類（水溶性）の種類を暗記

歌詞 ♪❶エチレングリグリ ❷グリセリン♪

（第３石油類：❶エチレングリコール ❷グリセリン）
【水溶性】

解いてみよう

重要度 ★★★

重油の一般的性状について，次のうち誤っているものはどれか．

1. 水に溶けない．
2. 水より重い．
3. 日本産業規格では，1 種(A 重油)，2 種(B 重油)，および 3 種(C 重油)に分類されている．
4. 発火点は，100°C より高い．
5. 3 種(C 重油)の引火点は，70°C 以上である．

攻略の 2 ステップ

① 漢字に注目　重油 ➡ 油 ➡ 水に浮き，水に溶けない

② 重油の問題は第 2 石油類の灯油や軽油と合わせて出題されることがある

解説

重油の比重は 0.9 ～ 1.0 で，水より**軽い**です．

解答　2

解いてみよう

重要度 ★

グリセリンの性状として，次のうち誤っているものはどれか．

1. 引火点は常温（20°C）より高い．
2. 比重は水よりも小さい．
3. 蒸気は空気より重い．
4. 火薬の原料になる．
5. 水には溶けるが，エーテルには溶けにくい．

攻略の 2 ステップ

① 第 3 石油類の共通する性状(まとめ)に注目

② グリセリン ➡ 水とエタノールに溶ける
➡ エーテル(ジエチルエーテル)，ベンゼンなどに溶けにくい

解説

グリセリンの比重は 1.3 です．水の比重は 1.0 なのでグリセリンの比重は水より**大きい**です．

解答　2

重い油と書く重油は水より軽く，p32にある他の第3石油類は水より重いよ．

1編 2-11

第4石油類 ～潤滑油と可塑剤～

【危険等級Ⅲ】
非水溶性
指定数量 6,000 ℓ

第4石油類

第4石油類とは，1気圧において引火点が 200°C 以上 250°C 未満のものです．第4石油類に該当するものとして潤滑油(じゅんかつゆ)と可塑剤(かそざい)があります．潤滑油に絶縁油，タービン油，マシン油，切削油等の石油系潤滑油が最も広く使用されています．引火点が 200°C 未満の潤滑油は第3石油類に該当します．なお，可塑剤とは，プラスチックやゴム等に柔軟性や弾性を与えるために添加される物質です．

第4石油類の共通する性状（まとめ）

- 引火性がある液体
- 水より軽い
- 常温（20°C）では**蒸発（揮発）しにくい**
- **水に溶けない**
- **粘度が高い**
- **潤滑油**や**可塑剤**など，多くの種類がある
- 火災の際，液温が高くなり**消火が困難**➡ 水を放射すると水分が激しく沸騰して飛散するため危険
- 切削油を用いた切削作業では，単位時間あたりの注入量が少ないと摩擦熱により発火のおそれがある
- 引火点が高いので，加熱しない限り引火の危険性は低い➡ 引火点が石油類の中で一番高
- 熱処理油を用いた焼き入れ作業では，灼熱した金属を素早く油中に埋没しないと発火のおそれがある

【非水溶性液体】主な第4石油類（上記の性状と合わせて暗記！）

ギヤー油 【非水溶性】引火点（220°C 程度），比重（0.9），無色無臭の液体

シリンダー油 【非水溶性】引火点（250°C 程度），比重（0.95），無色無臭の液体

タービン油 【非水溶性】引火点（230°C 程度），比重（0.88），無色無臭の液体

歌って覚える！

暗記 第4石油類の定義
● 引火点が 200℃以上 250℃未満

覚えるコツ 給料4年で 250 万と連想
引火点 250℃未満

暗記 第4石油類の種類を暗記

歌詞 歯石とり来て ①ぎゃー ②しり いっ③ター ④切っちゃったー
（第4石油類：①ギヤー油 ②シリンダー油 ③タービン油 ④切削油）
【非水溶性】

引火点が 200℃未満も潤滑油は第3石油類に該当するぞ．

解いてみよう 重要度 ★

第 4 石油類の性状として，次のうち誤っているものはどれか．

1. 常温では蒸発しにくい．
2. 水に溶けず粘度が高い．
3. 潤滑油や可塑剤など，多くの種類がある．
4. 第 1 石油類より引火点は低い．
5. 火災になった場合は液温が高くなり消火が困難となる．

攻略の 2 ステップ

① 第 4 石油類の共通する性状（まとめ）に注目

② 引火点は
第 1 石油類＜第 2 石油類＜第 3 石油類＜第 4 石油類　の順

解説

第 1 石油類より引火点は（×低い ➡ ○高い）
第 4 石油類の引火点は 200 ～ 250°C 未満で，第 1 石油類の引火点は 21°C 未満です．

解答　4

解いてみよう 重要度 ★

引火点が低いものから高いものの順になっているものは，次のうちどれか．

1. 自動車ガソリン ➡ トルエン ➡ ギヤー油
2. 自動車ガソリン ➡ 灯油 ➡ トルエン
3. 自動車ガソリン ➡ ギヤー油 ➡ 灯油
4. トルエン ➡ 自動車ガソリン ➡ ギヤー油
5. トルエン ➡ ギヤー油 ➡ 灯油

解説

引火点が低いものから高いものの順になっているものは「1」です．
○ 1. 自動車ガソリン(−40°C 以下) ➡ トルエン(4°C) ➡ ギヤー油(220℃程度)
× 2. 自動車ガソリン(−40°C 以下) ➡ 灯油(40°C 以上) ➡ トルエン(4°C)
× 3. 自動車ガソリン(−40°C 以下) ➡ ギヤー油(220℃程度) ➡ 灯油(40°C 以上)
× 4. トルエン(4°C) ➡ 自動車ガソリン(− 40°C 以下) ➡ ギヤー油(220℃程度)
× 5. トルエン（4°C）➡ ギヤー油（220℃程度）➡ 灯油（40°C 以上）

解答　1

動植物油類 ～アマニ油とヤシ油～

[危険等級Ⅲ]
非水溶性
指定数量 10,000 ℓ

動植物油類

動植物油類とは，動物の脂(あぶら)肉(にく)等または植物の種子(しゅし)もしくは果肉(かにく)から抽出したものであって 1 気圧において引火点が 250°C 未満のものです．

ヨウ素価

ヨウ素価とは ➡ 油脂(ゆし) 100 g に吸収するヨウ素をグラム数で表したものです．

小 ← ヨウ素価 → 大		
100 以下 不乾性油	100 ～ 130 半乾性油	130 以上 乾性油
ヤシ油 ヒマシ油	ナタネ油 ゴマ油	アマニ油 キリ油

動植物油類の共通する性状(まとめ)

- 引火性がある液体(**引火点 250°C 未満**)　• 水より軽い(**比重が 1 より小さい**)
- **水に溶けない**　• 引火点以上に熱すると，火花等による引火の危険性を生じる
- 乾性油は，ぼろ布等に染み込ませて積み重ねておくと，酸化熱が蓄積され自然発火しやすくなる ➡ 動植物油が多
- 火災の際，液温が高くなり**消火が困難** ➡ 水を放射すると水分が激しく沸騰して飛散するため危険
- 油脂の融点は，油脂を構成する脂肪酸の**炭素原子の数が少ないものほど低くなる**
- ヨウ素価が大きいものほど炭素の二重結合(C＝C)が多く，空気中で**酸化されやすく固化しやすい**　• 一般に不飽和脂肪酸を含む

※脂肪酸は，飽和脂肪酸と，不飽和脂肪酸に大別されます．飽和脂肪酸は，一般に固形で乳製品や肉などの動物性脂肪に多く含まれています．不飽和脂肪酸は，常温では液状で，植物油に多く含まれています． ➡ 植物から採れる油脂の分子量や不飽和度は種類によって異なる

動植物油類の種類と用途（上記の性状と合わせて暗記！）

マーガリン(原材料：植物油) 不飽和脂肪酸で構成された油脂に水素を付加して作られた油脂は硬化油と呼ばれ，マーガリンなどの食用に用いられる

オリーブ油・ツバキ油 主に食用や化粧品に使用される

塗料や印刷インクに使用される油 大豆油，アマニ油，ヒマシ油，キリ油など

アマニ油 【非水溶性】【乾性油（ヨウ素価 130 以上)】 ➡ 空気中で固まる油

ヤシ油 【非水溶性】【不乾性油（ヨウ素価 100 以下)】 ➡ 空気中で固まらない油

歌って覚える！

暗記 動植物油類の定義
● 引火点が 250℃未満

覚えるコツ 給料変わらず 250 万と連想
引火点 250℃未満

歌詞 動物　植物　❶ア　❷ヤシ　い　油

(動植物油類：❶アマニ油(乾性油)　❷ヤシ油(不乾性油))

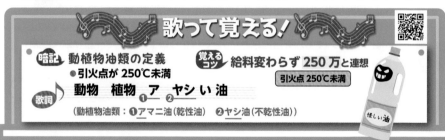

解いてみよう

重要度 ★★

動植物油類について，次のうち誤っているものはどれか．

1. 引火点以上に熱すると，火花等による引火の危険性を生じる．
2. 乾性油は，ぼろ布等に染み込ませ積み重ねておくと自然発火することがある．
3. 水に溶けない．
4. 容器の中で燃焼しているものに注水すると，燃えている油が飛散する．
5. 引火点は，300℃ 程度である．

攻略の 2 ステップ

① **動植物油類の共通する性状（まとめ）に注目**

② **動植物油類の引火点 とくれば 250℃ 未満**

解説

動植物油類とは，動物の脂肉等または植物の種子もしくは果肉から抽出したものであって 1 気圧において引火点が **250℃ 未満**のものです．

解答 5

解いてみよう

重要度 ★

動植物油類の性状等について，次のうち正しいものはどれか．

1. 乾性油が布に染み込んでいる場合には，発生する酸化熱が蓄積され，自然発火することがある．
2. 植物から採れる油脂の分子量や不飽和度は一定である．
3. 油脂の融点は，油脂を構成する脂肪酸の炭素原子の数が少ないものほど高くなる．
4. 比重は 1 より大きい．
5. ヨウ素価が大きいものほど炭素の二重結合（C＝C）が多く，空気中で酸化されにくく，固化しにくい．

解説

1. ○　乾性油が布に染み込んでいる場合には，発生する**酸化熱**が蓄積され，自然発火することがある．
2. ×　植物から採れる油脂の分子量や不飽和度は（×一定 ➡ ○種類によって異なる）
3. ×　油脂の融点は，油脂を構成する脂肪酸の炭素原子の数が少ないものほど（×高くなる ➡ ○低くなる）
4. ×　比重は 1 より（×大きい ➡ ○小さい）
5. ×　ヨウ素価が大きいものほど炭素の二重結合（C＝C）が多く，空気中で（×酸化されにくく固化しにくい ➡ ○酸化されやすく固化しやすい）

解答 1

●練習問題1（特殊引火物）

乙種の試験は5択だけど2択で問題に慣れよう

問題1 ジエチルエーテルの貯蔵，取扱いの方法として，次のうち正しいものに○，誤っているものに×を付けよ．

1．建物の内部に滞留した蒸気は，屋外の高所に排出する．	
2．水より重く水に溶けにくいので，容器等に水を張って蒸気の発生を抑制する．	

解答	1．○ 2．×	ジエチルエーテルの比重は 0.7 なので，水より軽いです．

問題2 アセトアルデヒドの性状について，次のうち正しいものに○，誤っているものに×を付けよ．

1．刺激臭のある無色の液体である．	
2．酸化するとエタノールになる．	

解答	1．○ 2．×	アセトアルデヒドが酸化すると酢酸になります．なお，エタノールが酸化するとアセトアルデヒドになります．

問題3 酸化プロピレンの性状として，次のうち正しいものに○，誤っているものに×を付けよ．

1．沸点はかなり低く，夏期には気温が沸点より高くなるおそれがある．	
2．水には全く溶けない液体である．	

解答	1．○ 2．×	酸化プロピレンの沸点は 34℃です．水溶性であるため，水に溶けます．

特殊引火物の問題は出題頻度多だよ．
しっかり学習しようね！

数多くの問題をこなすことこそ，合格への近道！

●練習問題2（第1石油類）

問題 1 自動車ガソリンについて，次のうち正しいものに○，誤っているものに×を付けよ．

1. 発火点は 90°C である．	
2. 引火点は－40°C 以下である．	

解答		
	1. ×	ガソリンの引火点は－40°C 以下で，発火点は約 300°C です．
	2. ○	

問題 2 トルエンの性状について，次のうち正しいものに○，誤っているものに×を付けよ．

1. 蒸気の毒性はベンゼンより低い．	
2. 蒸気は空気より軽い．	

解答		
	1. ○	トルエンの蒸気比重は 3.1 なので，蒸気は空気より重いです．なお，蒸気の毒性はベンゼンより低いです．
	2. ×	

問題 3 アセトンの性状として，次のうち正しいものに○，誤っているものに×を付けよ．

1. 揮発性が高い．	
2. アルコールに溶けない．	

解答		
	1. ○	アセトンは無色透明の揮発性が高い液体です．水溶性で水やアルコールにも溶けます．
	2. ×	

1編 2-2 にあった第 4 類危険物に共通する性状は必ず覚えておこうね！

練習問題3（アルコール類）

乙種の試験は5択だけど2択で問題に慣れよう

問題1 メタノールの性状について，次のうち正しいものに○，誤っているものに×を付けよ．

1. 引火点は0°C以下である．	⊗
2. 毒性がある．	⊗

解答		
	1. ×	メタノールの引火点は11°Cです．なお，メタノールは毒性が強いです．
	2. ○	

問題2 エタノールの性状について，次のうち正しいものに○，誤っているものに×を付けよ．

1. 水よりも軽い．	⊗
2. 引火点は，灯油とほとんど同じである．	⊗

解答		
	1. ○	エタノールの引火点は13°Cです．灯油の引火点は40°C以上です．なお，エタノールの比重は0.8なので水よりも軽いです．
	2. ×	

問題3 メタノール，エタノール，2-プロパノールに共通する性状について，次のうち正しいものに○，誤っているものに×を付けよ．

1. 比重は水よりも小さく，沸点は水よりも低い．	⊗
2. －100°Cで液体であり，燃焼範囲の上限値は30 vol%以下である．	⊗

解答

1. ○
2. ×

物品名	比重	沸点	融点	燃焼範囲の上限値
水	1	100°C	0°C	－
メタノール	0.8	64°C	－97.6°C	37 vol%
エタノール	0.8	78°C	－114.1°C	19 vol%
2-プロパノール	0.8	82°C	－89°C	12.7 vol%

表で融点を確認すると，－100°Cでメタノールと2-プロパノールは固体です．また，メタノールの燃焼範囲の上限値は30 vol%以上です．

練習問題4（第2石油類）

問題1 灯油について，次のうち正しいものに○，誤っているものに×を付けよ．

1. 蒸気は空気より軽い．	
2. 静電気が発生しやすい．	

解答		
1. ×	灯油の蒸気比重は 4.5 なので，蒸気は空気より重いです．なお，灯油は電気の不導体なので，静電気が発生しやすいです．
2. ○	

問題2 軽油の性状について，次のうち正しいものに○，誤っているものに×を付けよ．

1. 沸点は，水より高い．	
2. 引火点は，40°C 以下である．	

解答		
1. ○	軽油の沸点は 170 ～ 370°C です．水の沸点は 100°C なので軽油の沸点は水より高いです．軽油の引火点は 45°C 以上です．
2. ×	

問題3 n -ブチルアルコールの性状として，次のうち正しいものに○，誤っているものに×を付けよ．

1. 引火点は常温（20°C）よりも高い．	
2. 無臭で－ 10°C では固体である．	

解答		
1. ○	n -ブチルアルコールは 1 -ブタノールのことで，引火点は 35 ～ 37.8°C です．無色透明の液体で強いアルコール臭があります．融点が －90°C であるため，－10°C のときは液体です．
2. ×	

n- ブチルアルコールは“アルコール”と名称に入っているけれど，炭素数が 4 個なのでアルコール類（炭素数 1 ～ 3 個）には分類されないんだよ．加えて，n（ノルマル）は化学の接頭語の一つで化合物の異性体のうち直鎖（環状や枝分れ構造ではなく，1 本の鎖状に連なる構造）のものを示しているよ．

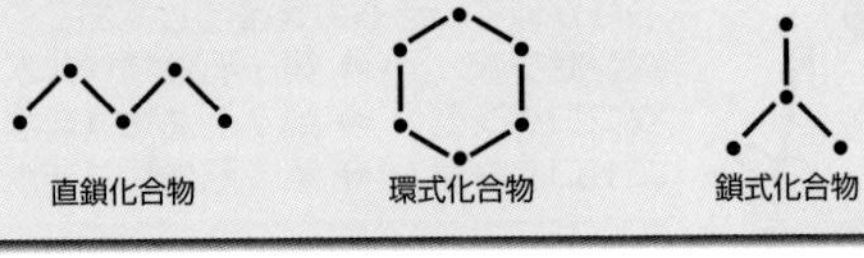

乙種の試験は 5 択だけど 2 択で問題に慣れよう

●練習問題5（第3石油類）

問題 1 ニトロベンゼンの性状について，次のうち正しいものに○，誤っているものに×を付けよ.

1. 無色または淡黄色の液体である.	
2. 空気中で自然発火する.	

解答		
1. ○	ニトロベンゼンは無色または淡黄色の液体です．ニトロベンゼンは自然発火しません.	
2. ×		

問題 2 グリセリンの性状として，次のうち正しいものに○，誤っているものに×を付けよ.

1. 比重は水よりも小さい.	
2. 水には溶けるが，エーテルには溶けにくい.	

解答		
1. ×	グリセリンの比重は 1.3 です．水の比重は 1.0 なので，グリセリンの比重は水より大きいです．なお，p32 にある第 3 石油類は重油以外はすべて重い液体です.	
2. ○		

問題 3 エチレングリコールの性状について，次のうち正しいものに○，誤っているものに×を付けよ.

1. 引火点は 100°C 以下である.	
2. 融点は− 12.6°C なので，不凍液として用いられる.	

解答		
1. ×	エチレングリコールの引火点は 111°C です．なお，エチレングリコールの融点は−12.6°C で，エンジンの不凍液として用いられています.	
2. ○		

名称が似ているものを確認しておこう！
ベンゼン ➡ 第 1 石油類（非水溶性）
クロロベンゼン ➡ 第 2 石油類（非水溶性）
ニトロベンゼン ➡ 第 3 石油類（非水溶性）

数多くの問題をこなすことこそ，合格への近道！

●練習問題6（第4石油類）

問題 1 第 4 石油類の性状・用途について，次のうち正しいものに○，誤っているものに×を付けよ.

1. 引火した場合には，油温を下げる効果が期待できるので，棒状の注水が有効である.	⊗
2. 潤滑油や可塑剤として使用されるものが多い.	⊗

解答		
解	1. ×	第 4 石油類の火災の際，油温は非常に高温となっているため，水を注水すると高温となった油を周囲に飛び散らしたり，火災の範囲を広げてしまうため危険です.
答	2. ○	

問題 2 第 4 石油類の性状として，次のうち正しいものに○，誤っているものに×を付けよ.

1. 常温では蒸発しにくい.	⊗
2. 第 1 石油類より引火点は低い.	⊗

解答		
解	1. ○	第 4 石油類の引火点は 200°C 以上 250°C 未満です. 第 1 石油類の引火点は 21°C 未満です. 第 4 石油類は第 1 石油類より引火点は高いです.
答	2. ×	

問題 3 第 4 類石油類について，次のうち正しいものに○，誤っているものに×を付けよ.

1. 引火点は 70°C 以上 200°C 未満である.	⊗
2. 常温（20°C）において液体であるが，揮発しにくい.	⊗

解答		
解	1. ×	引火点が 70°C 以上 200°C 未満のものは第 3 石油類です.
答	2. ○	

各石油類の引火点を確認しておこう！
第 1 石油類…引火点 21℃未満
第 2 石油類…引火点 21℃以上 70℃未満
第 3 石油類…引火点 70℃以上 200℃未満
第 4 石油類…引火点 200℃以上 250℃未満

練習問題7（動植物油類）

問題1 動植物油類について，次のうち正しいものに○，誤っているものに×を付けよ．

1. 引火点以上に熱すると，火花等による引火の危険性を生じる．	
2. 引火点は300°C程度である．	

解答		
1. ○ 2. ×	動植物油類の引火点は250°C未満です．なお，引火点以上に熱すると，火花等による引火の危険性を生じます．	

問題2 動植物油類の性状について，次のうち正しいものに○，誤っているものに×を付けよ．

1. 不飽和脂肪酸で構成された油脂に水素を付加して作られた油脂は，硬化油と呼ばれ，マーガリンなどの食用に用いられる．	
2. オリーブ油やツバキ油は，塗料や印刷インクなどに用いられる．	

解答		
1. ○ 2. ×	オリーブ油やツバキ油は，塗料や印刷インクなどに用いられていません．食用に用いられたり化粧品に使用されています．なお，塗料が印刷インクに使用される油は大豆油，アマニ油，ヒマシ油，キリ油などです．	

問題3 動植物油のうち，乾性油は自然発火することがあるが，次のうち最も自然発火を起こす危険性が高いものに○，そうでないものに×を付けよ．

1. ぼろ布に染み込んだものが長期間，通風の悪いところに貯蔵してある．	
2. ガラス製容器に入ったものが長時間，直射日光にさらされている．	

解答		
1. ○ 2. ×	乾性油が染み込んだぼろ布などを長期間，通風の悪いところに貯蔵すると，酸化熱が蓄積して発火点まで達すると自然発火が起こります．	

第1類の危険物の性質ならびにその火災予防および消火の方法の問題は乙種4類では10問出題されます．6問以上正解することが合格の条件です．頑張りましょう！

2編 危険物に関する法令

1章●指定数量と計算の仕方

計算って苦手なんですよね…
それに品名と指定数量を覚えるのも苦手で…

こぶし　ワンツー　六千万!

このように指定数量も歌って暗記できるから大丈夫!!

歌ならなんとか覚えられそうです!
こぶし!　ワンツー!　六千万!

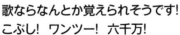

指定数量
～ボクサーから指定数量を連想～

第4類危険物の指定数量

指定数量とは，危険物についてその危険性を勘案して政令で定められた数量を指し，指定数量の少ないものほど危険性が高く，逆に多くなると危険性が低くなります．

品 名	性 質	物品名（一部）	指定数量
特殊引火物	非水溶性	二硫化炭素，ジエチルエーテル	50ℓ
	水溶性	アセトアルデヒド，酸化プロピレン	
第1石油類	非水溶性	ガソリン，ベンゼン，トルエン，酢酸エチル	200ℓ
	水溶性	アセトン，ピリジン	400ℓ
アルコール類	水溶性	メタノール，エタノール	400ℓ
第2石油類	非水溶性	灯油，軽油，キシレン，クロロベンゼン	1,000ℓ
	水溶性	アクリル酸，プロピオン酸，酢酸	2,000ℓ
第3石油類	非水溶性	重油，クレオソート油，ニトロベンゼン，アニリン	2,000ℓ
	水溶性	エチレングリコール，グリセリン	4,000ℓ
第4石油類	非水溶性	ギヤー油，シリンダー油，タービン油	6,000ℓ
動植物油類	非水溶性	アマニ油，ヤシ油	10,000ℓ

覚えるコツ
指定数量未満なら火災予防条例（市町村条例）に従い，指定数量以上なら危険物の規制に関する政令に従う

歌詞♪
未満は火災
以上は政令 ♫

※水溶性液体（特殊引火物とアルコール類除く）の指定数量は，非水溶性液体の2倍です．

歌って覚える！

暗記 ボクサーを連想して指定数量を覚える

得意パンチある兄さん指導

指定数量 **師弟**

得意パンチ

とく 特殊引火物	いばんち 第1石油類	ある アルコール類	にい 第2石油類	さん 第3石油類	し 第4石油類	どう 動植物油類
こ（ご）	ぶ（ふたつ）	し	ワン	ツー	六千	万
50	200	400	1000	2000	6000	10000

ファイトマネー 6 000万

こ｜ぶ｜し｜ ｜ワン｜ ｜ツー｜ 六千｜万

ファイトマネー
水溶
休肝日（水曜）なら
※アルコール除く日
×2倍

解いてみよう

重要度 ★

法令で定める第 4 類の危険物の指定数量について，次のうち誤っているものはどれか．

1. 特殊引火物の指定数量は，50 ℓ である．
2. 第 1 石油類の水溶性液体と，アルコール類の指定数量は 400 ℓ である．
3. 第 2 石油類の水溶性液体と，第 3 石油類の非水溶性液体の指定数量は 2,000 ℓ である．
4. 第 3 石油類の水溶性液体と，第 4 石油類の指定数量は 5,000 ℓ である．
5. 動植物油類の指定数量は，10,000 ℓ である．

攻略の 2 ステップ

得意パンチある兄さん指導
こぶし　ワンツー六千　万
524　1　2　6千　1万
（水溶性は ×2倍）

① ボクサーから指定数量を思い出す

② 水溶性は頭文字に「ア」がつくもの & 酢酸，ピリジン，酸化プロピレン，プロピオン酸，グリセリン，エチレングリコール

歌詞 ♪「ア」がつくものは水溶性　酢酸　ピリっと　プロプロ　グリグリ

解説　第 3 石油類（水溶性）の指定数量は 4,000 ℓ で，第 4 石油類の指定数量は 6,000 ℓ です．

解答　4

解いてみよう

重要度 ★

法令上，危険物の品名，物品名及び指定数量の組合せで，次のうち誤っているものはどれか．

1.	品名：特殊引火物	物品名：ジエチルエーテル	指定数量：50 ℓ
2.	品名：第 1 石油類	物品名：アセトン	指定数量：400 ℓ
3.	品名：アルコール類	物品名：エタノール	指定数量：1 000 ℓ
4.	品名：第 3 石油類	物品名：重油	指定数量：2 000 ℓ
5.	品名：第 4 石油類	物品名：ギヤー油	指定数量：6 000 ℓ

解説　アルコール類の指定数量は 400 ℓ です．

解答　3

指定数量の問題はほぼ出題されるよ！

2編 1-2 指定数量の倍数 ～象すら知っている！？～

指定数量の倍数計算

製造所等において危険物を取り扱う上で，指定数量という基準が大切になってきます．その基準に対して何倍の危険物を取り扱っているかを，次の方法で計算されます．

- 品名が 1 種類の危険物

$$\text{指定数量の倍数}=\frac{\text{貯蔵量}}{\text{指定数量}}$$

［例］メタノール 1,200 ℓ 貯蔵

$$\text{指定数量の倍数}=\frac{1{,}200\ \ell}{400\ \ell}=3\text{ 倍}$$

- 品名が 2 種類以上の危険物

$$\text{指定数量の倍数}=\frac{\text{A の貯蔵量}}{\text{A の指定数量}}+\frac{\text{B の貯蔵量}}{\text{B の指定数量}}$$

［例］トルエン 400 ℓ，ギヤー油 12,000 ℓ 貯蔵

$$\text{指定数量の倍数}=\frac{400\ \ell}{200\ \ell}+\frac{12{,}000\ \ell}{6{,}000\ \ell}=4\text{ 倍}$$

歌って覚える！

暗記 指定数量の倍数の計算方法は例題を見て覚える

例題 **品名が 3 種類の指定数量の倍数の計算**

ガソリン 1,000 ℓ, 灯油 2,000 ℓ, 重油 2,000 ℓを貯蔵しているときの指定数量の倍数を求めよ.

解答

$$\frac{\text{ガソリンの貯蔵量 }1{,}000\ \ell}{\text{ガソリンの指定数量 }200\ \ell}=5\text{ 倍}$$

$$\frac{\text{灯油の貯蔵量 }2{,}000\ \ell}{\text{灯油の指定数量 }1{,}000\ \ell}=2\text{ 倍}$$

$$\frac{\text{重油の貯蔵量 }2{,}000\ \ell}{\text{重油の指定数量 }2{,}000\ \ell}=1\text{ 倍}$$

よって, それぞれの倍数を足すと,
ガソリン 5 倍＋灯油 2 倍＋重油 1 倍＝8 倍
指定数量の倍数は 8 倍となります.

覚えるコツ

$$\text{指定数量の倍数}=\frac{\text{貯蔵量}}{\text{指定数量}}$$

歌詞 バイス は 象 すら 知っている♪
（バイス わ ぞう スラッシュ してい）
倍数 ＝ 貯蔵 ／ 指定

バイス(万力)

解いてみよう

重要度 ★★★

法令上，次の危険物を同一場所で貯蔵する場合，指定数量の倍数が最も大きくなる組合せはどれか．

1.	ガソリン	200 ℓ	軽油	500 ℓ
2.	軽油	1,000 ℓ	重油	1,000 ℓ
3.	灯油	500 ℓ	重油	2,000 ℓ
4.	ガソリン	100 ℓ	重油	3,000 ℓ
5.	ガソリン	50 ℓ	灯油	800 ℓ

攻略の 2 ステップ

① **指定数量を思い出す** ※2編 1-1へ GO

こぶし　ワンツー六千　万

524　1　2　6千　1万

得意パンチある兄さん指導

② **2 種類あったら二つの倍数を足す**

$$\text{指定数量の倍数} = \frac{\text{A の貯蔵量}}{\text{A の指定数量}} + \frac{\text{B の貯蔵量}}{\text{B の指定数量}}$$

得意パンチある兄さん指導

とく	いぱんち	ある	にい	さん	し	どう
特殊引火物	第1石油類	アルコール類	第2石油類	第3石油類	第4石油類	動植物油類
こ(ご)	ぶ(ふたっ)	し	ワン	ツー	六千	万
50	200	400	1000	2000	6000	10000

解説

1. $\dfrac{\text{ガソリンの貯蔵量 }200\,\ell}{\text{ガソリンの指定数量 }200\,\ell} + \dfrac{\text{軽油の貯蔵量 }500\,\ell}{\text{軽油の指定数量 }1{,}000\,\ell} = 1.5\text{ 倍}$

2. $\dfrac{\text{軽油の貯蔵量 }1{,}000\,\ell}{\text{軽油の指定数量 }1{,}000\,\ell} + \dfrac{\text{重油の貯蔵量 }1{,}000\,\ell}{\text{重油の指定数量 }2{,}000\,\ell} = 1.5\text{ 倍}$

3. $\dfrac{\text{灯油の貯蔵量 }500\,\ell}{\text{灯油の指定数量 }1{,}000\,\ell} + \dfrac{\text{重油の貯蔵量 }2{,}000\,\ell}{\text{重油の指定数量 }2{,}000\,\ell} = 1.5\text{ 倍}$

4. $\dfrac{\text{ガソリンの貯蔵量 }100\,\ell}{\text{ガソリンの指定数量 }200\,\ell} + \dfrac{\text{重油の貯蔵量 }3{,}000\,\ell}{\text{重油の指定数量 }2{,}000\,\ell} = 2.0\text{ 倍}$ ← **最も大きい**

5. $\dfrac{\text{ガソリンの貯蔵量 }50\,\ell}{\text{ガソリンの指定数量 }200\,\ell} + \dfrac{\text{灯油の貯蔵量 }800\,\ell}{\text{灯油の指定数量 }1{,}000\,\ell} = 1.05\text{ 倍}$

よって，指定数量の倍数が最も大きくなる組合せは「4」です．

解答　4

分数の計算は下の早見表を参考にしてね！

$\frac{2}{10}=0.2$	$\frac{4}{10}=0.4$	$\frac{5}{10}=0.5$	$\frac{8}{10}=0.8$
$\frac{1}{2}=0.5$	$\frac{1}{3}\fallingdotseq 0.333$	$\frac{1}{4}=0.25$	$\frac{1}{5}=0.2$

乙種の試験は5択だけど2択で問題に慣れよう

練習問題1（指定数量）

問題1 法令上，危険物の品名，物品名および指定数量の組合せで，次のうち正しいものに○，誤っているものに×を付けよ．

1．［品名］特殊引火物　［物品名］ジエチルエーテル　［指定数量］50ℓ	
2．［品名］第1石油類　［物品名］アセトン　［指定数量］200ℓ	

解答		
	1．○	アセトンは第1石油類の水溶性に該当するため，指定数量は400ℓです．
	2．×	

問題2 法令上，危険物の品名，物品名および指定数量の組合せで，次のうち正しいものに○，誤っているものに×を付けよ．

1．［品名］アルコール類　［物品名］エタノール　［指定数量］1,000ℓ	
2．［品名］第3石油類　［物品名］重油　［指定数量］2,000ℓ	

解答		
	1．×	エタノールはアルコール類に該当しますが，指定数量は400ℓです．
	2．○	

問題3 法令で定める第4類の危険物の指定数量について，次のうち正しいものに○，誤っているものに×を付けよ．

1．第1石油類の水溶性液体とアルコール類の指定数量は同じである．	
2．第3石油類の水溶性液体と第4石油類の指定数量は同じである．	

解答		
	1．○	第3石油類の非水溶性の指定数量は2,000ℓで，水溶性の指定数量は2倍の4,000ℓです．第4石油類の指定数量は6,000ℓです．なお，第1石油類の水溶性液体とアルコール類の指定数量は同じで400ℓです．
	2．×	

問題4 法令上，指定数量の異なる危険物A～Cを屋内貯蔵所で貯蔵する場合の指定数量の倍数として，次のうち正しいものに○，誤っているものに×を付けよ．

1．A～Cの貯蔵量の和を，A～Cの指定数量の和で除して得た値	
2．A～Cそれぞれの貯蔵量を，それぞれの指定数量で除して得た値の和	

解答		
	1．×	指定数量の倍数は，貯蔵量を指定数量で除して求めます．（指定数量の倍数＝貯蔵量／指定数量）2種類以上の危険物を同一の場所に貯蔵する場合の指定数量の倍数は，それぞれの貯蔵量を，それぞれの指定数量で除して得た値の和となります．（Aの倍数＋Bの倍数＋Cの倍数）
	2．○	

問題 5 現在，灯油を 500 ℓ 貯蔵している．これと同一の場所に次の危険物を貯蔵した場合，指定数量以上となるものに○，ならないものに×を付けよ．

1. ガソリン 100 ℓ	⊠
2. ギヤー油 2,000 ℓ	⊠

解答		
	1. ○	灯油は第 2 石油類（指定数量 1,000 ℓ）です．指定数量の倍数は貯蔵量÷指定数量で求めるため，500 ÷ 1,000 = 0.5 となります．同一の場所に貯蔵した危険物の指定数量の倍数の総和が 1 以上になったとき，指定数量以上に該当します．ガソリンは第 1 石油類（指定数量 200 ℓ）です．100 ÷ 200 = 0.5 となります．灯油 0.5 +ガソリン 0.5 = 1 となります．よって，「1」が指定数量以上に該当します．なお，ギヤー油は第 4 石油類（指定数量 6,000 ℓ）です．2,000 ÷ 6,000 ≒ 0.333 灯油 0.5 +ギヤー油 0.333 ≒ 0.833 となります．
	2. ×	

問題 6 現在，メタノールを 200 ℓ 貯蔵している．これと同一の場所に危険物を貯蔵した場合，指定数量以上となるものに○，ならないものに×を付けよ．

1. ジエチルエーテル 100 ℓ	⊠
2. 軽油 400 ℓ	⊠

解答		
	1. ○	メタノールはアルコール類（指定数量 400 ℓ）です．指定数量の倍数は貯蔵量÷指定数量で求めるため，200 ÷ 400 = 0.5 となります．同一の場所に貯蔵した危険物の指定数量の倍数の総和が 1 以上になったとき，指定数量以上に該当します．ジエチルエーテルは特殊引火物（指定数量 50 ℓ）です．100 ÷ 50 = 2 となります．メタノール 0.5 +ジエチルエーテル 2 = 2.5 となります．よって，「1」が指定数量以上に該当します．なお，軽油は第 2 石油類（指定数量 1,000 ℓ）です．400 ÷ 1,000 = 0.4　メタノール 0.5 +軽油 0.4 = 0.9 となります．
	2. ×	

問題 7 法令上，危険物についての説明として，次のうち正しいものに○，誤っているものに×を付けよ．

1. 指定数量とは，その危険性を勘案して政令で定められた数量で，全国同一である．	⊠
2. 難燃性の合成樹脂も危険物に指定されている．	⊠

解答		
	1. ○	指定数量は，政令で定められた数量で，全国同一です．難燃性の合成樹脂は，危険物に該当しません．
	2. ×	

2編 1章 指定数量と計算の仕方

練習問題2（指定数量の倍数）

乙種の試験は5択だけど2択で問題に慣れよう

問題1 法令上，屋内貯蔵所において，次のA～Dの危険物を同時に貯蔵する場合，この屋内貯蔵所が貯蔵している危険物の指定数量の倍数はいくつか．次のうち正しいものに○，誤っているものに×を付けよ．

A　ガソリン…2,000 ℓ　　B　エタノール…800 ℓ

C　灯油………8,000 ℓ　　D　軽油…………6,000 ℓ

1. 19	
2. 26	

解答		
1. ×	A $\frac{\text{ガソリンの貯蔵量 2,000ℓ}}{\text{ガソリンの指定数量 200ℓ}}$ ＝10倍 B $\frac{\text{エタノールの貯蔵量 800ℓ}}{\text{エタノールの指定数量 400ℓ}}$ ＝2倍	よってそれぞれの倍数を足すと **26倍** (10＋2＋8＋6＝26)
2. ○	C $\frac{\text{灯油の貯蔵量 8,000ℓ}}{\text{灯油の指定数量 1,000ℓ}}$ ＝8倍 D $\frac{\text{軽油の貯蔵量 6,000ℓ}}{\text{軽油の指定数量 1,000ℓ}}$ ＝6倍	

問題2 法令上，屋外タンク貯蔵所において，第4類の第3石油類に該当する危険物20,000 ℓを貯蔵した場合，指定数量の倍数はいくつか．次のうち正しいものに○，誤っているものに×を付けよ．

1. 非水溶性液体であれば，10倍である．	
2. 水溶性液体であれば，2倍である．	

解答	
1. ○ 2. ×	第3石油類の非水溶性の指定数量は2,000 ℓで，水溶性の指定数量は2倍の4,000 ℓです．非水溶性を20,000 ℓ貯蔵している場合，指定数量の倍数は貯蔵量÷指定数量で求めるため，20,000 ÷ 2,000 ＝ 10倍となります．よって「1」が正しいです．なお，水溶性を20,000 ℓ貯蔵している場合，20,000 ÷ 4,000 ＝ 5倍となります．

数多くの問題をこなすことこそ，合格への近道！

2編 危険物に関する法令

2章●危険物取扱者について知ろう

危険物取扱者について学習していくと，いろんな方が登場してきますね.

お! よく気づいたね. まずは 2編 2-1 で登場する人物達にどんな役割があるのか理解することが重要だよ.

都道府県知事や市町村長等が危険物取扱者に関わるどんな仕事をしているのかにも注目する必要があるみたいですね.

覚えることがたくさんあっても大丈夫♪
歌って覚えるための歌詞があるから♫

それなら頑張れそうです!

2章で登場する人物 ～登場人物を確認しておこう～

この章で必要な単語の意味を絵を見て頭でイメージして覚えましょう.

絵を見て覚えよう

甲種危険物取扱者（こうしゅきけんぶつとりあつかいしゃ）とは

第 1 類から第 6 類までのすべての危険物を取り扱うことができ，無資格者に対してすべての危険物の取扱いの立会いができます.

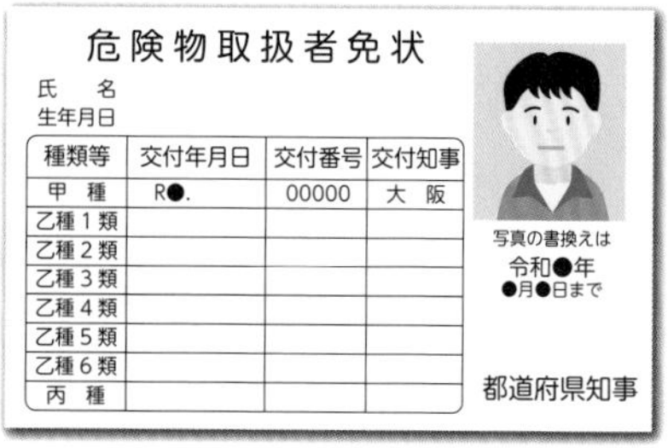
危険物取扱者免状
氏　名
生年月日

種類等	交付年月日	交付番号	交付知事
甲　種	R●.	00000	大　阪
乙種1類			
乙種2類			
乙種3類			
乙種4類			
乙種5類			
乙種6類			
丙　種			

写真の書換えは
令和●年
●月●日まで
都道府県知事

第 1 類から第 6 類の危険物を取扱い可

乙種危険物取扱者（おつしゅきけんぶつとりあつかいしゃ）とは

免状に指定する類の危険物を取り扱うことができ，無資格者に対して免状に指定する類の危険物の取扱いの立会いができます. 試験に合格して乙種 4 類の資格を取得したら，乙種 4 類の引火性液体の危険物の取扱いと立会いができます.

乙種 4 類免状を持つ危険物取扱者
- ○ 無資格者の取扱いの立会い
- ○ 定期点検の立会い
- ○ 乙種 4 類の移動タンク貯蔵所の移送
  ↑他に大型免許が必要

乙種 4 類免状で取り扱える危険物
○ 4 類引火性液体の危険物のみ

× 乙種 1 類酸化性固体
× 乙種 2 類可燃性固体　など

類が異なると扱えない

丙種危険物取扱者（へいしゅきけんぶつとりあつかいしゃ）とは

乙種 4 類の中のガソリン，灯油，軽油，第 3 石油類のうち重油，潤滑油および引火点が 130℃以上のもの，第 4 石油類および動植物油類の危険物を取り扱うことができますが，無資格者に対して危険物の取扱いの立会いはできません.

丙種の免状を持つ危険物取扱者
- × 無資格者の取扱いの立会い
- ○ 定期点検の立会い
- ○ 取り扱える種類の移動タンク貯蔵所の移送
  ↑他に大型免許が必要

取り扱えない乙種 4 類の危険物

× 特殊引火物
× アセトン
× アルコール類　など

詳しくは p.56 で学習

絵を見て覚えよう

所有者等（しょゆうしゃとう）とは

製造所等の所有者, 管理者, 占有者が該当し, 所有者は製造所等を所有する人のことを指します.

製造所等
所有者等

製造所等とは
- 製造所
- 屋内貯蔵所
- 屋外貯蔵所
- 屋内タンク貯蔵所
- 屋外タンク貯蔵所
- 地下タンク貯蔵所
- 簡易タンク貯蔵所
- 移動タンク貯蔵所
- 給油取扱所
- 販売取扱所
- 一般取扱所
- 移送取扱所

所有者等とは
- 所有者
- 管理者
- 占有者

危険物保安統括管理者（きけんぶつほあんとうかつかんりしゃ）とは

危険物保安監督者より上の立場で, 大量の第 4 類の危険物を取り扱う事業所全般の保安業務を統括し管理します. 取り扱う危険物が指定数量の 3,000 倍以上の製造所と一般取扱所, または指定数量以上の移送取扱所に所有者等が選任します. 選任や解任したときは, 遅滞なく市町村長等に届出ます.

危険物保安統括管理者

- 危険物の免許不要（無資格）
- 危険物の取扱い不可
- 所有者等が選任・解任
- 遅滞なく市町村長等に届出
- 全般の保安業務を統括

危険物保安監督者（きけんぶつほあんかんとくしゃ）とは

危険物の取扱作業において保安の監督業務や施設保安員や作業者に必要な指示をします. 6 ヶ月以上の実務経験がある甲種または乙種の危険物取扱者から 所有者等が選任します. 選任や解任したときは, 遅滞なく市町村長等に届出ます.

危険物保安監督者

- 実務経験 6 ヶ月以上
- 甲種または乙種
- 丙種はなれない
- 所有者が選任・解任
- 遅滞なく市町村長等に届出
- 必要な指示を出す
- 火災発生時に応急措置
- 消防機関等に連絡

危険物施設保安員（きけんぶつしせつほあんいん）とは

危険物保安監督者の下で保安業務を行います. 取り扱う危険物が指定数量の 100 倍以上の製造所と一般取扱所, またはすべての移送取扱所には危険物施設保安員を所有者等が選任します. 市町村長等に届出は不要です.

危険物施設保安員

- 危険物の免許不要（無資格）
- 所有者等が選任・解任
- 市町村長等に届出不要
- 危険物保安監督者の指示に従う
- 定期点検ができる
- 定期点検の立会い不可

2編
2-2
危険物取扱者 ～丙種は無資格者の取扱いの立会い不可～

危険物取扱者

危険物取扱者とは，危険物取扱者の試験に合格し，都道府県知事から危険物取扱者免状の交付を受けた者のことです．免状は，**甲種**，**乙種**および**丙種**の3種類に分類されており，下表のように取り扱える危険物が異なります．免状は取得した都道府県だけでなく，全国で有効です．

概要と責務

① 危険物の取扱作業に従事するときは貯蔵・取扱いの技術上の基準を遵守するとともに，危険物の保安について細心の注意を払います．

② 甲種，乙種危険物取扱者は危険物の取扱作業の立会いをする場合は，取扱作業に従事する者が危険物の貯蔵・取扱いの技術上の基準を遵守するように監督するとともに，危険物取扱者以外の者が作業をしている場合，必要に応じて指示を与えます．

種　類	甲　種	乙　種	丙　種
取り扱える危険物	1～6類	乙種は取得した類のみ	第4類のうち，ガソリン，灯油，軽油，第3石油類のうち重油，潤滑油および引火点が130℃以上のもの，第4石油類および動植物油類
取扱いのとき無資格者に対する立会い	○	○ 取得した類のみ	× できない
定期点検のとき無資格者に対する立会い	○	○ 取得した類のみ	○ 丙種が扱えるもののみ
危険物保安監督者の選任	○ 6か月以上の実務経験が必要	○ 乙種は取得した類で6か月以上の実務経験が必要	× なれない
移動タンク貯蔵所で危険物を移送	○ 1～6類すべて移送できる	○ 乙種は取得した類のみ移送できる	○ 丙種が扱えるもののみ移送できる

歌って覚える！

暗記 **丙種は無資格者に対して危険物を取り扱う立会い不可**

覚えるコツ **表の丙種の“×”に注目！丙種は 取扱いの立会いができない！**

歌詞
免状種類は甲乙丙♬
甲は最高無敵の評価　乙は1から6までで
性質種類も異なっちゃう♪
丙は4類一部だけ
丙種は取扱いの立会いができないぜ♪

移動タンク貯蔵所で危険物を移送するとき，免状を携帯するけど，丙種が扱える危険物なら丙種危険物取扱者も移送できるよ．

解いてみよう

重要度★

法令上，製造所等における危険物取扱い時の危険物取扱者の立会いについて，次のうち正しいものはどれか．

1. 製造所等の所有者が承認し許可すれば危険物取扱者以外の者でも，危険物取扱者の立会いなしで危険物を取り扱うことができる．
2. すべての危険物施設保安員は，危険物取扱者以外の者が取り扱う場合の立会いができる．
3. 危険物取扱者以外の者が危険物を取り扱う場合には，指定数量未満であっても，甲種危険物取扱者または当該危険物を取り扱うことができる乙種危険物取扱者の立会いが必要である．
4. 危険物取扱者以外の者が危険物を取り扱う場合，丙種危険物取扱者の立会いがあれば危険物を取り扱うことができる．
5. すべての乙種危険物取扱者は，丙種危険物取扱者が取り扱うことができる危険物の立会いができる．

攻略の2ステップ

① **危険物取扱い時の危険物取扱者の立会いについて理解しよう**
② **立会いができるのは次の者 ➡ 甲種危険物取扱者**
➡ その危険物を取り扱うことができる資格を持つ乙種危険物取扱者

解説

1. 製造所等の所有者が承認し許可すれば危険物取扱者以外の者でも，危険物取扱者の立会いなしで危険物を取り扱うことができる．×
（危険物取扱者以外の者は，甲種危険物取扱者またはその危険物を取り扱うことができる資格を持った乙種危険物取扱者の立会いがあれば，危険物を取り扱うことができます．所有者の承認や許可では危険物を取り扱うことはできません．）
2. すべての危険物施設保安員は，危険物取扱者以外の者が取り扱う場合の立会いができる．×
（丙種危険物取扱者の資格しか持っていないか，無資格者の危険物施設保安員は危険物取扱者以外の者が取り扱う場合の立会いはできません．）
3. 危険物取扱者以外の者が危険物を取り扱う場合には，指定数量未満であっても，甲種危険物取扱者または当該危険物を取り扱うことができる乙種危険物取扱者の立会いが必要である．○
4. 危険物取扱者以外の者が危険物を取り扱う場合，丙種危険物取扱者の立会いがあれば危険物を取り扱うことができる．×
（丙種危険物取扱者は，危険物を取り扱う立会いはできません．）
5. すべての乙種危険物取扱者は，丙種危険物取扱者が取り扱うことができる危険物の立会いができる．×
（甲種と乙種４類以外の危険物取扱者は，丙種危険物取扱者が取り扱うことができる危険物の立会いはできません．）

解答 3

危険物取扱者免状
～保安講習と免状は知事の仕事！？～

絵を見て覚えよう

免状の交付

危険物取扱者試験に合格した者は都道府県知事より免状の交付を受ける

交付

誰が交付？

都道府県知事

免状の不交付!
免状の返納を命じられた日から1年経過していないときや，消防法令違反で罰金刑以上に処せられ，執行終了または執行を受けることがなくなってから2年経過していないなら交付できないぞ!

免状の書換え

氏名や本籍が変わったり，免状の写真が撮影から10年経過したときは交付を受けた都道府県知事，または居住地もしくは勤務地の都道府県知事に書き換え申請をしなければならない

書換え

誰が書換え？

都道府県知事

交付
居住地
勤務地

暗記 保安講習と免許は知事の仕事

暗記 免状の写真は10年で書き換え

免状の再交付

危険物取扱者免状を亡失，滅失，汚損，破損したときは，その免状の交付，または書換えをした都道府県知事に汚損や破損した免状を添えて再交付の申請をすることができる

再交付

誰が再交付？

都道府県知事

再交付申請先
○交付
○書換え
×居住地
×勤務地

再交付後に免状発見

再交付後に亡失した危険物取扱者免状が見つかった場合，10日以内に亡失した免状を再交付を受けた都道府県知事に提出しなければならない

提出 (10日以内)

暗記 亡失した免状を発見したときは10日以内に提出

歌詞 **講習，免許は県知事よ．**
書換え写真は10年経過，
亡失発見10日以内

免状の返納命令

都道府県知事は危険物取扱者が消防法および消防法に基づく命令の規定に違反しているときは，危険物取扱者免状の返納を命ずることができる

命令

誰が命令？

都道府県知事

解いてみよう　重要度 ★★

免状の書換えを行わなければならないものは，次のうちどれか．

1. 住所が変わったとき．
2. 免状の写真がその撮影した日から 10 年経過したとき．
3. 危険物の取り扱い作業の保安に関する講習を受けたとき．
4. 勤務先が変わったとき．
5. 危険物保安監督者になったとき．

攻略の 2 ステップ

① 危険物取扱者の免状の書換えについて理解しよう

② 書換えが必要なのは次の者 ➡ 氏名や本籍が変わった人

➡ 免状の写真が撮影した日から 10 年経過した人

解説

免状の写真が撮影した日から **10 年**経過した人は，交付した都道府県知事か，居住地や勤務地の都道府県知事へ申請して**書換え**が必要です．

解答　2

解いてみよう　重要度 ★★

法令上，免状の返納を命じることができるのは，次のうちどれか．

1. 消防長　2. 都道府県知事　3. 消防庁長官
4. 消防署長　5. 市町村長

攻略の 2 ステップ

① 危険物取扱者の免状の返納について理解しよう

② 免状と保安講習 とくれば 都道府県知事の仕事

解説

免状を交付した都道府県知事は，危険物取扱者が消防法や消防法に基づく命令の規定に**違反**したとき，**返納**を命じることができます．

解答　2

2編
2-4 保安講習
～保安講習受講は，いつから，誰が，何年？～

保安講習とは，製造所等において指定数量以上の危険物の取扱作業に従事している危険物取扱者を対象に，都道府県知事が行う保安に関する講習のことです．質問，解答，イラストを見てイメージして覚えましょう．

絵を見て覚えよう

Q 保安講習は誰が行う？

A 都道府県知事の仕事です．

免許と保安講習は
私の仕事だ！
都道府県知事

Q 危険物取扱者免状を持っていますが危険物の取扱作業に従事していません．保安講習を受ける必要ありますか？

A 危険物の取扱作業に従事していなければ受講する必要はありません．

免許はあるけど
働いてないよ．
危険物取扱者
免状

Q 危険物取扱者免状を持っていませんが，製造所等で危険物の取扱作業に従事しています．保安講習を受ける必要ありますか？

A 無資格者であれば受講する必要はありません．

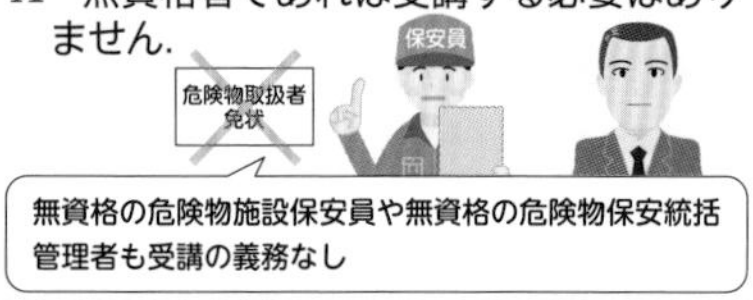
危険物取扱者
免状
保安員
無資格の危険物施設保安員や無資格の危険物保安統括管理者も受講の義務なし

Q 新たに製造所等において指定数量以上の危険物の取扱作業に従事することになりました．何年以内に保安講習を受講する必要がありますか？ ※免状あり

A 新たに従事することになった日から**1年以内**に受講しなければなりません．

さあ！
新たに働くぞ！
危険物取扱者
免状

【例外】
危険物の取扱作業に従事することになった日から過去 2 年以内に免状の交付を受けている場合や，保安講習を受けている場合は，免状の交付日または保安講習を受けた日以降の最初の 4 月 1 日から **3 年以内**に受講すればよいとされています．

Q 継続して製造所等において指定数量以上の危険物の取扱作業に従事しているのですが，何年ごとに保安講習を受講する必要がありますか？ ※免状あり

A 保安講習を受講した日以降における最初の 4 月 1 日から **3 年以内**ごとに受講しなければなりません．

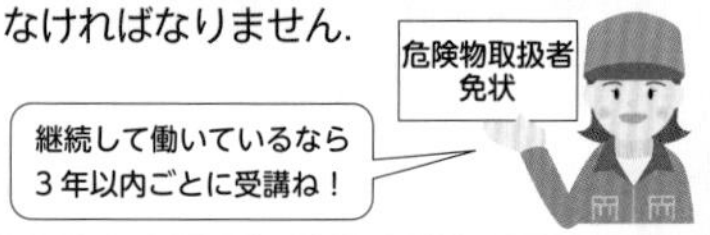
危険物取扱者
免状
継続して働いているなら
3年以内ごとに受講ね！

暗記 保安講習を受講する年数

覚えるコツ
新たに従事 とくれば 1 年以内
継続して従事 とくれば 3 年以内ごと

違反者のための
講習ではないぞ！

歌詞 保安講習 3 年 1 回　3 年 1 回　従事しながら受講しよう　新入社員は 1 年生

（継続して従事している方は 3 年以内ごと，新たに従事する方は 1 年以内）

解いてみよう 重要度 ★

法令上，危険物の保安に関する講習について，次のうち正しいものはどれか．

1. 法令上の命令を受けた者が，この講習を受講しなければならない．
2. 危険物施設保安員に選任された者は，直ちに受講しなければならない．
3. 危険物の取扱作業に従事することとなった日から2年以内に講習を受けている場合は，その受講日以降における最初の4月1日から3年以内に受講しなければならない．
4. 危険物の取扱作業に従事することとなった日から2年以内に講習を受けている場合は，その受講日以降における最初の4月1日から2年以内に受講しなければならない．
5. 危険物の取扱作業に従事することとなった日から2年以内に免状の交付を受けている場合は，免状の交付日以降における最初の誕生日から5年以内に受講しなければならない．

攻略の2ステップ

① キーワード：保安講習 ➡ 従事 ➡ 取扱者 ➡ 受講すべし
② 初めての人は 1 年以内に受講，その後 3 年以内に受講

解説

1. 法令上の命令を受けた者が，この講習を受講しなければならない．×
   （危険物取扱作業に従事する危険物取扱者が受講の義務があります．）
2. 危険物施設保安員に選任された者は，直ちに受講しなければならない．×
   （危険物施設保安員には危険物取扱者の免状を有しない方もいます．無資格者は受講の義務がありません．）
3. 危険物の取扱作業に従事することとなった日から2年以内に講習を受けている場合は，その受講日以降における最初の4月1日から3年以内に受講しなければならない．○
4. 危険物の取扱作業に従事することとなった日から2年以内に講習を受けている場合は，その受講日以降における最初の4月1日から2年以内に受講しなければならない．×
   （最初の4月1日から3年以内に受講の義務があります．）
5. 危険物の取扱作業に従事することとなった日から2年以内に免状の交付を受けている場合は，免状の交付日以降における最初の誕生日から5年以内に受講しなければならない．×
   （最初の4月1日から3年以内に受講の義務があります．）

解答 3

2-5 危険物保安監督者 ～丙種がなれない監督者～

危険物保安監督者

危険物の取扱作業において保安の監督業務や施設保安員や作業者に必要な指示をします．6ヶ月以上の実務経験がある甲種または乙種（取得した類の危険物が扱える危険物取扱者）から所有者等が選任し遅滞なく市町村長等に届け出ます．

指定数量に関係なくすべてで選任が必須な施設

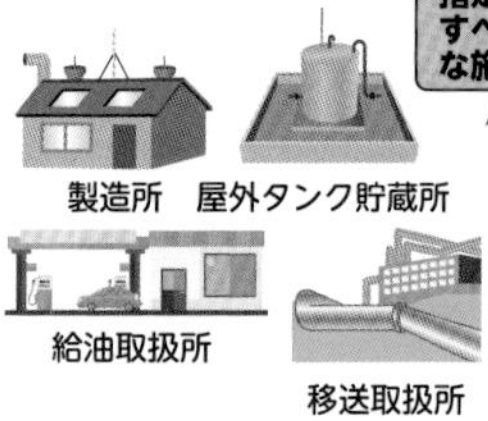

選任・解任

- 実務経験6ヶ月以上
- 甲種または乙種
- 所有者が選任・解任
- 遅滞なく市町村長等に届出
- 丙種はなれない
- 保安に関し，必要な監督業務を行う
- 必要な指示を出す
- 火災発生時に応急措置
- 消防機関等に連絡

遅滞なく届出

- 危険物保安統括管理者や危険物保安監督者の解任命令が出せる
- 定めていない施設は使用停止命令が出せる

選任が必須な施設

※一部だけ必要ない

• 屋内貯蔵所 • 地下タンク貯蔵所	ただし，引火点が40℃以上の第4類危険物のみを指定数量の30倍以下で貯蔵し，取り扱う場合は必要ない
• 屋内タンク貯蔵所 • 簡易タンク貯蔵所	ただし，引火点が40℃以上の第4類危険物のみを貯蔵し，取り扱う場合は必要ない
• 第1種販売取扱所 • 第2種販売取扱所	ただし，引火点が40℃以上の第4類危険物のみを取り扱う場合は必要ない
• 一般取扱所	ただし，引火点が40℃以上の第4類危険物のみを指定数量の30倍以下で次の目的で取り扱う場合は必要ない 1. ボイラー，バーナーその他これに類する装置で危険物を消費するもの 2. 危険物を容器に詰め替えるもの

↑30倍を超える!!

選任が条件により必要な施設

- 屋外貯蔵所や一般取扱所
  指定数量の**30倍を超えて**危険物を貯蔵し，取り扱う場合に必要になる➡**30倍を超える!**

選任が必要ない施設

- 移動タンク貯蔵所➡**必要なし**

歌って覚える!

暗記 危険物保安監督者になるには実務経験6か月以上の甲種 or 乙種危険物取扱者で所有者が選任する

覚えるコツ 丙種危険物取扱者は　危険物保安監督者になれない

暗記 移動タンク貯蔵所に危険物保安監督者を定める必要なし

歌詞 保安監督　6ヶ月　丙種は絶対なれないよ～
移動タンク　に　監督者は　いらないぜ♫

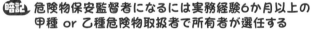

移動タンク貯蔵所

解いてみよう　重要度 ★★

法令上，貯蔵し，または取り扱う危険物の品名，数量または指定数量の倍数にかかわりなく危険物保安監督者を定めなくてもよい製造所等は，次のうちどれか．

1．製造所　2．屋外タンク貯蔵所　3．給油取扱所
4．移送取扱所　5．移動タンク貯蔵所

攻略の 2 ステップ

① 危険物保安監督者ついて理解しよう
② 指定数量にかかわらず，常に危険物保安監督者を選任しなくていい施設 1 か所のみ ➡ 移動タンク貯蔵所

解説　**移動タンク貯蔵所**は，危険物保安監督者を定める必要はありません．

解答　5

解いてみよう　重要度 ★

法令上，危険物保安監督者に関する説明で，次のうち誤っているものはどれか．

1．危険物保安監督者は，危険物の取扱作業の実施に際し，当該作業が法令の基準および予防規程の保安に関する規定に適合するように作業者に対し，必要な指示を与えなければならない．
2．危険物保安監督者は，危険物の取扱作業に関して保安の監督をする場合は，誠実にその職務を行わなければならない．
3．製造所等において，危険物取扱者以外の者は，危険物保安監督者が立ち会わなければ，危険物を取り扱うことはできない．
4．危険物施設保安員を置かなくてもよい製造所等の危険物保安監督者は，規則で定める危険物施設保安の業務を行わなければならない．
5．選任の要件である 6 か月以上の実務経験は，製造所等における実務経験に限定されるものである．

解説　危険物取扱者以外の者は，甲種危険物取扱者またはその危険物を取り扱うことができる資格を持った乙種危険物取扱者の立会いがあれば，危険物を取り扱うことができます．危険物保安監督者のみが立ち会わなければならない訳ではありません．

解答　3

2編
2-6 保安統括管理者と施設保安員 〜共通点で覚えよう〜

危険物保安統括管理者

危険物保安監督者より上の立場で，大量の第 4 類の危険物を取り扱う事業所全般の保安業務を統括し管理します．取り扱う危険物が指定数量の **3,000 倍**以上の製造所と一般取扱所，または指定数量以上の移送取扱所に所有者等が選任（または解任）し遅滞なく市町村長等に届け出ます．

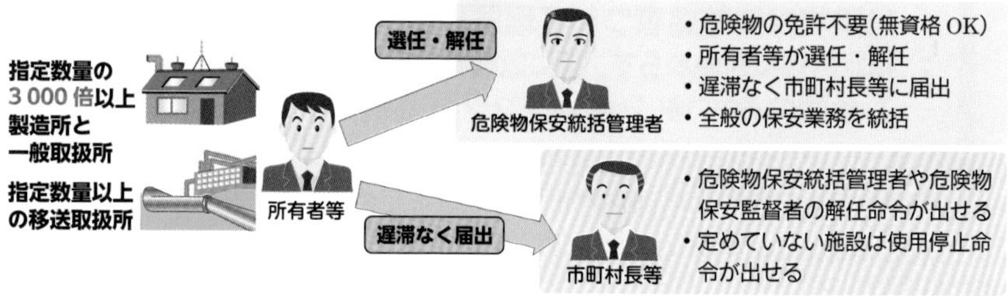
指定数量の
3 000 倍以上
製造所と
一般取扱所
指定数量以上
の移送取扱所
所有者等
選任・解任
危険物保安統括管理者
・危険物の免許不要(無資格 OK)
・所有者等が選任・解任
・遅滞なく市町村長等に届出
・全般の保安業務を統括
遅滞なく届出
市町村長等
・危険物保安統括管理者や危険物保安監督者の解任命令が出せる
・定めていない施設は使用停止命令が出せる

危険物施設保安員

危険物保安監督者の下で保安業務を行います．取り扱う危険物が指定数量の **100 倍**以上の製造所と一般取扱所，または，すべての移送取扱所には危険物施設保安員を所有者等が選任（または解任）します．市町村長等に届出は不要です．

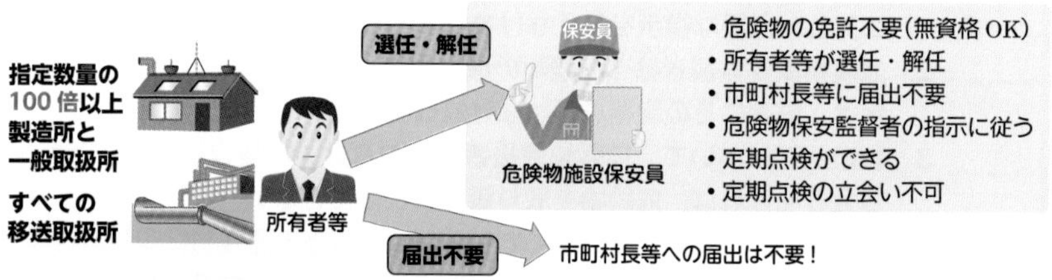
指定数量の
100 倍以上
製造所と
一般取扱所
すべての
移送取扱所
所有者等
選任・解任
保安員
危険物施設保安員
・危険物の免許不要(無資格 OK)
・所有者等が選任・解任
・市町村長等に届出不要
・危険物保安監督者の指示に従う
・定期点検ができる
・定期点検の立会い不可
届出不要
市町村長等への届出は不要！

歌って覚える！

暗記 危険物保安統括管理者と危険物施設保安員について

覚えるコツ 共通点で覚える
・危険物の免許不要(無資格 OK)
・指定数量の倍数は異なっても選任が必要な製造所が同じ

歌詞 ❶象が ❷いっぱい ❸いそう な所に 選任

（❶製造所 ❷一般取扱所 ❸移送取扱所）

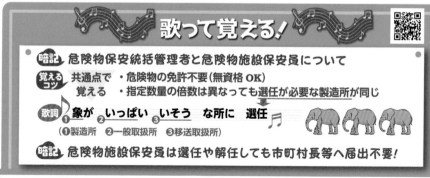

暗記 危険物施設保安員は選任や解任しても市町村長等へ届出不要！

解いてみよう

重要度 ★★

法令上，一定数量以上（指定数量の倍数が 3,000 以上）の第 4 類の危険物を貯蔵し，または取り扱う製造所等で，危険物保安統括管理者を選任しなければならない旨の規定が設けられているものは，次のうちどれか．

1. 製造所　2. 給油取扱所　3. 屋外タンク貯蔵所
4. 第二種販売取扱所　5. 屋内貯蔵所

攻略の 2 ステップ

① **保安統括管理者と施設保安員を選任する施設は左ページの歌詞を暗記**
② **保安統括管理者の選任を必要とする製造所等は次の 3 か所**
　➡ **製造所と一般取扱所（両方とも指定数量が 3,000 倍以上のとき）**
　➡ **移送取扱所（指定数量以上のとき）**

解説
指定数量 **3,000 倍**以上の第 4 類の危険物を貯蔵，または取り扱っている製造所では，保安統括管理者を選任することが義務づけられています．

解答 1

解いてみよう

重要度 ★

法令上，次の A ～ D の危険物保安統括管理者に関する記述のうち，正しいもののみをすべて掲げているものはどれか．

A. 危険物保安統括管理者は，免状の交付を受けていなくても，製造所等において，危険物取扱者の立会いなしに危険物を取り扱うことができる．
B. 危険物施設保安員が 50 人を超える事業所にあっては，危険物保安統括管理者を選任しなければならない．
C. 危険物保安統括管理者を定めなければならない製造所等において，危険物保安統括管理者を定めていない場合は，市町村長等から施設の使用停止命令を受けることがある．
D. 危険物保安統括管理者は，事業所においてその事業の実施を統括管理する者をもって充てなければならない．

1. A　2. A，B　3. C，D　4. A，C，D　5. B，C，D

解説
C と D が**正しい**です．A は，危険物保安統括管理者であっても，危険物取扱者の免状がなければ立ち会うことはできません．B は，施設保安員の人数ではなく，指定数量の 3,000 倍以上の製造所または一般取扱所と，指定数量以上の移送取扱所に，保安統括管理者を選任することが義務づけられています．

解答 3

練習問題1（危険物取扱者）

問題 1 法令上，危険物取扱者について，次のうち正しいものに○，誤っているものに×を付けよ．

1. 甲種危険物取扱者または乙種危険物取扱者は，危険物の取扱作業の立会いをする場合は，取扱作業に従事する者が危険物の貯蔵または取扱いの技術上の基準を遵守するように監督しなければならない．	
2. 危険物取扱者であれば，危険物取扱者以外の者による危険物の取扱作業に立会うことができる．	

解答	1. ○	危険物取扱者の免状の種類の中でも，丙種危険物取扱者は，危険物取扱者以外の者による危険物の取扱作業の立会いができません．
	2. ×	

問題 2 法令上，危険物取扱者についての記述として，次のうち正しいものに○，誤っているものに×を付けよ．

1. 甲種または乙種危険物取扱者が，危険物保安監督者に選任される場合には，製造所等において６か月以上の危険物取扱いの実務経験を有していなければならない．	
2. 丙種危険物取扱者は，危険物施設保安員として選任できない．	

解答	1. ○	製造所等の所有者等により選任されると，無資格者であっても危険物保安統括管理者や危険物施設保安員になることができます．よって，製造所等の所有者等は，丙種危険物取扱者を危険物施設保安員として選任することができます．
	2. ×	

問題 3 製造所等で，丙種危険物取扱者が取り扱うことのできる危険物として，次のうち正しいものに○，誤っているものに×を付けよ．

1. 重油	
2. 固形アルコール	

解答	1. ○	固形アルコールは甲種か乙種２類の免状を持つ危険物取扱者が取り扱うことができます．
	2. ×	

練習問題2（危険物取扱者免状）

問題１ 法令上，危険物取扱者免状について，次のうち正しいものに○，誤っているものに×を付けよ．

1. 免状の交付を受けている者は，３年ごとに免状の更新をしなければならない．	⊗
2. 免状は，都道府県知事が交付する．	⊗

解答		
1. ×	免状の更新は定められていません．ただし，免状に添付している写真に関しては，撮影から10年を経過したときには書換えが必要です．	
2. ○		

問題２ 法令上，免状の交付を受けている者が，免状を亡失し，滅失し，汚損し，または破損した場合の再交付の申請について，次のうち正しいものに○，誤っているものに×を付けよ．

1. 勤務地を管轄する都道府県知事に申請することができる．	⊗
2. 免状を亡失してその再交付を受けた者は，亡失した免状を発見した場合は，これを10日以内に免状の再交付を受けた都道府県知事に提出しなければならない．	⊗

解答		
1. ×	免状の再交付は，勤務地を管轄する都道府県知事ではなく，免状の交付または書換えを受けた都道府県知事に申請します．	
2. ○		

問題３ 次の文の（　　）内に当てはまる数字として，次のうち正しいものに○，誤っているものに×を付けよ．

「免状に記載されている氏名，本籍地が変わったとき，または免状に貼付されている写真が撮影から（　　　）を経過したときは，書換えの申請をしなければならない．」

1. ５年	⊗
2. 10年	⊗

解答		
1. ×	免状に貼付されている写真が撮影から10年を経過したときには書換えが必要です．	
2. ○		

練習問題3（危険物保安講習）

乙種の試験は５択だけど２択で問題に慣れよう

問題１ 法令上，危険物の取扱作業の保安に関する講習（以下「講習」という．）について次の文の（　　）内に当てはまる語句として，次のうち正しいものに○，誤っているものに×を付けよ．

「製造所等において，危険物の取扱作業に従事する危険物取扱者は，（　　）に講習を受けなければならない．ただし，該当取扱作業に従事することとなった日から過去２年以内に危険物取扱者免状の交付を受けているまたは当該講習を受けた日以後の最初の４月１日から３年以内に講習を受けなければならない．」

1. 危険物保安監督者として選任されてから６か月以内	
2. 危険物の取扱作業に従事することとなった日から１年以内	

解答		
	1. ×	「製造所等において，危険物の取扱作業に従事する危険物取扱者は，危険物の取扱作業に従事することとなった日から１年以内に講習を受けなければならない．以降，原則として，免状の交付日または前回の講習受講日以降，最初の４月１日から３年以内に受講しなければならない．」とされています．
	2. ○	

問題２ 法令上，危険物取扱者の保安に関する講習（以下「講習」という．）について，次のうち正しいものに○，誤っているものに×を付けよ．

1. 製造所等の所有者であるが，免状を所有していない者は講習を受ける必要がない．	
2. 危険物保安監督者は５年に１回，講習を受けなければならない．	

解答		
	1. ○	危険物取扱者免状の交付を受けているだけで，危険物の取扱作業に従事していない者や無資格者に関しては受講する必要はありません．危険物保安監督者は危険物取扱者免状の交付を受けているため，５年に１回ではなく，問題１の解説と同様の年数に受講しなければなりません．
	2. ×	

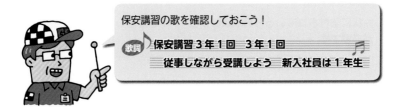

保安講習の歌を確認しておこう！

歌詞 **保安講習３年１回　３年１回**
従事しながら受講しよう　新入社員は１年生

乙種の試験は 5 択だけど 2 択で問題に慣れよう

練習問題4（危険物保安監督者）

問題 1 法令上，危険物保安監督者について，次のうち正しいものに○，誤っているものに×を付けよ．

1. 甲種危険物取扱者または当該危険物を取り扱うことができる乙種危険物取扱者のうち，製造所等において実務経験が 6 か月以上を有する者の中から選任する．	⊗
2. 丙種危険物取扱者は危険物保安監督者になることができる．	⊗

解答		
	1. ○	丙種危険物取扱者は危険物保安監督者になれません．甲種危険物取扱者または当該危険物を取り扱うことができる乙種危険物取扱者のうち，製造所等において実務経験が 6 か月以上を有する者の中から選任することができます．
	2. ×	

問題 2 法令上，製造所等における危険物保安監督者の業務について，次のうち正しいものに○，誤っているものに×を付けよ．

1. 危険物取扱作業場所での作業者に対して，貯蔵または取扱いに関する技術上の基準および予防規程等の保安に関する規定に適合するように必要な指示を与える．	⊗
2. 火災等災害発生時に作業者を指揮して応急措置を講ずるとともに，製造所等の所有者等の承認を受けてから消防機関，その他関連する施設の関係者に連絡する．	⊗

解答		
	1. ○	危険物保安監督者は火災や災害発生時等に作業者を指揮して応急措置を講ずるとともに，**直ちに消防機関等に連絡**します．製造所等の所有者等の承認はいりません．
	2. ×	

問題 3 法令上，危険物保安監督者の選任が必要な製造所等として，次のうち正しいものに○，誤っているものに×を付けよ．

1. 屋外タンク貯蔵所	⊗
2. 移動タンク貯蔵所	⊗

解答		
	1. ○	移動タンク貯蔵所には危険物保安監督者を定める必要はありません．
	2. ×	

乙種の試験は5択だけど2択で問題に慣れよう

練習問題5（危険物保安統括管理者と危険物施設保安員）

問題1 法令上, 一定数量以上の第4類の危険物を貯蔵し, または取り扱う製造所等で, 危険物保安統括管理者を選任しなければならない旨の規定が設けられているものについて, 次のうち正しいものに○, 誤っているものに×を付けよ.

1. 製造所（指定数量の倍数が 3,000 以上）	
2. 給油取扱所（指定数量以上）	

解答

1. ○
2. ×

危険物保安統括管理者の選任を必要とする製造所等は, 下表の通りです.

保安統括管理者の選任を必要とする製造所等

対象となる製造所等	第4類危険物の貯蔵または取り扱う数量
製造所	指定数量の倍数が 3,000 以上
一般取扱所	指定数量の倍数が 3,000 以上
移送取扱所	指定数量以上

問題2 法令上, 製造所等の所有者等が危険物施設保安員に行わせなければならない業務として, 次のうち正しいものに○, 誤っているものに×を付けよ.

1. 製造所等の構造および設備が技術上の基準に適合するように維持するため, 定期点検を行わせること.	
2. 危険物保安監督者が事故等により, 職務を行うことができない場合, 危険物の取扱いの保安に関し, 監督業務を行わせること.	

解答

1. ○
2. ×

危険物施設保安員の職務に, 危険物保安監督者の職務を代行をすることは定められていません. 保安監督者の職務代行者については, 予防規程に定めておきます.

危険物保安統括管理者と危険物施設保安員を選任する場所を歌で確認しよう！

歌詞 ❶象が ❷いっぱい ❸いそう な所に 選任

（❶製造所 ❷一般取扱所 ❸移送取扱所）

3章●製造所等の区分と手続きとは

製造所等って製造所以外に何があるかわかるかな??
たしか，製造所，貯蔵所，取扱所ですよね…
貯蔵所や取扱所はさらに複数に分かれているのよ!
文字だけだと覚えにくいから，絵で見て覚えるとよいよ!
絵なら覚えやすいです!!

2編

3-1 製造所等の区分
～製造所等とは製造所・貯蔵所・取扱所～

絵を見て覚えよう

製造所等の区分

指定数量以上の危険物を取り扱う施設は製造所・貯蔵所・取扱所の3つに分類され，これらを総称して製造所等といいます．

製造所

製造所
危険物を製造する施設

貯蔵所

屋内貯蔵所
屋内の場所において危険物を貯蔵し，または取り扱う貯蔵所

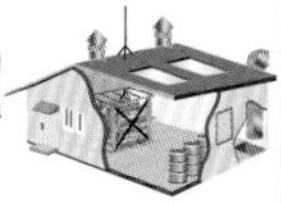

屋外貯蔵所
屋外の場所において危険物を貯蔵し，または取り扱う貯蔵所

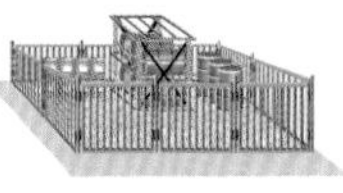

屋内タンク貯蔵所
屋内にあるタンクにおいて危険物を貯蔵し，または取り扱う貯蔵所

屋外タンク貯蔵所
屋外にあるタンクにおいて危険物を貯蔵し，または取り扱う貯蔵所

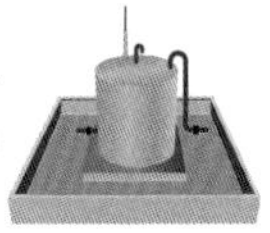

移動タンク貯蔵所
車両に固定されたタンクにおいて危険物を貯蔵し，または取り扱う貯蔵所

地下タンク貯蔵所
地盤面下に埋設されているタンクにおいて，危険物を貯蔵し，または取り扱う貯蔵所

簡易タンク貯蔵所
簡易タンクにおいて危険物を貯蔵し，または取り扱う貯蔵所

取扱所

給油取扱所
固定した給油設備によって自動車等の燃料タンクに直接給油するため危険物を取り扱う取扱所

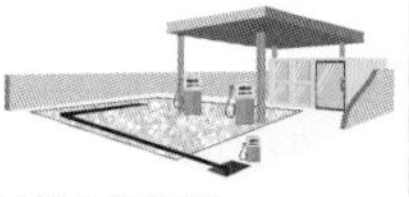

移送取扱所
配管およびポンプならびにこれらに附属する設備によって，危険物の移送をするために危険物を取り扱う取扱所

販売取扱所
店舗において容器入りのままで販売するために危険物を取り扱う取扱所
第 1 種販売取扱所：指定数量の 15 倍以下
第 2 種販売取扱所：指定数量の 15 倍を超え 40 倍以下

一般取扱所
給油取扱所，販売取扱所，移送取扱所以外で危険物を取り扱う取扱所

解いてみよう

重要度 ★

法令上，製造所等の区分の説明として，次のうち正しいものはどれか．

1. 屋外貯蔵所 ……………… 屋外で特殊引火物およびナトリウムを貯蔵し，または取り扱う貯蔵所
2. 給油取扱所 ……………… 自動車の燃料タンクまたは鋼板製ドラム等の運搬容器にガソリンを給油する取扱所
3. 移動タンク貯蔵所 ……… 鉄道の車両に固定されたタンクにおいて危険物を貯蔵し，または取り扱う貯蔵所
4. 地下タンク貯蔵所 ……… 地盤面下に埋没されているタンクにおいて危険物を貯蔵し，または取り扱う貯蔵所
5. 屋内貯蔵所 ……………… 屋内にあるタンクにおいて危険物を貯蔵し，または取り扱う貯蔵所

攻略の 2 ステップ

① **イラストを見ながら製造所等について理解しよう**
② **製造所等の名称の一部が説明文に入っているから正しいとは限らない**

解説

1. 屋外貯蔵所…屋外で特殊引火物およびナトリウムを貯蔵し，または取り扱う貯蔵所 ×
（屋外貯蔵所では特殊引火物やナトリウムを貯蔵できません.）
2. 給油取扱所…自動車の燃料タンクまたは鋼板製ドラム等の運搬容器にガソリンを給油する取扱所 ×
（給油取扱所で鋼板製ドラム等の運搬容器にガソリンを給油することはできません.）
3. 移動タンク貯蔵所…鉄道の車両に固定されたタンクにおいて危険物を貯蔵し，または取り扱う貯蔵所 ×
（移動タンク貯蔵所は，鉄道の車両に固定されたタンクは対象外です.）
4. 地下タンク貯蔵所…“地盤面下”に埋没されている“タンク”において危険物を貯蔵し，または取り扱う貯蔵所 ○
5. 屋内貯蔵所…屋内にある“タンク”において危険物を貯蔵し，または取り扱う貯蔵所 ×
（屋内にタンクがあるため屋内タンク貯蔵所の説明です）

よって，4 の地下タンク貯蔵所の説明が正しいです．

解答 4

2編 3-2

製造所等の設置（または変更）～許可の申請から使用開始まで～

製造所等を設置（または変更）する場合

製造所等を設置（または変更）する場合は市町村長等（市町村長,都道府県知事,総務大臣のいずれか）の許可が必要で，次のように決められています．

「製造所等（移送取扱所を除く.）を設置（または変更）するためには,消防本部および消防署を置く市町村の区域では当該**市町村長**,その他の区域では当該区域を管轄する**都道府県知事**の許可を受けなければならない.また,工事完了後には許可内容どおり設置（または変更）されているかどうか**完成検査**を受けなければならない.」

完成検査前検査 ➡（対象：液体の危険物タンクのみ　内容：水張検査または水圧検査）

完成検査前検査は，液体の危険物を貯蔵し，取り扱うタンクを設置（または変更）する製造所等を対象に実施されるものです．**完成検査を受ける前**に，市町村長等が行う完成検査前検査を受けなければなりません．

ポイント
1. 工事が完了した状態では完成検査前検査ができない
2. 液体の危険物タンクは必ず受ける

これだけ覚える！

暗記 設置（または変更）許可の申請から使用開始までの流れ

覚えるコツ 使用開始までの流れを見て覚えよう！

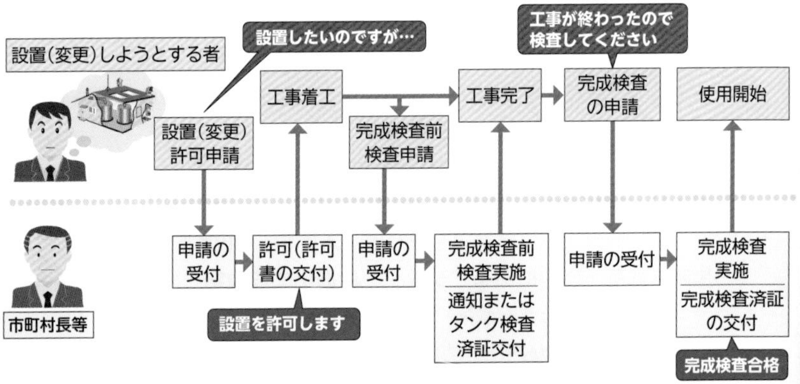

解いてみよう

重要度 ★★★

法令上，次の文の（　）内のＡ～Ｃに当てはまる語句の組合せとして，正しいものはどれか．

「製造所等（移送取扱所を除く．）を設置するためには，消防本部および消防署を置く市町村の区域では当該（Ａ），その他の区域では当該区域を管轄する（Ｂ）の許可を受けなければならない．また，工事完了後には許可内容どおり設置されているかどうか（Ｃ）を受けなければならない．」

	Ａ	Ｂ	Ｃ
1.	消防長または消防署長	市町村長	機能検査
2.	市町村長	都道府県知事	完成検査
3.	市町村長	都道府県知事	機能検査
4.	消防長	市町村長	完成検査
5.	消防署長	都道府県知事	機能検査

攻略の２ステップ

① 許可の申請から使用開始までの流れを理解しよう

② 迷った時は消去法で選択肢を絞る

例）消防長または消防署長が登場するのは「仮貯蔵・仮取扱い」のとき

➡ 1，4，5 が消える

例）機能検査と完成検査で聞き覚えがある方は … → 完成検査

➡ 1，3，5 が消える

解説

Ａ　市町村長　　Ｂ　都道府県知事　　Ｃ　完成検査　が入ります．

「製造所等（移送取扱所を除く．）を設置するためには，消防本部および消防署を置く市町村の区域では当該（Ａ **市町村長**），その他の区域では当該区域を管轄する（Ｂ **都道府県知事**）の許可を受けなければならない．また，工事完了後には許可内容どおり設置されているかどうか（Ｃ **完成検査**）を受けなければならない．」

製造所等の許可を受けた者は，製造所等を設置したとき，または製造所等の位置，構造もしくは設備を変更し，その工事がすべて完了したときに市町村長等に対して完成検査の申請をして，市町村長等が行う完成検査を受けます．技術上の基準に適合していることが認められた後に製造所等を使用できます．

解答　2

仮貯蔵・仮取扱いの説明は p.82 で学習するよ！

2編 3-3 保安距離と保有空地 ～語呂合わせで保安距離はラクラク暗記～

保安距離 ➡5箇所（一般取扱所，製造所，屋外タンク貯蔵所，屋外貯蔵所，屋内貯蔵所）

保安距離とは製造所等の火災などにより保安対象物への延焼を防ぎ，避難確保の目的から一定の距離を定めたものです．政令に定める保安距離は下図の通りです．

保有空地 ➡7箇所（上記の 5箇所＋簡易タンク貯蔵所（屋外）＋移送取扱所（地上））

保有空地とは延焼の防止や円滑な消火活動のために製造所等の周囲に確保しなければならない空地のことです．**指定数量の10倍以下の場合は3 m以上，指定数量の10倍を超える場合は5 m以上**の保有空地が必要です．保有空地には，原則としていかなる物品も置くことはできません．

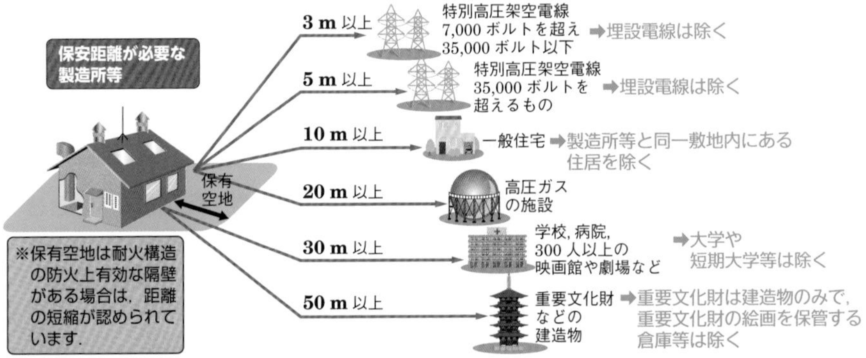

歌って覚える！

暗記 保安距離と保有空地が必要な5箇所の製造所等を暗記

歌詞 ♪ ❶一般に ❷象 ❸がいたんなら ❹外 ❺いない（距離とろう）♬

（保安距離と保有空地が必要な製造所等は 5 箇所：
❶一般取扱所 ❷製造所 ❸屋外タンク貯蔵所 ❹屋外貯蔵所 ❺屋内貯蔵所）

暗記 保安対象物までの保安距離を暗記

保安距離…10 m（❶）一般住（❶'）宅，20 m（❷）高（❷'）圧ガス，30 m（❸）学（❸'）校 病（❸"）院，50 m（❹）重要文化財
3 m（❺）特別高圧架空電線 7,000 V 超，5 m（❻）特別高圧架空電線 35,000 V 超

歌詞 ♪ ❶1，❷2 の❸3 で ❶'銃 ❷'口 ❸'ガ ❸"ビョーン ❹50 は重要文化財
❺3 えむ 7 千 ❻5 えむは 35（サイコー） V（ブイ）サイン

解いてみよう 重要度★★

法令上，学校，病院等指定された建築物等から，外壁またはこれに相当する工作物の外側までの間に，それぞれ定められた距離を保たなければならない製造所等として，次のA～Eのうち，<u>該当しないものの組合せ</u>はどれか．ただし，防火上有効な塀等はないものとし，特例基準が適用されるものを除く．

A. 屋外タンク貯蔵所	B. 販売取扱所	C. 屋外貯蔵所
D. 一般取扱所	E. 給油取扱所	

1. AとC　2. AとD　3. BとD　4. BとE　5. CとE

攻略の2ステップ

① **「建築物等から保たなければならない距離」とくれば「保安距離」**
② **保安距離が必要な5箇所を歌って覚える**

解説

保安距離は次の5箇所で必要です．一般取扱所，製造所，屋外タンク貯蔵所，屋外貯蔵所，屋内貯蔵所．よって，該当しない組合せは，BとEです．

解答 4

解いてみよう 重要度★

法令上，製造所等から一定の距離（保安距離）を保たなければならない旨の規定が設けられている建築物とその距離との組合せとして，次のうち<u>正しいもの</u>はどれか．

1. 重要文化財に指定された建造物 ……………………… 40 m以上
2. 中学校 ………………………………………………… 30 m以上
3. 収容人員450人の映画館 ……………………………… 20 m以上
4. 使用電圧66,000Vを超える特別高圧架空電線 …… 4 m以上
5. 住居（製造所等の敷地外にある住居）……………… 7 m以上

解説

保安距離の規定において，建築物とその距離は次の通りです．

1. 重要文化財に指定された建造物 ………………… 40 m以上 ➡ 50 m以上
2. 中学校 ……………………………………………… 30 m以上
3. 収容人員450人の映画館 ………………………… 20 m以上 ➡ 30 m以上
4. 使用電圧66,000Vを超える特別高圧架空電線 …… 4 m以上 ➡ 5 m以上
5. 住居（製造所等の敷地外にある住居） ………… 7 m以上 ➡ 10 m以上

解答 2

2編 3-4 予防規程 ～予防規程は認可だけ！？～

予防規程　➡火災を予防するための保安に関する必要事項を定めた規定

予防規程とは，製造所等の火災を予防するために危険物の**保安**に関して，個々の製造所等の実状にあった具体的な保安基準を設けた規定で，製造所等の所有者等や従業者は予防規程を遵守します．予防規程は，製造所等の所有者等が定め，**市町村長等の認可**を受けます．保安検査を変更するときも市町村長等から認可を受ける必要があります．なお，市町村長等は火災予防のため予防規程の変更を命ずることができます．

予防規程に定めるべき主な事項　➡所有者等が作成する

① 危険物の保安に関する業務を管理する者の職務および組織に関すること
② 危険物保安監督者がその職務を行うことができない場合の代行者の選出
③ 危険物の保安のための巡視，点検および検査に関すること
④ 危険物の保安に係わる作業に従事する者に対する保安教育
⑤ 災害その他の非常の場合に取るべき措置
⑥ 化学消防自動車の設置とその他自衛消防組織に関すること

予防規程を定めなければならない製造所等

予防規程を定める施設（指定数量の倍数の指定あり）

対象となる製造所等	指定数量の倍数
一般取扱所	10 倍以上
製造所	10 倍以上
屋外タンク貯蔵所	200 倍以上
屋外貯蔵所	100 倍以上
屋内貯蔵所	150 倍以上

「保有空地と保安距離」が必要な 5 施設と同じ

＋

（指定数量に係わらず必ず必要）

対象となる製造所等
給油取扱所
移送取扱所

必ず予防規程が必要な施設

歌って覚える！

暗記 予防規程は市町村長等から認可を受ける

覚えるコツ “認可”という言葉が使われるのは予防規程だけ

暗記 予防規程が必要な製造所等は
「保有空地と保安距離」が必要な5施設に加えて
給油取扱所と移送取扱所

覚えるコツ 「保有空地と保安距離」が必要な 5 施設を思い出す
加えて ➡ 給油取扱所と移送取扱所　は必ず必要

歌詞 ♪予防規程は　認可　だけ　市長が認可の
ガソスタ　移送と　空地の 5 施設♬

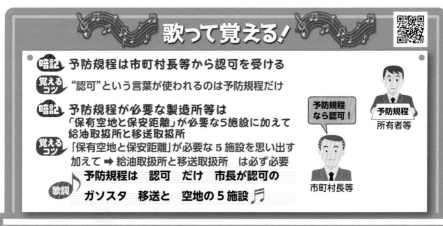

解いてみよう

重要度 ★★★

法令上，製造所等において定めなければならない予防規程について，次のうち誤っているものはどれか.

1. 予防規程を定める場合および変更する場合は，市町村長等の認可を受けなければならない.
2. 予防規程は，当該製造所等の危険物保安監督者が作成し，認可を受けなければならない.
3. 予防規程に関して，火災予防のため必要があるときは，市町村長等から変更を命ぜられることがある.
4. 予防規程には，地震発生時における施設または設備に対する点検，応急措置等に関することを定めなければならない.
5. 予防規程には，災害その他の非常の場合に取るべき措置に関することを定めなければならない.

攻略の 2 ステップ

① **予防規程に関して理解しよう**　② **『認可』は予防規程にしか使わない**

解説

予防規程を作成するのは，当該製造所等の所有者等です．予防規程は市町村長等から**認可**を受けます.

解答　2

解いてみよう

重要度 ★★

法令上，予防規程を定めなければならない製造所等の組合せとして，次のうち正しいものはどれか.

1.	製造所	屋内タンク貯蔵所
2.	屋内貯蔵所	地下タンク貯蔵所
3.	屋内タンク貯蔵所	屋外貯蔵所
4.	屋外タンク貯蔵所	販売取扱所
5.	製造所	屋外タンク貯蔵所

解説

予防規程を定めなければならない製造所等は，指定数量の倍数に基準がありますが保有空地と保安距離が必要な施設として学習した **5 施設**（一般取扱所，製造所，屋外タンク貯蔵所，屋外貯蔵所，屋内貯蔵所）と，指定数量の倍数に係わらず定めることが義務づけられている **2 施設**（給油取扱所，移送取扱所）です.

解答　5

2編 3-5

定期点検(位置，構造，設備の点検) ～1年に1回以上実施して3年間保存～

定期点検　➡「位置，構造，設備」の点検（×貯蔵および取扱いではない！）

所有者等には，製造所等の**位置**，**構造**，**設備**が技術上の基準に適合するように，**1年**に**1回**以上定期点検を実施し，その点検記録簿を作成して**3年間**保存します．

定期点検の実施者

① 危険物取扱者(危険物取扱者試験に合格したもので，甲種，乙種，丙種がある)

チェックポイント！ ➡丙種危険物取扱者でも無資格者に対して定期点検の立会いはできる
※丙種危険物取扱者は無資格者に対して危険物の取扱いの立会いはできない

② 危険物施設保安員(所有者等から選任された者で危険物の免許不要)

③ 危険物取扱者の立会いを受けた者(無資格者でも立会いがあれば可)

定期点検実施対象施設

「予防規程」が必要な7施設

「保有空地と保安距離」が必要な5施設

定期点検の実施対象施設（指定数量の倍数の指定あり）

製造所等の区分	指定数量の倍数
一般取扱所（例外あり）	10倍以上および地下タンクがあるもの
製造所（例外あり）	10倍以上および地下タンクがあるもの
屋外タンク貯蔵所	200倍以上
屋外貯蔵所	100倍以上
屋内貯蔵所	150倍以上

（指定数量に係わらず条件付きで必要）

製造所等の区分
給油取扱所（地下タンクがあるものに限る）
移送取扱所（例外あり）

（指定数量に係わらず必ず必要）

必ず予防規程が必要な施設 ＋

対象となる製造所等
地下タンク貯蔵所
移動タンク貯蔵所

点検記録簿への記載事項
- 点検した製造所等の名称
- 点検年月日
- 点検方法と結果
- 点検を行った者または点検に立ち会った危険物取扱者の氏名

歌って覚える！

暗記 **定期点検(位置，構造，設備の点検)の時期と点検記録簿の保存期間**
- **定期点検は1年に1回以上実施し，点検記録簿を3年間保存**

暗記 **定期点検の実施者**
- **危険物取扱者，危険物施設保安員，危険物取扱者の立会いを受けた者**

歌詞
定期点検　1年1回　1年1回　3年間だけ　保存しよー♪
施設保安員　免許なくても　点検できちゃう♬
無資格者だって　立会いあったら　点検できちゃう
丙種だって　点検だったら　立ち会えちゃう♪　点検義務なし　内タン　簡タン　販売所
イエイ

定期点検が義務付けられていない施設は
・屋内タンク貯蔵所　・簡易タンク貯蔵所　・販売取扱所

解いてみよう

重要度 ★

法令上，定期点検を義務づけられていない製造所等は，次のうちどれか．

1. 移動タンク貯蔵所
2. 地下タンクを有する製造所
3. 地下タンク貯蔵所
4. 簡易タンク貯蔵所
5. 地下タンクを有する給油取扱所

攻略の 2 ステップ

① **定期点検 ➡ 位置，構造，設備の点検**

② **定期点検が義務付けられていない施設の方が少ない**

解説

定期点検が義務付けられていないのは次の **3 施設**（屋内タンク貯蔵所，簡易タンク貯蔵所，販売取扱所）です．

解答　4

解いてみよう

重要度 ★★

法令上，移動タンク貯蔵所の定期点検について，次のうち正しいものはどれか．ただし，規則で定める漏れに関する点検を除く．

1. 指定数量の倍数が 10 未満の移動タンク貯蔵所は，定期点検を行う必要はない．
2. 重油を貯蔵し，または取り扱う移動タンク貯蔵所は，定期点検を行う必要はない．
3. 丙種危険物取扱者は定期点検を行うことができる．
4. 所有者等であれば，免状の交付を受けていなくても，危険物取扱者の立会いなしに定期点検を行うことができる．
5. 定期点検は 3 年に 1 回行わなければならない．

解説

1. 指定数量の倍数が 10 未満の移動タンク貯蔵所は，定期点検を行う必要はない．
   （移動タンク貯蔵所は，指定数量の倍数に関係なく定期点検を行う必要がある．）
2. 重油を貯蔵し，または取り扱う移動タンク貯蔵所は，定期点検を行う必要はない．
   （移動タンク貯蔵所は，危険物の品名に関係なく定期点検を行う必要がある．）
3. 丙種危険物取扱者は定期点検を行うことができる．
4. 所有者等であれば，免状の交付を受けていなくても，危険物取扱者の立会いなしに定期点検を行うことができる．
   （免状の交付を受けていなければ，所有者であっても立会いなしに定期点検はできない．）
5. 定期点検は 3 年に 1 回行わなければならない．
   （定期点検は 1 年に 1 回以上行わなければならない．）

解答　3

各種申請手続き ～申請のまとめ～

絵を見て覚えよう

製造所等を設置または変更
製造所等を設置する場合，または製造所等の位置，構造，設備を変更する場合，市町村長等に許可を受ける

許可

誰に申請？

完成検査
設置または変更の許可を受けた製造所等が完成した場合，市町村長等から完成検査をしてもらい，完成検査済証を交付してもらう

検査

誰が検査？

完成検査前検査
液体危険物タンクを有する製造所等の設置または変更の許可を受けた場合，市町村長等から水圧や水張検査，基礎地盤検査，溶接部の検査を市町村長等からしてもらい，完成検査前検査済証を交付してもらう

検査

誰が検査？

保安検査 ⬇下の 2 カ所のみ受ける!!
一定規模以上の屋外タンク貯蔵所や移送取扱所で，技術上の基準に従って維持されていることを確認する検査のこと

検査

誰が検査？

予防規程
危険物施設の火災を予防するため，事業所自らが作成し，従業員等が遵守しなければならない，自主保安に関する規定のこと

認可

誰に申請？

仮使用
変更工事中に，変更工事に無関係の部分を仮に使用すること

承認

誰が承認？

仮貯蔵・仮取扱い
指定数量以上の危険物を製造所以外の場所で 10 日以内の期間，仮に貯蔵または取り扱うこと

承認

消防長または消防署長

覚えるコツ
仮貯蔵・仮取扱いなら消防署長の仕事，免許と保安講習なら都道府県知事の仕事，それ以外は市町村長の仕事と覚えよう！

覚えるコツ
予防規程のみ“認可”が使われる

覚えるコツ
頭文字に「仮（かり）」がつくと“承認”が使われる

仮承認（かりしょうにん）

と覚えよう！

紛らわしい仮使用，仮貯蔵と仮取扱いは，

仮使用（かりしよう）➡仮市用（かりしよう）
（市町村長等から承認）

仮承（かりしょう）➡仮消（かりしょう）
（消防長から承認）

と覚えよう！

歌詞♪
予防規程は認可だけ
仮　なら承認
他（ほか）　は許可♪
（頭文字に「仮（かり）」がつくと“承認（しょう）”）

解いてみよう

重要度 ★★★

法令上，製造所等の仮使用について，次のうち正しいものはどれか．

1. 市町村長等の承認を受ける前に，貯蔵し，または取り扱う危険物の品名，数量または指定数量の倍数を変更し，仮に使用すること．
2. 製造所等を変更する場合に，変更工事が終了した一部について，順次，市町村長等の承認を受けて，仮に使用すること．
3. 製造所等を変更する場合に，変更工事に係る部分以外の部分で，指定数量以上の危険物を 10 日以内の期間，仮に使用すること．
4. 製造所等を変更する場合に，変更工事に係る部分以外の部分の全部または一部について市町村長等の承認を受け，完成検査を受ける前に，仮に使用すること．
5. 製造所等の譲渡または引渡しがある場合に，市町村長等の承認を受ける前に仮に使用すること．

攻略の 2 ステップ

① 仮使用を理解しよう

② 仮使用に無関係な選択肢は消去しよう「品名，数量または指定数量の倍数の変更」，「10 日」，「譲渡または引渡し」

解説

仮使用とは，製造所等を変更する場合に，変更工事に係る部分以外の部分の全部または一部について市町村長等の**承認**を受け，完成検査を受ける前に，**仮に使用**することをいいます．

解答 4

解いてみよう

重要度 ★

法令上，屋内貯蔵所を増築する場合の必要な手続きとして，次のうち定められていないものはどれか．

1. 施設の位置，構造，設備を変更しようとする者は，市町村長等に変更工事の許可申請を行わなければならない．
2. 予防規程の内容に変更が生じ，それを変更した場合は，市町村長等の認可を受けなければならない．
3. 変更の工事が終了したときは，市町村長等の完成検査を受け，完成検査済証の交付を受けてから，使用ができる．
4. 工事が終了するまで，市町村長等に工事の進捗状況を毎日報告すること．
5. 増築の工事に係わる部分以外のところは，営業を続けるため使用するので，仮使用の承認を受けなければならない．

解説

市町村長等に工事の進捗（しんちょく）状況を毎日報告する**義務はありません**．

解答 4

各種届出手続き ～届出のまとめ～

絵を見て覚えよう

製造所等の譲渡または引渡し
製造所を譲り受ける，または引き渡したとき，譲渡人または引渡しを受けた者は，**遅滞なく**市町村長等へ届け出なければならない

遅滞なく → 誰に届出？

用途の廃止
製造所の使用を取りやめたとき，施設の所有者等は，**遅滞なく**市町村長等へ届け出なければならない

遅滞なく → 誰に届出？

危険物保安監督者の選任と解任
特定の製造所等に危険物保安監督者を定める，または解任するとき，施設の所有者等は，**遅滞なく**市町村長等へ届け出なければならない

遅滞なく → 誰に届出？

危険物保安統括管理者の選任と解任
特定の製造所等に危険物保安統括管理者を定める，または解任するとき，施設の所有者等は，**遅滞なく**市町村長等へ届け出なければならない

遅滞なく → 誰に届出？

品名・数量・指定数量の倍数の変更
危険物の品名・数量・指定数量の倍数を変更するとき，変更しようとする日の**10日前までに**市町村長等へ届け出なければならない➡あらかじめ届け出ること‼

あらかじめ 10日前まで → 誰に届出？

あらかじめとくればコレ！

復習

仮貯蔵・仮取扱いなら消防署長の仕事，免許と保安講習なら都道府県知事の仕事，それ以外は市町村長等の仕事と覚えよう

消防長または消防署長

都道府県知事

市町村長等

覚えるコツ

仮貯蔵・仮取扱いの期間は10日以内，品名・数量・指定数量の倍数の変更は10日前までに申請，亡失した免状を発見した場合10日以内に再交付を受けた都道府県知事に提出

10日に注目！

ひんめい　すうりょう　10日前（品名・数量の変更は10日前までに届出）

歌詞 **ただちに　乗船開始　しよう（遅滞なく　譲渡　選任　解任　廃止）**

解いてみよう

重要度 ★

法に定める手続きとして，次の文の（A），（B）内に当てはまる語句はどれか．

「製造所等の譲渡または引渡しがあった時は，譲受人または引渡しを受けた者は（A）の許可を受けた者の地位を継承し，（B），（A）に届け出なければならない．

1. A 市町村長等　B 10 日以内に
2. A 市町村長等　B 7 日以内に
3. A 消防長，消防署長　B 遅滞なく
4. A 市町村長等　B 遅滞なく
5. A 消防長，消防署長　B 10 日以内に

攻略の 2 ステップ

① 左ページからもわかる通り，市町村長等の仕事が多

② 歌詞を見よう！

歌詞 遅滞なく（ただちに） 譲渡（じょう） 選任（せん） 解任（かい） 廃止（し）
ただちに 乗船開始しよう

解説

「製造所等の譲渡または引渡しがあった時は，譲受人または引渡しを受けた者は（A）市町村長等の許可を受けた者の地位を継承し，（B）遅滞なく，（A）市町村長等に届け出なければならない．

解答 4

解いてみよう

重要度 ★★★

法令上，次の文の（A）～（C）のうち，誤っているもののみをすべて掲げているものはどれか．

「製造所等の所有者等は，当該製造所等の用途を廃止したときは，（A）10 日以内にその旨を（B）所轄消防長または消防署長に（C）届け出なければならない．」

1. A　2. C　3. A，B　4. B，C　5. A，B，C

攻略の 2 ステップ

① 各種届出に関して理解しよう

② 消防長または消防署長 とくれば 仮貯蔵・仮取扱いの説明

解説

（A）遅滞なく　（B）市町村長等　が入ります．

「製造所等の所有者等は，当該製造所等の用途を廃止したときは，（A）10 日以内にその旨を（B）所轄消防長または消防署長に（C）届け出なければならない．」

×　×　○

解答 3

2編 3-8

義務違反に対する措置 ～市町村長等から命令される！？～

絵を見て覚えよう

製造所等の所有者等は，次の事項に該当する場合は市町村長等から措置命令を受けることがあります．

措置命令の一覧

危険物の貯蔵・取扱基準の遵守命令
危険物の貯蔵・取扱いが技術上の基準に違反している場合

危険物保安統括管理者または危険物保安監督者の解任命令
危険物保安統括管理者や危険物保安監督者が，消防法に違反したり，消防法に基づく命令に違反したり，公共の安全の維持や災害発生防止に支障を及ぼすと認められる場合
➡保安統括管理者と監督者に解任命令
× 施設保安員の解任命令はできない！

予防規程の変更命令
火災の予防のため変更の必要がある場合

無許可貯蔵等の危険物に対する除去命令
指定数量以上の危険物について，仮貯蔵・仮取扱いの承認を受けずに貯蔵や取り扱う場合，または無許可で貯蔵や取り扱う場合

許可の取消し，または使用停止命令
製造所等の所有者等は，次の事項に該当する場合は市町村長等から設置許可の取消し，または期間を定めて施設の使用停止命令を受けることがある

使用停止命令
製造所等の所有者等は，次の事項に該当する場合は市町村長等から期間を定めて，施設の使用停止命令を受けることがある．緊急の必要があると認めるときは緊急使用停止命令とし，施設の使用の一時停止または使用制限の命令がなされることがある

危険物施設の基準適合命令（修理，改造または移転の命令）
製造所等の位置，構造，設備が技術上の基準に違反している場合

危険物施設の応急措置命令
危険物の流出やその他の事故が発生したときに，応急措置を講じていない場合

移動タンク貯蔵所の応急措置命令
管轄する区域にある移動タンク貯蔵所について，危険物の流出やその他の事故が発生した場合

【詳細】許可の取消し，または使用停止命令
① 位置，構造，設備を無許可で変更したとき
② 完成検査済証の交付前に使用したとき，または仮使用の承認を受けないで使用したとき
③ 位置，構造，設備に係る措置（修理，改造，移転）命令に違反したとき
④ 一定規模以上の屋外タンク貯蔵所や移送取扱所で保安検査を受けないとき
⑤ 定期点検の実施，記録の作成，保存がなされないとき

【詳細】使用停止命令
① 危険物の貯蔵，取扱い基準の遵守命令に違反したとき
② 危険物保安統括管理者を定めないとき．またはその者に危険物の保安業務を統括管理させていないとき
③ 危険物保安監督者を定めていないとき．またはその者に危険物の取扱作業の保安監督をさせていないとき
④ 危険物保安統括管理者，または危険物保安監督者の解任命令に違反したとき

覚えるコツ
「許可の取消し，または使用停止」 とくれば 危険の度合いで判断
「使用停止」＝“人に関する違反もある”…… 統括管理者や監督者が関係

歌詞
使用停止の命令は　危険の度合い　で判断しよう！
使用停止は　監督者　選任　業務を　やってな～い♪

解いてみよう 重要度 ★★★

法令上，製造所等または危険物の所有者等に対し，市町村長等から発令される命令として，次のうち誤っているものはどれか．

1. 危険物の貯蔵・取扱基準の遵守命令
2. 製造所等の使用停止命令
3. 危険物施設保安員の解任命令
4. 予防規程の変更命令
5. 無許可貯蔵等の危険物に対する除去命令

攻略の2ステップ

① 左のページの各命令を覚えよう

② 解任命令

とくれば → **危険物保安統括管理者**

とくれば → **危険物保安監督者**

解説

市町村長等から発令される命令に，危険物施設保安員の解任は規定されていません．ただし，市町村長等は，危険物保安統括管理者または危険物保安監督者の解任を命ずることはできます．

解答 3

解いてみよう 重要度 ★

法令上，製造所等が市町村長等から使用停止を命ぜられる事由に該当しないものは，次のうちどれか．

1. 製造所等の位置・構造・設備を無許可で仕様変更したとき．
2. 製造所等を完成検査済証の交付前に使用したとき．
3. 製造所等の定期点検の実施・記録・保存がされないとき．
4. 製造所等の措置命令に違反したとき．
5. 危険物の貯蔵・取扱いを休止して，その届出を怠っているとき．

解説

使用停止を命ぜられる事由に該当しないものは，「5．危険物の貯蔵・取扱いを休止して，その届出を怠っているとき．」です．危険物の貯蔵・取扱いを3カ月以上の期間，休止する場合は市町村長等に届け出ますが，届出を怠っていたとしても使用停止を命ぜられる事由には該当しません．

「許可の取消し，または使用停止」 とくれば 危険の度合いで判断

1. 製造所等の位置・構造・設備を無許可で仕様変更したとき．➡とても危険
2. 製造所等を完成検査済証の交付前に使用したとき．➡とても危険
3. 製造所等の定期点検の実施・記録・保存がされないとき．➡とても危険
4. 製造所等の措置命令に違反したとき．➡とても危険
5. 危険物の貯蔵・取扱いを休止して，その届出を怠っているとき．➡1～4に比べたら危険じゃない

解答 5

●練習問題1（製造所等の区分）

問題 1 法令上，製造所等の区分に関する一般的な説明について，次のうち正しいものに○，誤っているものに×を付けよ.

1. 簡易タンク貯蔵所とは，簡易タンクにおいて危険物を貯蔵し，または取り扱う貯蔵所をいう.	⊗
2. 一般取扱所とは，店舗において容器入りのままで販売するため危険物を取り扱う取扱所をいう.	⊗

解答	1. ○	一般取扱所は，給油取扱所，販売取扱所，移送取扱所以外の取扱所のことをいいます．なお，販売取扱所は，店舗において容器入りのままで販売するため危険物を取り扱う取扱所のことです.
	2. ×	

問題 2 法令上，貯蔵所および取扱所について，次のうち正しいものに○，誤っているものに×を付けよ.

1. 移動タンク貯蔵所とは，車両，鉄道の貨車または船舶に固定されたタンクにおいて，危険物を貯蔵し，または取り扱う取扱所.	⊗
2. 屋内貯蔵所とは，屋内の場所において危険物を貯蔵し，または取り扱う貯蔵所.	⊗

解答	1. ×	移動タンク貯蔵所は，鉄道の貨車（貨物列車）および船舶に固定されたタンクではなく，車両に固定されたタンク（タンクローリー）で危険物を貯蔵し，または取り扱う貯蔵所のことです.
	2. ○	

問題 3 法令上，貯蔵所および取扱所の区分について，次のうち正しいものに○，誤っているものに×を付けよ.

1. 屋外タンク貯蔵所とは，屋外にあるタンクにおいて危険物を貯蔵し，または取り扱う貯蔵所をいう.	⊗
2. 一般取扱所とは，配管およびポンプならびにこれらに附属する設備によって危険物の移送の取扱いを行う取扱所をいう.	⊗

解答	1. ○	配管およびポンプならびにこれらに附属する設備によって危険物の移送の取扱いを行う取扱所は，移送取扱所のことです.
	2. ×	

乙種の試験は5択だけど2択で問題に慣れよう

練習問題2（製造所等の設置）

問題1 法令上，製造所等を設置する場合の手続きとして，次のうち正しいものに○，誤っているものに×を付けよ．

1．市町村長等の許可を受ける．	
2．消防長または消防署長の許可を受ける．	

解答		
1．○	市町村長等とは市町村長，都道府県知事，総務大臣が含まれています．製造所等を設置する場合，消防本部および消防署を置く市町村の区域では，市町村長の許可を受けます．その他の区域では，その区域を管轄する都道府県知事の許可を受けます．	
2．×		

問題2 法令上，製造所等の位置，構造または設備を変更する場合の手続きについて，次のうち正しいものに○，誤っているものに×を付けよ．

1．すべての製造所等は，完成検査を受ける前に市町村長等が行う完成検査前検査を受けなければならない．	
2．変更工事終了後，製造所等を使用する前に市町村長等が行う完成検査を受けなければならない．	

解答		
1．×	完成検査前検査は，すべての製造所等が受けるものではありません．なお，完成検査前検査には，水張（水圧）検査，基礎・地盤検査および溶接部検査があり，液体危険物タンクを有する製造所等が検査対象です．	
2．○		

問題3 法令上，製造所等の変更工事を行う場合の手続きについて，次のうち正しいものに○，誤っているものに×を付けよ．

1．変更工事を開始しようとする日の10日前までに，市町村長等に届け出る．	
2．市町村長等から変更許可を受けてから，変更工事を開始する．	

解答		
1．×	変更工事は，市町村長等から許可を受けてから開始します．10日前に届け出る必要はありません．なお，"10日"が関係するキーワードは「仮貯蔵・仮取扱い」，「品名・数量・指定数量の倍数の変更」，「亡失免状発見」の3つです．"10年"だと「免状写真の書換え」の1つです．	
2．○		

●練習問題3（保安距離）

問題１ 製造所等は，学校，病院等の建築物等から当該製造所の外壁またはこれに相当する工作物の外側までの間に一定の距離（保安距離）を保たなければならないが，この距離として次のうち正しいものに○，誤っているものに×を付けよ．ただし，特例基準が適用されるものを除く．

1. 重要文化財に指定された建築物から 40 m	
2. 中学校から 30 m	

解答

1. ×
2. ○

建築物等からの保安距離は，下表の通りです．

建築物等からの保安距離

建築物等	保安距離
製造所等の敷地外にある住居	10 m 以上
高圧ガス・液化石油ガスの施設	20 m 以上
学校・病院・劇場等の多人数（300 人以上）を収容する施設	30 m 以上
重要文化財・重要有形民俗文化財等の建造物	50 m 以上
特別高圧架空電線（7,000 V 超～ 35,000 V 以下）	3 m 以上（水平距離）
特別高圧架空電線（35,000 V を超えるもの）	5 m 以上（水平距離）

※学校は幼稚園（保育園）から高校までです．大学や短大は含まれません．
※学校と病院は人数制限がありません（少人数でも含まれます）．

問題２ 法令上，製造所の外壁又はこれに相当する工作物の外側までの間に定められた距離（保安距離）を保たなければならない建築物等と製造所等の組合せとして，次のうち次のうち正しいものに○，誤っているものに×を付けよ．ただし，防火上有効な塀はないものとする．

1. 屋内貯蔵所…使用電圧 66,000 V の特別高圧架空電線	
2. 給油取扱所…重要文化財の建造物	

解答

1. ○
2. ×

保安距離が必要な製造所等は，下記の５施設です．
①一般取扱所
②製造所
③屋外タンク貯蔵所
④屋外貯蔵所
⑤屋内貯蔵所
給油取扱所は含まれていません．
なお，屋内貯蔵所から使用電圧 66,000 V の特別高圧架空電線までの保安距離は５m 以上です．

問題 3 法令上，製造所等の中には，特定の建築物等から一定の距離（保安距離）を保たなければならないものがあるが，その建築物等として次のうち正しいものに○，誤っているものに×を付けよ．

1. 病院	
2. 重要文化財である絵画を保管する倉庫	

解答		
	1. ○	病院には 30 m 以上の保安距離が必要です．重要文化財は建造物が対象で，重要文化財の絵画を保管する倉庫は対象外です．
	2. ×	

問題 4 法令上，第 4 類の危険物を貯蔵し，または取り扱う製造所等のうち，学校，病院等の建築物等から一定の距離（保安距離）を保たなくてはならない施設として，次のうち正しいものに○，誤っているものに×を付けよ．

1. 屋外タンク貯蔵所	
2. 屋内タンク貯蔵所	

解答		
	1. ○	問題 2 の解説より，保安距離が必要な製造所等に屋内タンク貯蔵所は含まれていません．
	2. ×	

問題 5 法令上，製造所等から一定の距離（保安距離）を保たなければならない旨の規定が設けられている建築物とその距離との組合せとして，次のうち正しいものに○，誤っているものに×を付けよ．

1. 中学校 … 30 m 以上	
2. 収容人員 450 人の映画館 … 20 m 以上	

解答		
	1. ○	学校・病院・劇場等の多人数を収容する施設（収容人数 300 人以上の映画館を含む）の保安距離は 30 m 以上です．
	2. ×	

保安距離と保有空地が必要な 5 箇所や，保安距離が何 m なのか歌で確認しよう！

歌詞 一般に 象 がいたんなら 外 い ない(距離とろう)

歌詞 1，2の3 で 銃 ロ ガ ビョーン 50は重要文化財
3えむ7千 5えむは35（サイコー） V（ブイ）サイン

乙種の試験は５択だけど２択で問題に慣れよう

練習問題4（保有空地）

問題１ 法令上，製造所等の周囲に保たなければならない空地（以下「保有空地」という.）について，次のうち正しいものに○，誤っているものに×を付けよ.

1. 貯蔵し，または取り扱う危険物の指定数量の倍数によって，保有空地の幅が定められている.	○×
2. 学校や病院等，一定の距離（保安距離）を保たなければならない施設に対しては保有空地を確保する必要はない.	○×

解答	1. ○	保有空地は，消防活動および延焼防止のために，製造所等の周囲に保有空地を確保します．保安距離を確保すれば保有空地は確保しなくていい訳ではありません.
	2. ×	

問題２ 危険物を貯蔵し，または取り扱う建築物その他の工作物の周囲の空地について，次のうち正しいものに○，誤っているものに×を付けよ．ただし，特例基準を適用する場合を除く.

1. 屋内タンク貯蔵所は，空地を保有する必要はない.	○×
2. 販売取扱所は，空地を保有しなければならない.	○×

解答	1. ○	保安距離と保有空地が必要な製造所等は，下記の５施設で，＋α保有空地のみ必要な製造所等は⑥です. ①一般取扱所 ②製造所 ③屋外タンク貯蔵所 ④屋外貯蔵所 ⑤屋内貯蔵所 ＋α保有空地のみ必要な製造所等⑥屋外に設ける簡易タンク貯蔵所
	2. ×	

保有空地のイラストを確認しておこう！
保有
空地

練習問題5（予防規程）

問題1 法令上，予防規程について，次のうち正しいものに○，誤っているものに×を付けよ．

1. 予防規程は，移送取扱所以外のすべての製造所等において定められていなければならない．	
2. 予防規程を変更したときは，市町村長等の認可を受けなければならない．	

解答

1. ×
2. ○

予防規程を定めなければならない製造所等は，下表の通りです．

予防規程を定めなければならない製造所等

対象となる製造所等	貯蔵または取り扱う危険物の数量
製造所	指定数量の倍数が 10 以上のもの
一般取扱所	指定数量の倍数が 10 以上のもの
屋外貯蔵所	指定数量の倍数が 100 以上のもの
屋内貯蔵所	指定数量の倍数が 150 以上のもの
屋外タンク貯蔵所	指定数量の倍数が 200 以上のもの
給油取扱所	すべて
移送取扱所	すべて

なお，予防規程を定めたときや変更したときには，市町村長等から認可を受ける必要があります．

問題2 法令上，製造所等において定めなければならない予防規程について，次のうち正しいものに○，誤っているものに×を付けよ．

1. 予防規程は，当該製造所等の危険物保安監督者が定めなければならない．	
2. 予防規程は，火災予防のため必要なときは市町村長等から変更を命ぜられることがある．	

解答

1. ×
2. ○

予防規程は製造所等の所有者，管理者または占有者が定めます．危険物保安監督者は予防規程を定めません．

“認可”は予防規程のみに使われるワードだよ．
仮使用や仮貯蔵など『仮』がついたら“承認”を使い，
それ以外は“許可”が使われているよ．

●練習問題6（定期点検）

問題 1 法令上，定期点検が義務づけられている製造所等について，次のうち正しいものに○，誤っているものに×を付けよ．

1. 地下タンクを有する製造所	
2. すべての屋外タンク貯蔵所	

解答

1. ○
2. ×

定期点検を定めなければならない製造所等は，下表の通りです．
屋外タンク貯蔵所は指定数量が 200 倍以上であれば必要で，“すべて”ではありません．

定期点検を定めなければならない製造所等

対象となる製造所等	貯蔵または取り扱う危険物の数量
製造所	指定数量の倍数が 10 以上，および地下タンクを有するもの
一般取扱所	指定数量の倍数が 10 以上，および地下タンクを有するもの
屋外貯蔵所	指定数量の倍数が 100 以上のもの
屋内貯蔵所	指定数量の倍数が 150 以上のもの
屋外タンク貯蔵所	指定数量の倍数が 200 以上のもの
給油取扱所	地下タンクを有するもの
移送取扱所	すべて
地下タンク貯蔵所	すべて
移動タンク貯蔵所	すべて

問題 2 法令上，製造所等の定期点検について，次のうち正しいものに○，誤っているものに×を付けよ．

1. 点検は，危険物の貯蔵および取扱いの技術上の基準に適合しているかどうかについて点検する．	
2. 定期点検を行わなければならない製造所等において，定期点検を行っていないとき，許可の取消しを命ぜられることがある．	

解答

1. ×
2. ○

定期点検は，「危険物の貯蔵および取扱いの技術上の基準」ではなく，「位置，構造および設備の技術上の基準」に適合しているかどうかについてを点検します．なお，定期点検を行わない場合は，市町村長等から許可の取消しを命ぜられることがあります．

練習問題7（各種申請および届出）

問題 1　法令上，製造所等の所有者等が市町村長等に届け出なければならない場合として，次のうち正しいものに○，誤っているものに×を付けよ．

1. 製造所等の譲渡または引渡しがあったとき．	
2. 製造所等の定期点検を実施したとき．	

解答		
1. ○	製造所等の譲渡または引渡しがあったときは，譲受人または引渡しを受けた者は，市町村長等の許可を受けた者の地位を継承し，遅滞なく，市町村長等に届け出ます．なお，定期点検の実施については，届け出る必要はありません．	
2. ×		

問題 2　法令上，次の文の（　）内の A および B に当てはまる語句の組合せとして，次のうち正しいものに○，誤っているものに×を付けよ．

「製造所，貯蔵所または取扱所の位置，構造および設備を変更しないで，貯蔵し，または取り扱う危険物の品名，数量または指定数量の倍数を変更しようとする者は，（A）に，その旨を（B）に届け出なければならない．」

1.（A）変更しようとする日の 10 日前まで	（B）市町村長等	
2.（A）変更した日から 10 日以内	（B）消防長または消防署長	

解答		
1. ○	製造所，貯蔵所または取扱所の位置，構造および設備を変更しないで，貯蔵し，または取り扱う危険物の品名，数量または指定数量の倍数を変更しようとする者は，**変更しようとする日の 10 日前まで**に，その旨を**市町村長等**に届け出ます．	
2. ×		

問題 3　法令上，製造所等の所有者等が，市町村長等に届け出なければならない場合として，次のうち正しいものに○，誤っているものに×を付けよ．

1. 危険物保安監督者を解任したとき．	
2. 危険物施設保安員を定めたとき．	

解答		
1. ○	製造所等の所有者等は，危険物保安監督者を選任したときや解任したときには，遅滞なくその旨を市町村長等に届け出る規定があります．なお，危険物施設保安員を選任したときや解任したときには，届け出る規定はありません．	
2. ×		

練習問題8（仮貯蔵・仮取扱い）

乙種の試験は５択だけど２択で問題に慣れよう

問題１ 法令上，10日以内の制限がある場合として，次のうち正しいものに○，誤っているものに×を付けよ．

1. 所轄消防署長から承認を受け，指定数量以上の危険物を製造所等以外の場所で仮に貯蔵し，または取り扱うことができる期間．	
2. 都道府県知事から免状の返納命令を受けてから，返納するまでの期間．	

解答		
1. ○	2. ×	仮貯蔵の期間は10日以内です．なお，免状の返納命令を受けてから，返納するまでの期間は定められていません．

問題２ 法令上，製造所等以外の場所において，指定数量以上の危険物を仮に貯蔵する場合の基準について，次のうち正しいものに○，誤っているものに×を付けよ．

1. 市町村条例で定める基準に従って，貯蔵しなければならない．	
2. 貯蔵する場合，所轄消防庁または消防署長の承認を得なければならない．	

解答		
1. ×	2. ○	指定数量**以上**の危険物は「危険物の規則に関する**政令**」に従い，指定数量**未満**の危険物は「市町村条例（火災予防条例）」に従います．なお，指定数量以上の危険物を仮に貯蔵する場合，消防庁または消防署長の承認を得る必要があります．

仮貯蔵と仮取扱いについて確認しておこう！

仮貯蔵
仮取扱い
（10日以内）

『仮』がつくため
仮承認（かりしょうにん）➡承認

仮承 ➡ 仮消
（変更）

消防長または消防署長

乙種の試験は５択だけど２択で問題に慣れよう

練習問題9（製造所等の仮使用）

問題１ 法令上，製造所等の仮使用について，次のうち正しいものに○，誤っているものに×を付けよ．

1. 製造所等を変更する場合に，変更工事に係る部分以外の部分において，指定数量以上の危険物を10日以内の期間で，仮に使用すること．	
2. 製造所等を変更する場合に，変更工事に係る部分以外の部分の全部または一部について，市町村長等の承認を受け，完成検査を受ける前に，仮に使用すること．	

解答		
	1. ×	製造所等の仮使用は，「製造所等を変更する場合に，変更工事に係る部分以外の部分の全部または一部について，市町村長等の承認を受け，完成検査を受ける前に，仮に使用すること．」です．
	2. ○	

問題２ 給油取扱所の仮使用の申請について，次のうち正しいものに○，誤っているものに×を付けよ．

1. 給油取扱所の完成検査で，一部が不合格になったので，合格になった部分についてのみ，仮使用の申請をした．	
2. 給油取扱所の事務所の変更許可を受けたが，変更部分以外の部分の一部を使用したいので，仮使用の申請を行った．	

解答		
	1. ×	市町村長等から変更許可を受けた者は，変更に係る部分の変更をしてから完成検査を受けます．完成検査済証の交付後に変更に係る部分の使用ができます．ただし，市町村長等の承認を受ければ，変更工事に係る部分以外の部分ならば，完成検査前であっても仮に使用することができます．なお，**合格になった部分は変更に係る部分であるため，変更に係る部分以外の部分**には該当しません．
	2. ○	

仮使用について確認しておこう！

仮使用 ｛ **『仮』がつくため** 仮承認（かりしょうにん）➡承認 ｝ **仮使用** ➡（変更） **仮市用**

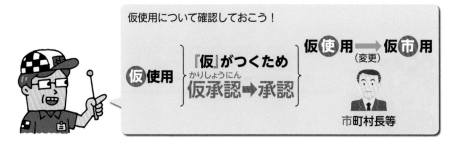

市町村長等

●練習問題10（義務違反に対する措置）

問題１ 法令上，製造所等における法令違反と，それに対し市町村長等から受ける命令等として，次の組合せのうち正しいものに○，誤っているものに×を付けよ．

1. 公共の安全の維持または災害発生の防止のため，緊急の必要があるとき． …製造所等の一時使用停止命令または使用制限	
2. 危険物保安監督者が，その業務を怠っているとき． …危険物の取扱作業の保安に関する講習の受講命令	

解答		
	1. ○	危険物保安監督者が，その業務を怠っているときは，危険物保安監督者の解任命令が正しくなります．
	2. ×	

問題２ 法令上，市町村長等が製造所等の所有者等に施設の修理，改造または移転の命令を発令するものとして，次のうち正しいものに○，誤っているものに×を付けよ．

1. 製造所等の位置，構造を無許可で変更したとき．	
2. 製造所等の位置，構造および設備が技術上の基準に違反しているとき．	

解答		
	1. ×	製造所等の位置，構造および設備が技術上の基準に違反しているときに，危険物施設の基準適合命令（修理，改造，移転の命令）が市町村長等より発令されます． 製造所等の位置，構造を無許可で変更したときや危険物施設の基準適合命令（修理，改造，移転の命令）に違反したときには許可の取消し，または使用停止命令が発令されます．
	2. ○	

義務違反に対する措置について確認しておこう！
キーワード “危険の度合いで判断”
最も重い命令➡許可の取消し➡最も危険

4章 ● 製造所等の構造について知ろう

製造所等の名称だけでなく，構造も
覚える必要があるんだ．

2編 3-1 で学習したとき，たくさん施設
があった気がします．
覚えることがたくさんありそうですね…

覚えるコツは
①絵を見る
②歌を聴く
③問題を解く
の3つ!!

視覚と聴覚をフル活用ですね!!
がんばります!

2編 4-1

製造所 ～絵を見るだけで構造の理解度 UP ～

絵を見て覚えよう

製造所の構造と設備の基準

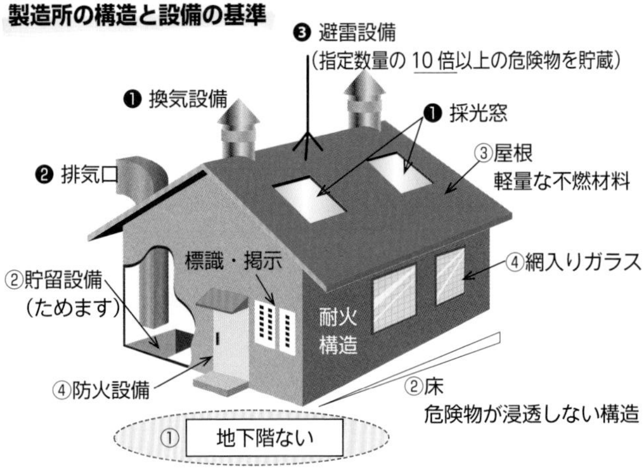

合わせて覚える

配管の基準

材質

- 容易に劣化しない
- 配管にかかる最大常用圧力の 1.5 倍以上の圧力の水圧実験を行う
- 漏えい等の異常がない

地上に設置するとき

- 鉄筋コンクリート造などの支持物で支える
- 地盤面に接しない
- 外面の腐食防止のために塗装する

地下に設置するとき

- 接合部分から漏えいしていないか点検できるようにする
- 地盤にかかる重量が配管にかからないよう保護する
- 電気的腐食のおそれがある場合は塗覆装（ポリエチレン被覆鋼管など）またはコーティングおよび電気防食をする

構造の基準

① 建築物は**地階（地下室）を設けてはいけません**.

② 床は危険物が浸透しない構造とし, 適当な傾斜をつけて貯留設備（ためます）を設けます.

③ 屋根は不燃材料で造り, 金属板等の軽量な不燃材料で覆います.

④ 窓と出入口は防火設備とし, 窓を設けるときは**網入りガラス**にします.

設備の基準

❶ 建築物には, 危険物を取り扱うために必要な**採光, 照明, 換気設備**を設けます.

❷ 可燃性蒸気が滞留する場合は屋外の**高所に排出**する設備を設けます.

❸ 指定数量の 10 倍以上の危険物を取り扱う製造所には**避雷設備**を設けます.

❹ 電気設備は防爆構造とします.

❺ 危険物のもれ, あふれ, 飛散を防止する構造にします.

❻ 静電気が発生するおそれのある設備には接地（アース）等の静電気を除去する装置を設けます.

歌詞

製造所には地下室ない （製造所に地階は設けない）

屋根は不燃　窓は網入り （屋根は不燃材料 窓は網入りガラス）

換気するとき高所へ排気 （低所から高所へ排気）

数量 10 倍　避雷針 （指定数量 10 倍以上で避雷針が必要）

解いてみよう

重要度 ★

法令上，製造所の位置，構造および設備の技術上の基準について，次のうち正しいものはどれか．ただし，特例基準が適用されるものを除く．

1. 危険物を取り扱う建築物は，地階を有することができる．
2. 危険物を取り扱う建築物の延焼のおそれのある部分以外の窓にガラスを用いる場合は，網入りガラスにしないことができる．
3. 指定数量の倍数が 5 以上の製造所には，周囲の状況によって安全上支障がない場合を除き，規則で定める避雷設備を設けなければならない．
4. 危険物を取り扱う建築物の壁および屋根は，耐火構造とするとともに，天井を設けなければならない．
5. 電動機および危険物を取り扱う設備のポンプ，弁，接手（つぎて）等は，火災の予防上支障のない位置に取り付けなければならない．

攻略の 2 ステップ

① 製造所の位置，構造および設備の技術上の基準を理解
② 製造所の構造を歌って覚える

解説

1. 危険物を取り扱う建築物は，地階を有することができる．
   （危険物を取り扱う建築物は，地階を有しない．）
2. 危険物を取り扱う建築物の延焼のおそれのある部分以外の窓にガラスを用いる場合は，網入りガラスにしないことができる．
   （危険物を取り扱う建築物はすべて，網入りガラスを用います．）
3. 指定数量の倍数が 5 以上の製造所には，周囲の状況によって安全上支障がない場合を除き，規則で定める避雷設備を設けなければならない．
   （指定数量の倍数が 10 以上の製造所に，避雷設備を設けます．）
4. 危険物を取り扱う建築物の壁および屋根は，耐火構造とするとともに，天井を設けなければならない．
   （製造所の天井に関して " 設ける "，" 設けない " の規定はありません．なお，屋内貯蔵所の天井に関しては " 設けてはならない " と規定があります．）
5. 電動機および危険物を取り扱う設備のポンプ，弁，接手等は，火災の予防上支障のない位置に取り付けなければならない．

よって，5 の説明が正しいです．

解答　5

2編 4章 製造所等の構造について知ろう

2編 4-2

屋内貯蔵所 ～数字に注目～

絵を見て覚えよう

屋内貯蔵所の構造と設備の基準

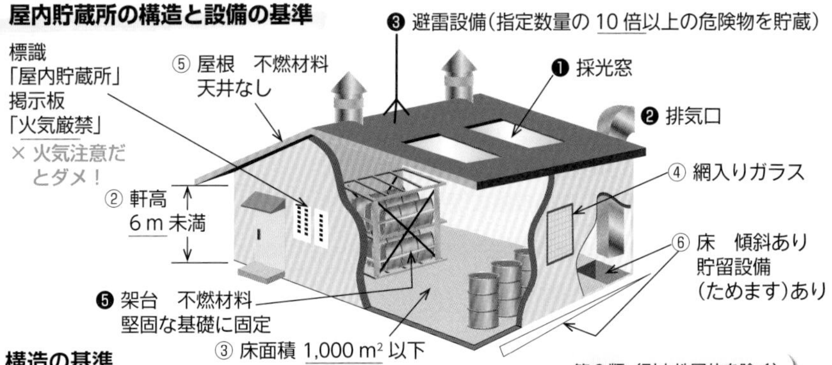

構造の基準

① **原則, 独立した専用の建築物で平家建**にします.

② 地盤面から軒までの高さ(軒高)は **6 m** 未満で, 床は地盤面以上にします.

③ 貯蔵倉庫の床面積は **1,000 m²** 以下にします.

④ 貯蔵倉庫の窓と出入口は防火設備とし, そのガラスは**網入りガラス**にします.

⑤ 屋根は不燃材料で造り, 金属板等の軽量な不燃材料で覆い, 天井を設けてはいけません.

⑥ 床は危険物が浸透しない構造とし, 適当な傾斜をつけて貯留設備(ためます)を設けます.

第 2 類（引火性固体を除く）または第 4 類（引火点 70℃未満を除く）の危険物のみ貯蔵または取り扱うものは平家建としないことができる.

試験では原則の平家建の基準が出題されやすいよ！

設備の基準

❶ 貯蔵倉庫には, 危険物を取り扱うために必要な**採光, 照明, 換気設備**を設けます.

❷ 引火点が 70℃未満の危険物を貯蔵する貯蔵倉庫には, 滞留した可燃性蒸気を屋外の**高所に排出**する設備を設けます.

❸ 指定数量の **10 倍**以上の危険物を取り扱う製造所には**避雷設備**を設けます.

❹ 電気設備は防爆構造とします.

❺ 貯蔵倉庫に架台(ラック)を設けるときは不燃材料で造り, 容器が落下しないように堅固な基礎に固定します.

❻ 危険物は容器に収容して貯蔵(塊状の硫黄は除く)し, 容器の積み重ね高さは **3 m** 以下にします. (第 3 石油類, 第 4 石油類, 動植物油類のみの場合は 4 m 以下)

❼ 貯蔵する危険物の温度が **55℃** を超えないようにします.

歌詞

屋内貯蔵は　原則　平家	**(屋内貯蔵所は原則, 専用の平家建)**
屋根は不燃で天井なし	**(屋根は不燃材料で天井なし)**
軒 6　床 1,000	**(軒高 6 m 未満　床面積 1,000 m² 以下)**
収納高さは 3 メートル	**(収納時の積み重ね高さは 3m 以下)**

解いてみよう 重要度 ★

引火点が 70℃未満の第 4 類の危険物を貯蔵する，屋内貯蔵所（独立平家建）の基準として，次のうち誤っているものはどれか．

1. 「屋内貯蔵所」と記載した標識と，「火気厳禁」と記載した注意事項の掲示板を，それぞれ見やすい箇所に掲げなければならない．
2. 壁，柱および床を耐火構造とし，はりを不燃材料で造ること．
3. 窓，出入口にガラスを用いる場合は，網入りガラスとすること．
4. 貯蔵倉庫には，採光，照明および換気の設備を設けるとともに，滞留した可燃性蒸気を床下に排出する装置を設けること．
5. 貯蔵倉庫の床は，危険物が浸透しない構造とするとともに，適当な傾斜をつけ，かつ，貯留設備を設けること．

攻略の 2 ステップ

① 屋内貯蔵所の絵を見て構造と設備の基準を理解
② 屋内貯蔵所の歌詞を見てポイントをチェック

解説

4. 貯蔵倉庫には，採光，照明及び換気の設備を設けるとともに，滞留した可燃性蒸気を床下に排出する装置を設けること．
（滞留した可燃性蒸気は「屋根上(高所)」に排出します．）

解答 4

解いてみよう 重要度 ★

灯油を貯蔵する屋内貯蔵所の位置，構造および設備の技術上の基準として，次のうち誤っているものはどれか．

1. 貯蔵倉庫の床面積は 2,000 m^2 以下とすること．
2. 指定数量の 10 倍以上の危険物を貯蔵し，取り扱う貯蔵倉庫には，原則として避雷設備を設けること．
3. 貯蔵倉庫には危険物を貯蔵し，取り扱うため必要な採光，照明および換気の設備を設けること．
4. 貯蔵倉庫の床は，危険物が浸透しない構造にするとともに，適当な傾斜をつけ，ためますを設けること．
5. 貯蔵倉庫には内部に滞留した可燃性蒸気を，屋外の高所に排出するための装置を設けること．

解説

1. 貯蔵倉庫の床面積は 2,000 m^2 以下とすること．
（貯蔵倉庫の床面積は「1,000 m^2 以下」にします．）

解答 1

屋外貯蔵所
～保有空地の幅は指定数量の倍数で決まる!?～

絵を見て覚えよう

屋外貯蔵所の構造と設備の基準

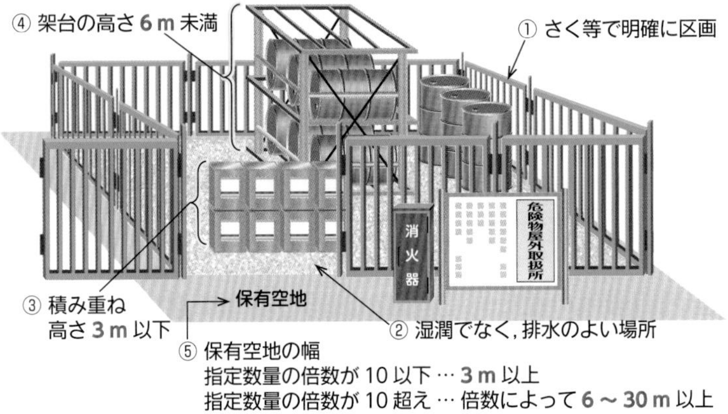

① 周囲にさく等を設けて明確に区画します．

② 湿潤でなく，排水のよい場所に設置します．

③ 危険物は容器に収容して貯蔵し，容器を積み重ねる高さは **3 m** 以下にします．

④ 架台を用いて積み上げる場合は，高さを **6 m** 未満にします．
（架台は，不燃材料で造るとともに，堅固な地盤面に固定します．また，貯蔵する危険物の重量，風荷重，地震の影響等の荷重によって生ずる応力に対して安全なもの）

⑤ 保有空地の幅　指定数量の倍数が 10 以下…**3 m** 以上
指定数量の倍数が 10 超え…倍数によって **6 ～ 30 m** 以上

屋外貯蔵所に貯蔵できる危険物

第 2 類危険物	硫黄・引火性固体（引火点が 0℃以上のもの）
第 4 類危険物	・第 1 石油類　(引火点 0℃以上のもの)➡ガソリンやベンゼンは貯蔵不可！ ・アルコール類 ・第 2 石油類（灯油，軽油，酢酸，など） ・第 3 石油類（重油，クレオソート油など） ・第 4 石油類（ギヤー油，シリンダー油など） ・動植物油類（ナタネ油，アマニ油，大豆油など）

特殊引火物は貯蔵できない

歌詞 **屋外貯蔵のラッキーナンバー「3」と「6」**　（積み重ね高さや保有空地の幅）
引火　マイナス　貯蔵できん　（引火点が 0℃未満は貯蔵不可）

解いてみよう

重要度 ★

法令上，第 4 類のアルコール類のみを貯蔵する屋外貯蔵所の位置，構造および設備の基準として，次のうち誤っているものはどれか．

1. 屋外貯蔵場所は，湿潤でなく，排水のよい場所に設置すること．
2. 危険物を貯蔵し，または取り扱う場所の周囲には，さく等を設けて明確に区画すること．
3. 架台を設ける場合には，不燃材料で造るとともに，堅固な地盤面に固定すること．
4. 指定数量の倍数が 10 以下の屋外貯蔵所のさく等の周囲には，2 m 以上の幅の空地を保有すること．
5. 架台は，貯蔵する危険物の重量，風荷重，地震の影響等の荷重によって生ずる応力に対して安全なものであること．

攻略の 2 ステップ

① 屋外貯蔵所の構造と設備の基準の絵に注目
② 屋外貯蔵所は積み重ね高さや保有空地の幅の数字が「3」と「6」

解説

指定数量の倍数が 10 以下の屋外貯蔵所のさく等の周囲には，3 m 以上の幅の空地を保有します．

解答 4

解いてみよう

重要度 ★

法令上，屋外貯蔵所において貯蔵または取り扱うことができない危険物は，次のうちどれか．

1. 硫黄　　2. 特殊引火物　　3. 第 3 石油類
4. 第 1 石油類（引火点が 0℃以上のものに限る）
5. 引火性固体（引火点が 0℃以上のものに限る）

解説

屋外貯蔵所で**特殊引火物**を貯蔵または取り扱いできません．
屋外貯蔵所に貯蔵することができるものは次の通りです．
第 4 類危険物ならば，引火点 0℃以上の第 1 石油類，アルコール類，第 2 石油類，第 3 石油類，第 4 石油類，動植物油類．
第 2 類危険物ならば，硫黄，引火性固体（引火点が 0℃以上のものに限る．）

解答 2

屋内タンク貯蔵所
～“平家建”か“平家建以外”か確認 !! ～

絵を見て覚えよう

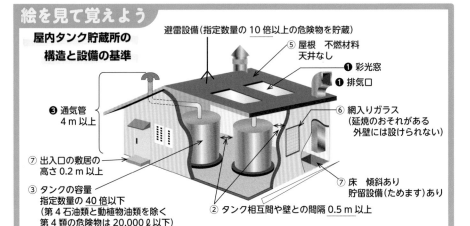

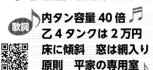

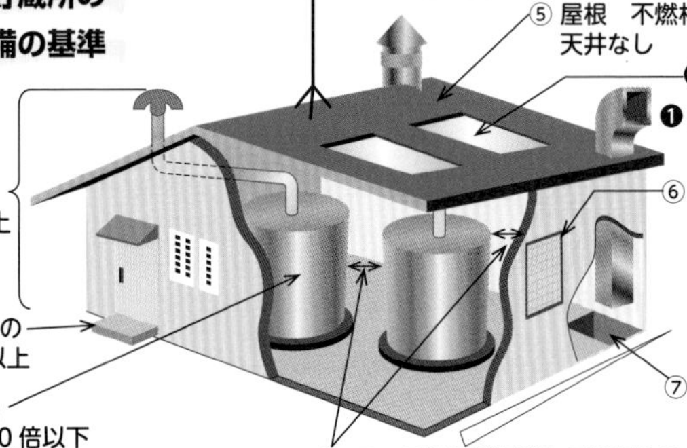

構造の基準 ！ ➡“平家建以外”も試験で出題されたことがあるため, 問題文をしっかり確認しよう！

① 屋内タンクは原則, 平家建の建築物に設けたタンク専用室に設置します.
② タンクはタンク専用室の壁から **0.5 m** 以上, また 2 つ以上のタンクを設ける場合は **0.5 m** 以上の間隔を保ちます.
③ タンクの容量は指定数量の **40** 倍以下とします. ただし, 第 4 石油類と動植物油類を除く第 4 類の危険物は **20,000 ℓ** 以下とします.
④ タンク専用室の構造は, 原則として壁, 柱および床を耐火構造とし, はりおよび屋根を不燃材料で造るとともに, 窓および出入口には防火設備を設けなければなりません.
⑤ タンク専用室は, 屋根を不燃材料で造り, かつ, 天井を設けてはいけません.
⑥ タンク専用室の窓または出入口にガラスを用いる場合は, 網入りガラスとしなければなりません. ➡平家建以外ならば「タンク専用室には, 窓を設けない」
⑦ 液状の危険物の屋内貯蔵タンクを設置しているタンク専用室の床は, 危険物が浸透しない構造とし, 適当な傾斜をつけ, かつ, 貯留設備を設けるとともに, タンク専用室の出入口の敷居の高さは, 床面から **0.2 m** 以上としなければなりません.

設備の基準 ➡平家建以外ならば貯蔵・取扱いできる危険物は, 第 4 類(引火点 40℃ 以上)のみ !!

❶ 採光, 照明, 換気および排出設備は, 屋内貯蔵所の基準と同じです.
❷ 圧力タンクには安全装置を設けます.
❸ 圧力タンク以外のタンクには無弁通気管を設けなければなりません.
(先端は屋外にあって地上 **4 m** 以上の高さとし, かつ建築物の窓, 出入口等の開口部から 1 m 以上離す必要があります.
❹ 液体危険物の貯蔵タンクには危険物の量を自動的に表示する装置を設けます.
❺ 電気設備は製造所の基準と同じ防爆構造とします.

歌詞

内タン容量 40 倍	(屋内タンク貯蔵所のタンクの容量は指定数量の 40 倍以下)
乙 4 タンクは 2 万円	(乙種 4 類は 20,000 ℓ 以下※第 4 石油類と動植物油類を除く)
床に傾斜　窓は網入り	(床に傾斜があり　窓は網入りガラス)※平家建以外なら窓なし
原則　平家の専用室	(屋内タンクは原則, 平家建のタンク専用室に設ける)

解いてみよう 重要度 ★

法令上，タンク専用室が平家建の建築物に設けられた屋内タンク貯蔵所の位置，構造及び設備の基準について，次のうち誤っているものはどれか．

1. 屋内貯蔵タンク容量は，指定数量の 30 倍以下とし，第 4 石油類および動植物油類以外の第 4 類の危険物については 30,000ℓ以下としなければならない．
2. タンク専用室の窓または出入口にガラスを用いる場合は，網入りガラスとしなければならない．
3. 液状の危険物の屋内貯蔵タンクを設置するタンク専用室の床は，危険物が浸透しない構造とし，適当な傾斜を付け，かつ，貯留設備を設けなければならない．
4. 液体の危険物の屋内貯蔵タンクには，危険物の量を自動的に表示する装置を設けなければならない．
5. 引火点70℃以上の第4類の危険物のみを貯蔵する場合を除き，タンク専用室は，壁，柱および床を耐火構造とし，かつ，はりを不燃材料で造らなければならない．

解説

1. 屋内貯蔵タンク容量は，指定数量の 30 倍以下とし，第 4 石油類および動植物油類以外の第 4 類の危険物については 30,000ℓ以下としなければならない．
（屋内貯蔵タンク容量は，指定数量の 40 倍以下とし，第 4 石油類および動植物油類以外の第 4 類の危険物については 20,000 ℓ 以下とします．）

解答 1

解いてみよう 重要度 ★

法令上，屋内タンク貯蔵所の位置，構造，および設備の技術上の基準として，次のうち誤っているものはどれか．

1. 屋内タンク貯蔵所は，原則として平家建の建築物に設けたタンク専用室に設置すること．
2. 液状危険物の屋内貯蔵タンクを設置するタンク専用室の床は，傾斜をつけないようにすること．
3. 引火点 70℃未満の危険物のタンク専用室には，内部に滞留した可燃性の蒸気を屋根上に排出する設備を設けること．
4. タンク専用室の窓や出入口にガラスを用いる場合は，網入りガラスとすること．
5. 屋内貯蔵タンクの容量は，指定数量の 40 倍以下（第 4 石油類および動植物油類を除く第 4 類を貯蔵する場合は 20,000ℓ以下）とすること．

解説

2. 液状危険物の屋内貯蔵タンクを設置するタンク専用室の床は，傾斜をつけないようにすること．（適当な傾斜をつけて貯留設備を設けます．）

解答 2

2編 4-5

屋外タンク貯蔵所 ～屋外にタンクがある！？～

絵を見て覚えよう

屋外タンク貯蔵所の構造と設備の基準

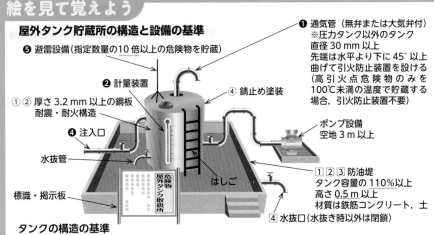

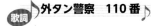

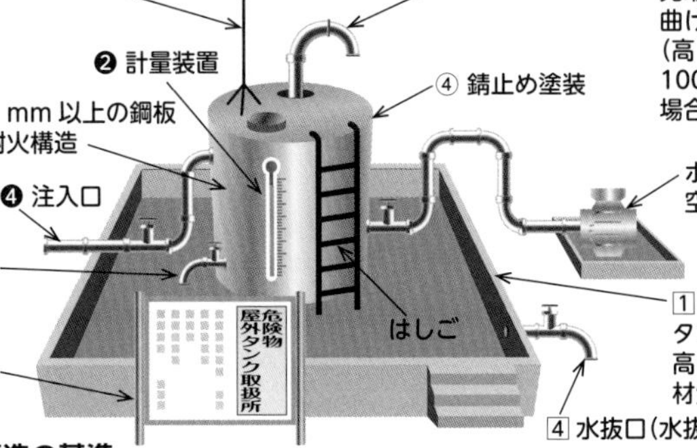

タンクの構造の基準

① 厚さ3.2 mm以上の鋼板で造ります．圧力タンクの場合は規定の水圧試験に，それ以外のタンクの場合は水張試験に合格したものでなければなりません．

② タンクは，地震や風圧に耐える構造とし，その支柱は鉄筋コンクリート造，鉄骨コンクリート造，その他これらと同等以上の耐火構造を有するものとします．

③ 危険物の爆発等によりタンクの内圧が異常に上昇した場合，内部のガスや蒸気を上部に放出できる構造とします．

④ タンクの外側は錆止め塗装，底板の外側は腐食防止の措置をします．

⑤ 水抜管はタンクの側板に設けます（水抜き時以外は閉鎖します）．

防油堤の構造の基準

1 液体危険物（二硫化炭素を除く）屋外貯蔵タンクの周囲には防油堤を設けます．材質は鉄筋コンクリートまたは土です．

2 防油堤の容量はタンク容量の **110 %** 以上とし，2つ以上のタンクがある場合は最大タンク容量の **110 %** 以上とします．なお，タンク数は10基以下です．

3 防油堤の高さは **0.5 m** 以上，防油堤の面積は80,000 m^2 以下とします．高さが **1 m** を超える防油堤には，おおむね **30 m** ごとに堤内に出入りするための階段を設置し，または土砂の盛上げ等を行わなければなりません．

4 防油堤には水抜口を設けます（弁は防油堤の外側に設け，常時閉鎖）．

設備の基準

❶ 圧力タンクには安全装置，非圧力タンクには通気管を設けます．

❷ 液体危険物の貯蔵タンクには危険物の量を自動的に表示する設備を設けます．

❸ 電気設備は防爆構造とします．

❹ 静電気が発生するおそれのある液体危険物の注入口には接地（アース）等の静電気を除去する装置を設けます．

❺ 指定数量の **10** 倍以上の場合は避雷設備を設けます．

歌詞 ♪外タン警察　110番♪　（防油堤の容量はタンク容量の110％以上）

解いてみよう 重要度 ★

法令上，液体の危険物（二酸化炭素を除く）を貯蔵する屋外タンク貯蔵所の防油堤の基準について，次のうち誤っているものはどれか．

1. 防油堤の高さは，0.5 m 以上としなければならない．
2. 防油堤は，鉄筋コンクリートまたは土で造り，かつ，その中に収納された危険物が当該防油堤の外に流出しない構造としなければならない．
3. 防油堤の容量は，当該タンク容量の 100％以上とし，2 以上の屋外貯蔵タンクの周囲に設ける防油堤の容量は，屋外貯蔵タンクの容量の合計の 110％以上としなければならない．
4. 防油堤には，その内部の滞水を外部に排出するための水抜口を設けなければならない．
5. 高さが 1 m を超える防油堤には，おおむね 30 m ごとに堤内に出入りするための階段を設置し，または土砂の盛上げ等を行わなければならない．

攻略の 2 ステップ

① 屋外タンク貯蔵所の絵を見て構造と設備の基準を理解
② 屋外タンク貯蔵所 とくれば 防油堤や通気管が出題頻度 多

解説

3. 防油堤の容量は，当該タンク容量の 100％以上とし，2 以上の屋外貯蔵タンクの周囲に設ける防油堤の容量は，屋外貯蔵タンクの容量の合計の 110％以上としなければならない．

（防油堤の容量は，当該タンク容量の 110％以上とします．）

解答 3

解いてみよう 重要度 ★

屋外タンク貯蔵所の位置，構造および設備に関する基準に定められていないものはどれか．

1. 無弁または大気弁付の通気管
2. 発生する蒸気の濃度を自動的に計測する装置
3. 危険物の量を自動的に表示する装置
4. 注入口，水抜管
5. 移送のための配管

解説

屋外タンク貯蔵所には発生する蒸気の濃度を自動的に計測する装置は義務付けられていません．

解答 2

2編 4-6

地下タンク貯蔵所と簡易タンク貯蔵所 ～地盤面下に埋設される地下タンク～

絵を見て覚えよう

地下タンク貯蔵所の構造の基準

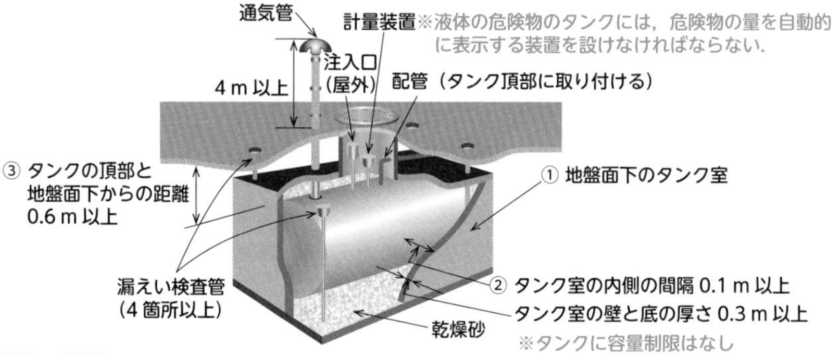

構造の基準（二重殻タンクを除く）

① タンクは地盤面下のタンク室に設置するか, 防水措置を講じたコンクリートで被覆して埋没します.

② タンク室の壁や底の厚さは 0.3 m 以上のコンクリート造とし, タンク室の内側とは 0.1 m 以上の間隔を保ち, 周囲には乾燥砂をつめます.

③ タンクの頂部は 0.6 m 以上地盤面から下になければなりません.

④ タンクを 2 つ以上隣接させて設置する場合は, タンク相互の間隔を **1 m** 以上（タンクの総量が指定数量の 100 倍以下のときは 0.5 m 以上）となります.

簡易タンク貯蔵所の構造と設備の基準

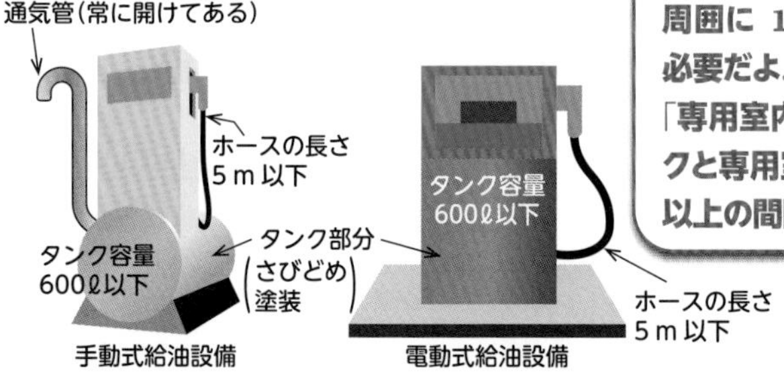

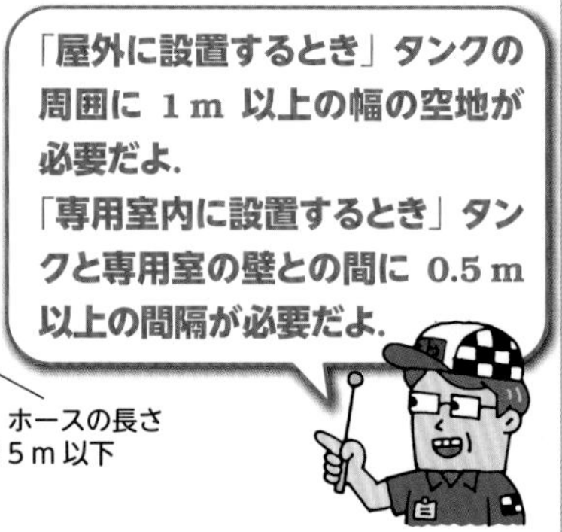

「屋外に設置するとき」タンクの周囲に 1 m 以上の幅の空地が必要だよ.
「専用室内に設置するとき」タンクと専用室の壁との間に 0.5 m 以上の間隔が必要だよ.

構造の基準

① タンクの容量は 600ℓ以下とします. 通気管は圧力変化防止のため常に開けておきます.

② 1 つの簡易タンク貯蔵所にはタンクを 3 基まで設置できます. ただし, 同一品質の危険物を 2 基以上設置できません.

歌詞 **いっきに 600 かんたん　かんたん**

（簡易タンク貯蔵所のタンクの容量は 1 基 600ℓ以下）

解いてみよう 重要度★

法令上，地下タンク貯蔵所の位置，構造および設備の技術上の基準について，次のうち正しいものはどれか．

1. **地下貯蔵タンクは，容量 30,000 ℓ 以下としなければならない．**
2. **地下貯蔵タンクには，規則で定めるところにより通気管または安全装置を設けなければならない．**
3. **引火点が 100℃以上の第 4 類の危険物を貯蔵し，または取り扱う地下貯蔵タンクには，危険物の量を自動的に表示する装置を設けないことができる．**
4. **引火点が 70℃以上の第 4 類の危険物を貯蔵し，または取り扱う地下貯蔵タンクの注入口は，屋内に設けることができる．**
5. **地下貯蔵タンクの配管は，危険物の種類により当該タンクの頂部以外の部分に取り付けなければならない．**

解説

× 1．地下貯蔵タンクに容量制限はありません．
○ 2．地下貯蔵タンクには，規則で定めるところにより通気管または安全装置を設けなければならない．
× 3．液体の危険物を貯蔵し，または取り扱う地下貯蔵タンクには，引火点にかかわらず，危険物の量を自動的に表示する装置を設けます．
× 4．地下貯蔵タンクの注入口は引火点にかかわらず，屋外に設けます．
× 5．地下貯蔵タンクの配管は，当該タンクの頂部に取り付けます．

解答 2

解いてみよう 重要度★

法令上，簡易タンク貯蔵所の位置，構造および設備の技術上の基準について，次のうち誤っているものはどれか．

1. **1 つの簡易タンク貯蔵所には，同一品質の危険物の簡易貯蔵タンクを 3 基まで設けることができる．**
2. **屋外に簡易貯蔵タンクを設ける場合は，当該タンクの周囲に 1 m 以上の幅の空地を保有しなければならない．**
3. **簡易貯蔵タンクの容量は，600 ℓ 以下としなければならない．**
4. **簡易貯蔵タンクは，厚さ 3.2 mm 以上の鋼板で気密に造るとともに，70 kPa の圧力で 10 分間行う水圧試験において，漏れや変形がないものでなければならない．**
5. **簡易貯蔵タンクには，外面にさびどめの塗装をし，通気管を設けなければならない．**

解説

1 つの簡易タンク貯蔵所には，タンクを 3 基まで設置できますが，同一品質の危険物の簡易貯蔵タンクの場合は 2 基までしか設置できません．

解答 1

2編 4-7

移動タンク貯蔵所 ～出題頻度㊂の移動タンク貯蔵所～

絵を見て覚えよう

移動タンク貯蔵所の構造と設備の基準

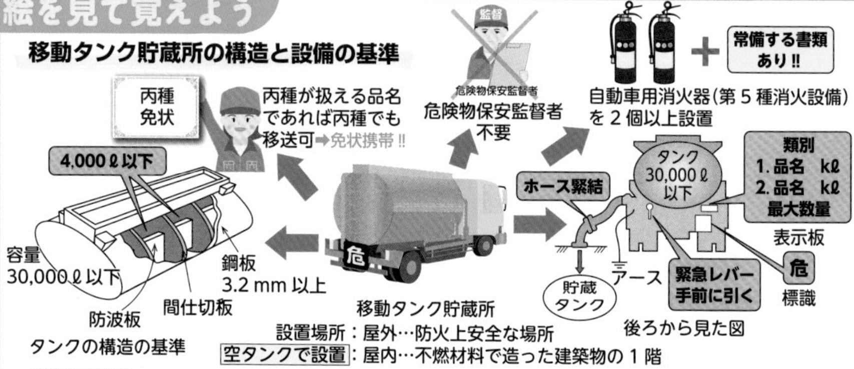

設置場所：屋外…防火上安全な場所
空タンクで設置：屋内…不燃材料で造った建築物の1階

構造の基準

❶移動タンク貯蔵所のタンクの容量は 30,000ℓ以下とし，内部に❷4,000ℓ以下ごとに間仕切りを設け，❸防波板は，容量が 2,000ℓ以上のタンク室に設けます. タンクは厚さ 3.2 mm 以上の鋼板で造り，タンクの外側は錆止め塗装します.

歌詞♪ ❶**いどたん3万** ❷**まじきり4千** ❸**ぼうは2千**　**のタンクローリー**♫
丙種だって移送できるよへっちゃらさ♪

設備の基準

① 移動貯蔵タンクの下部の排出口には底弁を設け，非常時の場合に直ちに底弁を閉鎖できる手動閉鎖装置および自動閉鎖装置を設けます. ➡タンクの底弁は使用時以外，完全に閉鎖しておくこと
② 静電気が発生するおそれのある液体の危険物のタンクには接地導線（アース線）を設けます.
③ タンクの前後の見やすい箇所に「危」の標識を掲げます.
④ 自動車用消火器（第5種消火設備）を2個以上設置します. ➡地下タンク貯蔵所も同様！

歌詞♪ **いどたん　ちかたん　消火器　ニコニコ**♪
（移動タンク貯蔵所と地下タンク貯蔵所には第5種消火設備を2個以上設置）

移送の基準

① 移送には危険物取扱者の乗車が必要で，免状を携帯します. ➡空タンクなら危険物取扱者不要
② 走行中，消防吏員や警察官に災害発生防止のために停止をもとめられることがあります.
➡消防吏員や警察官は，危険物取扱者免状の提示を命じることができる
③ 移動タンク貯蔵所から液体の危険物を容器に詰め替えることはできませんが，総務省令で定める容器に❶引火点 40℃以上の第4類危険物（重油など）を詰め替えることはできます.
④ 移動タンク貯蔵所から❷引火点 40℃未満の危険物を注入または荷降ろしするときは，原動機（エンジン）を停止します.

歌詞♪ **いどたん ❶40 詰め替える**♪
いどたん ❷未満は　エンジン停止

◎常時備えておかなければならない書類等
① 譲渡・引渡届出書
② 品名・数量または指定数量の倍数変更届出書
③ 完成検査済証　　④ 定期点検記録簿　※コピーは不可!!

歌詞♪ **ジョージの書類は　上　品　に，完成された　定期券**♪
（常時備える書類は　譲渡　品名　完成検査済証　定期点検記録簿）

解いてみよう

重要度 ★★★

法令上，移動タンク貯蔵所に備え付けておかなければならない書類は，次のA～Eのうちいくつあるか．

A. 完成検査済証　B. 予防規程
C. 製造所等の譲渡引渡届出書　D. 危険物施設保安員選任・解任届出書
E. 貯蔵する危険物の品名，数量または指定数量の倍数の変更の届出書

1. 1つ　2. 2つ　3. 3つ　4. 4つ　5. 5つ

攻略の2ステップ

① 移動タンク貯蔵所に備え付ける書類を確認
② 常時備えておかなければならない書類を歌って覚える

歌詞 ♪ジョージの書類は　上　品に，完成された　定期券♪
（常時備える書類は　譲渡　品名　完成検査済証　定期点検記録簿）

解説 移動タンク貯蔵所に備え付ける書類は，「譲渡・引渡の届出書」「品名・数量または指定数量の倍数の変更の届出書」「完成検査済証」「定期点検記録簿」の4つです．よって，問題文より，備え付ける書類はA，C，Eの3つです．

解答　3

解いてみよう

重要度 ★★★

危険物の取扱いの技術上の基準について，次の文の（　）内に当てはまる法令に定められている温度はどれか．

「移動貯蔵タンクから危険物を貯蔵し，または取り扱うタンクに引火点が（　）の危険物を注入するときは，移動タンク貯蔵所の原動機を停止させること．」

1. 30℃未満　2. 35℃未満　3. 40℃未満
4. 45℃未満　5. 50℃未満

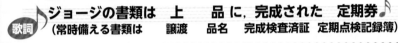

攻略の2ステップ

① 移送の基準に注目
② エンジン停止 とくれば 40℃未満

解説 「移動貯蔵タンクから危険物を貯蔵し，または取り扱うタンクに引火点が**40℃未満**の危険物を注入するときは，移動タンク貯蔵所の原動機を停止させること．」となります．

解答　3

2編 4章 製造所等の構造について知ろう

2編 4-8

給油取扱所 ～出題頻度㊀の給油取扱所～

絵を見て覚えよう

給油取扱所の構造と設備の基準

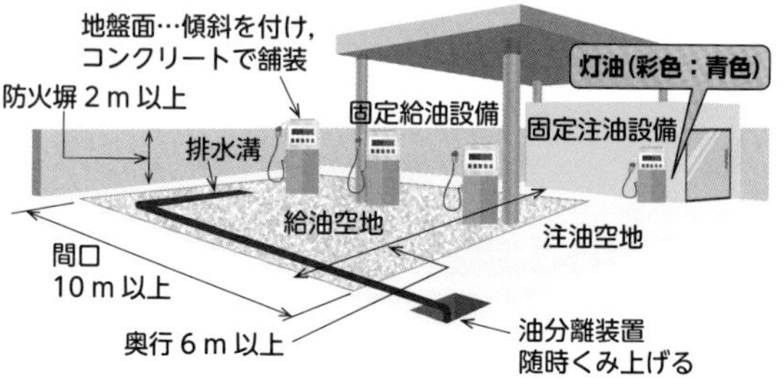

建物内に設置できる

給油取扱所に設置できる施設

飲食店　事務所
店舗　自動車洗浄の作業場
展示場　点検整備の作業場
所有者等の住居※従業員は不可

構造と設備の基準

① 給油空地（間口 10 m以上，奥行 6 m 以上），注油空地は周囲の地盤面より高くし，表面は適当な傾斜をつけ，コンクリート等で舗装します．➡保有空地の規定なし

② 漏れた危険物などが空地以外の部分に流出しないように排水溝および油分分離装置を設けます．

③ 給油取扱所の周囲には，自動車等の出入りする側を除き，高さ 2 m 以上の耐火構造または不燃材料で造った壁や塀を設けます．

④ 固定給油設備や固定注油設備に接続する専用タンクまたは 10,000 ℓ 以下の廃油タンク等は地盤面下に埋設して設けることができます．

⑤ 給油取扱所には，給油または附帯する業務のための建築物以外は設けることはできません．
➡遊技場，立体駐車場，診療所などの施設は設置不可

⑥ 給油ホースや注油ホースの長さは 5 m 以下で，先端に弁を設け，また静電気を除く装置を設けます．

覚えるコツ　給油取扱所に設けられる店は しりとりのように暗記！

設置可 ➡ 飲食店（いんしょくてん）─ 店舗 ─ 事務所（じむしょ）─ 所有者の住居
飲食店 ─ 展示（てんじ）─ 自動車洗浄（じどうしゃせんじょう）
飲食店 ─ 点検整備（てんけんせいび）

セルフ型給油取扱所 ➡顧客用固定給油設備で給油！　※灯油は注油（彩色：青色）

顧客に自ら給油等をさせることができる給油取扱所で，次の特例の基準によって認められます．

・見やすい箇所に顧客が自ら給油等を行うことができると表示する➡ セルフ
・誤給油を有効に防止することができる構造
・1 回の連続した給油量や時間の上限が設定できる構造
・給油ノズルは，燃料タンクが満量となったとき自動的に停止する構造
・給油ノズルが給油口から脱落したら給油が自動停止する構造
・給油ホースは著しい引張力で安全に分離し，危険物の漏えいを防止することができる構造
・顧客の運転する自動車等が衝突することを防止するための対策を施す
・顧客自らによる給油作業等の監視や制御，指示を行うための制御卓その他の設備を設ける

進入路の表示 必要なし!!

歌詞　ガソスタは建物内にも設置できちゃう　飲食店　てん　展示場

重要度 ★★★

解いてみよう

次のうち，給油取扱所に附帯する業務のための用途として，法令上，設けることができないものはどれか．

1. 自動車等の点検・整備を行う作業場
2. 給油取扱所に出入りする者を対象とした展示場
3. 給油取扱所に出入りする者を対象とした遊技場
4. 給油取扱所に出入りする者を対象とした飲食店
5. 給油取扱所の業務を行うための事務所

攻略の2ステップ

① **設置可** とくれば **飲食店　店舗　点検整備の作業場　展示場　事務所　自動車洗浄の作業場　所有者等の住居**
※従業員の住居は不可

② **設置不可** とくれば **遊技場立体駐車場　従業員の住居　診療所　吹付け塗装作業場　ガソリン詰替え作業場**

解説

給油取扱所には，給油取扱所に出入りする者を対象とした遊技場，立体駐車場，診療所などの施設を設けることはできません．

解答　3

重要度 ★★★

解いてみよう

法令上，顧客に自ら自動車等に給油させる給油取扱所の位置，構造および設備の技術上の基準について，次のうち誤っているものはどれか．

1. 当該給油取扱所へ進入する際，見やすい箇所に顧客が自ら給油等を行うことができる旨の表示をしなければならない．
2. 顧客用固定給油設備は，ガソリンおよび軽油相互の誤給油を有効に防止することができる構造としなければならない．
3. 顧客用固定給油設備の給油ノズルは，自動車等の燃料タンクが満量となったときに給油を自動的に停止する構造としなければならない．
4. 固定給油設備には，顧客の運転する自動車等が衝突することを防止するための対策を施さなければならない．
5. 当該給油取扱所を建築物内に設置してはならない．

解説

5．当該給油取扱所を建築物内に設置してはならない．×
（建築物内に設置してはならないという規定はありません．）

解答　5

販売取扱所 ～第1種と第2種の違いは指定数量！?～

絵を見て覚えよう

販売取扱所

店舗で危険物を容器入りのまま販売するための施設であり，指定数量以上の危険物を取り扱っています．指定数量の倍数によって下記の2つに区分されます．

第1種販売取扱所	指定数量の**15倍**以下
第2種販売取扱所	指定数量の**15倍**を超えて**40倍**以下

構造と設備の基準

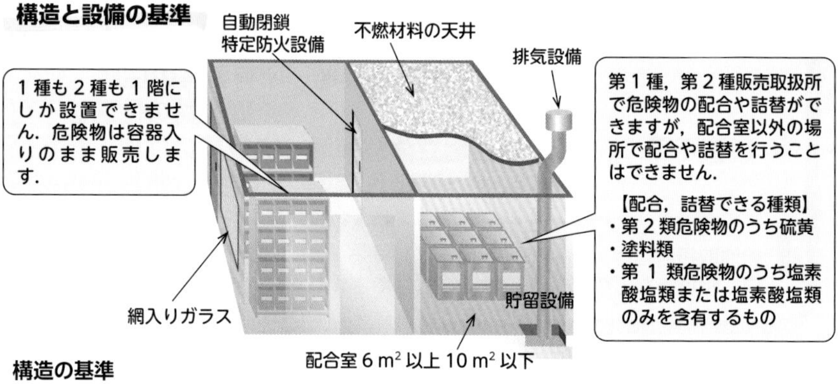

自動閉鎖
特定防火設備
不燃材料の天井
排気設備
1種も2種も1階にしか設置できません．危険物は容器入りのまま販売します．
第1種，第2種販売取扱所で危険物の配合や詰替ができますが，配合室以外の場所で配合や詰替を行うことはできません．
【配合，詰替できる種類】
・第2類危険物のうち硫黄
・塗料類
・第1類危険物のうち塩素酸塩類または塩素酸塩類のみを含有するもの
貯留設備
網入りガラス
配合室6 m² 以上10 m² 以下

構造の基準

① 建築物の店舗部分は，壁を準耐火構造とします．ただし，第1種販売取扱所の用に供する部分とその他の部分との隔壁は耐火構造とします．
② 店舗部分のはりは，不燃材料で造り，天井を設ける場合は，天井も不燃材料で造ります．
③ 店舗部分に他の用途で使用するために上階がある場合は，上階の床を耐火構造とし，上階がない場合は，屋根を耐火構造とするか不燃材料で造ります．

設備の基準

① ガラスを用いる場合は，網入りガラスとします．
② 配合室では床面積は6 m^2 以上10 m^2 以下とし，壁で区画します．
③ 配合室の出入口には，随時開けられる自動閉鎖の特定防火設備を設けます．

位置の基準

① 保有空地と保安距離の規制はありません．
② 建築物の1階に設置します．

歌詞

販売は1種15に2種40 (1種の指定数量15倍以下，2種は15倍超えて40倍以下)
1階にしか設置ダメ (1種，2種共に1階にしか設置できない)
配合できる配合室 (配合や詰替は配合室でのみ行う)
いおうな塗料は塩素臭 (硫黄，塗料，塩素酸塩類のみ含有するもの)
容器に入れて販売だ (容器に入れて販売しなければならない)

重要度 ★★

解いてみよう

法令上，販売取扱所の区分ならびに位置，構造および設備の技術上の基準について，次のうち誤っているものはどれか．

1. 販売取扱所は，指定数量の倍数が 15 以下の第 1 種販売取扱所と指定数量の倍数が 15 を超え 40 以下の第 2 種販売取扱所とに区分される．
2. 第 1 種販売取扱所は，建築物の 2 階に設置することができる．
3. 第 1 種販売取扱所には，見やすい箇所に第 1 種販売取扱所である旨を表示した標識および防火に関し必要な事項を掲示した掲示板を設けなければならない．
4. 危険物を配合する室の床は，危険物が浸透しない構造とするとともに，適当な傾斜を付け，かつ，貯留設備を設けなければならない．
5. 建築物の第 2 種販売取扱所の用に供する部分には，当該部分のうち延焼のおそれのない部分に限り，窓を設けることができる．

攻略の 2 ステップ

① 販売取扱所の絵を見て構造を覚える

② 第 1 種と第 2 種の販売取扱所 とくれば 1 階へ設置

解説

2. 第 1 種販売取扱所は，建築物の 2 階に設置することができる．×
（第 1 種および第 2 種販売取扱所は 1 階にしか設置できません．）

解答 2

重要度 ★

解いてみよう

法令上，販売取扱所における危険物の取扱いの技術上の基準について，次の A～D のうち，正しい組合せはどれか．

A. 危険物を配合する室以外の場所で配合または詰替を行うことはできない．
B. 危険物は容器入りのまま販売しなければならない．
C. 配合することができるのは第 1 類と第 6 類の危険物である．
D. 第 1 種販売取扱所では，危険物の配合を行うことはできない．

1. A と B　2. A と D　3. B と C
4. B と D　5. C と D

解説

A と B が正しいです．第 1 種および第 2 種販売取扱所で危険物の配合や詰替ができるのは，次のもののみです．

- 塗料類
- 第 1 類の危険物のうち塩素酸塩類または塩素酸塩類のみを含有するもの
- 第 2 類の危険物のうち硫黄

解答 1

乙種の試験は5択だけど2択で問題に慣れよう

練習問題1（製造所）

問題1 法令上，製造所の設備の技術上の基準について，次のうち正しいものに○，誤っているものに×を付けよ．

1. 可燃性の蒸気または可燃性の微粉が滞留するおそれのある建築物には，その蒸気または微粉を屋外の低所に排出する設備を設けなければならない．	
2. 危険物を加熱し，もしくは冷却する設備または危険物の取扱いに伴って温度の変化が起こる設備には，温度測定装置を設けなければならない．	

解答		
	1. ×	可燃性の蒸気または可燃性の微粉は「高所」へ排出する設備を設けます．
	2. ○	

問題2 法令上，製造所の位置，構造および設備の技術上の基準について，次のうち正しいものに○，誤っているものに×を付けよ．ただし，特例基準を適用する場合を除く．

1. 危険物を取り扱う建築物の壁および屋根は，耐火構造とするとともに，天井を設けなければならない．	
2. 電動機および危険物を取り扱う設備のポンプ，弁等は，火災の予防上支障のない位置に取り付けなければならない．	

解答		
	1. ×	製造所の天井に関して“設ける”，“設けない”の規定はありません．なお，屋内貯蔵所の天井に関しては“設けてはならない”と規定があります．
	2. ○	

問題3 法令上，製造所の危険物を取り扱う配管について，位置，構造および設備の技術上の基準として，次のうち正しいものに○，誤っているものに×を付けよ．

1. 配管は，取り扱う危険物により，容易に劣化するおそれのないものでなければならない．	
2. 配管を地下に設置する場合には，その上部の地盤面を車両等が通行しない位置としなければならない．	

解答		
	1. ○	配管を地下に設置する場合，その上部の地盤面にかかる重量が配管にかからないように保護する必要があります．
	2. ×	

練習問題2（屋内貯蔵所）

問題１ 引火点が70℃未満の第４類の危険物を貯蔵する，屋内貯蔵所（独立平家建）の基準として，次のうち正しいものに○，誤っているものに×を付けよ．

1. 貯蔵倉庫には，採光，照明および換気の設備を設けるとともに，滞留した可燃性蒸気を床下に排出する装置を設けること．	
2. 貯蔵倉庫の床は，危険物が浸透しない構造とするとともに，適当な傾斜をつけ，かつ，貯留設備を設けること．	

解答		
1. ×	貯蔵倉庫には，採光，照明および換気の設備を設けるとともに，滞留した可燃性蒸気は「屋根上（高所）」に排出します．床下ではありません．	
2. ○		

問題２ 法令上，指定数量の倍数が50を超えるガソリンを貯蔵する屋内貯蔵所（高層タイプを除く）の位置，構造および設備の技術上の基準について，次のうち正しいものに○，誤っているものに×を付けよ．

1. 地盤面から軒までの高さが10 m未満の平家建とし，床は地盤面より低くしなければならない．	
2. 屋根を不燃材料で造るとともに，金属板等の軽量な不燃材料でふき，かつ，天井を設けてはならない．	

解答	
1. ×	地盤面から軒までの高さが6 m未満の平家建とし，床は地盤面より「高く」します．なお，屋内貯蔵所の高層タイプ（軒高6 m以上20 m未満）のものはこの基準から除かれます．
2. ○	

問題３ 第４類の危険物を貯蔵する屋内貯蔵所の位置，構造および設備の技術上の基準について，次のうち正しいものに○，誤っているものに×を付けよ．ただし，特例基準を適用するものを除く．

1. 見やすい箇所に「屋内貯蔵所」の標識および「火気注意」の掲示板を設けなければならない．	
2. 屋内貯蔵所に設ける架台は，不燃材料で造らなければならない．	

解答	
1. ×	第４類の危険物を貯蔵する屋内貯蔵所の掲示板には“火気注意”ではなく，“火気厳禁”の注意事項を表示します．
2. ○	

●練習問題3（屋外貯蔵所）

問題 1 法令上，屋外貯蔵所に貯蔵することのできる危険物の組合せとして，次のうち正しいものに○，誤っているものに×を付けよ．

1. 二硫化炭素　　ガソリン	
2. 灯油　重油　動植物油類	

解答		
1. ×	屋外貯蔵所に貯蔵することができる第４類危険物は，引火点０℃以上の第１石油類，アルコール類，第２石油類，第３石油類，第４石油類，動植物油です．特殊引火物の二硫化炭素と，第１石油類のガソリン（引火点－40℃以下）は貯蔵することができません．	
2. ○		

問題 2 法令上，軽油を貯蔵し，または取り扱う屋外貯蔵所の位置，構造または設備の技術上の基準について，次のうち正しいものに○，誤っているものに×を付けよ．

1. 架台を設ける場合は，架台の高さは６ｍ未満としなければならない．	
2. 屋根を設ける場合は，不燃材料で造るとともに，柱を強固な地盤面に固定しなければならない．	

解答		
1. ○	屋外貯蔵所に屋根を設けた場合，屋外ではなく屋内という扱いになり，屋外貯蔵所の定義から外れます．	
2. ×		

問題 3 法令上，第４類のアルコール類のみを貯蔵する屋外貯蔵所の位置，構造および設備の基準として，次のうち正しいものに○，誤っているものに×を付けよ．

1. 屋外貯蔵所は，湿潤ではなく，かつ，排水のよい場所に設置すること．	
2. 指定数量の倍数が10以下の屋外貯蔵所のさく等の周囲には，2m以上の幅の空地を保有すること．	

解答		
1. ○	指定数量の倍数が10以下の屋外貯蔵所のさく等の周囲には，**3 m**以上の幅の空地を保有します．	
2. ×		

乙種の試験は5択だけど2択で問題に慣れよう

練習問題4（屋内タンク貯蔵所）

問題1 法令上，平家建としなければならない屋内タンク貯蔵所の位置，構造および設備の技術上の基準について，次のうち正しいものに○，誤っているものに×を付けよ．

1．タンク専用室の窓または出入口にガラスを用いる場合は，網入りガラスにしなければならない．	
2．タンク専用室の出入口のしきいは，床面と段差が生じないように設けなければならない．	

解答		
	1．○ 2．×	屋内タンク貯蔵所の問題は特に注意が必要で，“平家建”と“平家建以外”で基準が異なるため，しっかり問題文を確認しましょう．“平家建”の屋内タンク貯蔵所のタンク専用室に窓または出入口にガラスを用いる場合は，網入りガラスを用います．また，タンク専用室の出入口のしきいの高さは，床面から0.2 m以上にします．なお，“平家建以外”であれば，「タンク専用室には窓を設けない」という基準に変わることと，「引火点が40℃以上の第4類の危険物のみを貯蔵し，または取り扱うもの」という条件が加わります．

問題2 法令上，タンク専用室が平家建の建築物に設けられた屋内タンク貯蔵所の位置，構造および設備の基準について，次のうち正しいものに○，誤っているものに×を付けよ．ただし，特例基準が適用されるものを除く．

1．屋内貯蔵タンク容量は，指定数量の30倍以下とし，第4石油類および動植物油類以外の第4類の危険物については，30,000 ℓ以下としなければならない．	
2．液体の危険物の屋内貯蔵タンクには，危険物の量を自動的に表示する装置を設けなければならない．	

解答		
	1．× 2．○	屋内貯蔵タンクの容量は指定数量の40倍以下とし，第4石油類および動植物油類以外の第4類危険物については，20,000 ℓ以下とします．

歌で確認しよう！

歌詞
内タン容量40倍　乙4タンクは2万円
床に傾斜　窓は網入り
原則　平家の専用室

●練習問題5（屋外タンク貯蔵所）

乙種の試験は5択だけど2択で問題に慣れよう

問題1 法令上，灯油，軽油を貯蔵している3基の屋外貯蔵タンクで，それぞれの容量が10,000ℓ，30,000ℓ，60,000ℓのものを同一敷地内に隣接して設置し，この3基が共用の防油堤を造る場合，この防油堤の最低限必要な容量として，次のうち正しいものに○，誤っているものに×を付けよ．

1. 66,000ℓ	
2. 90,000ℓ	

解答		
	1. ○	同一の防油堤内に複数のタンクを設置する場合，防油堤の容量は最大であるタンク容量の110%以上にするため，60,000ℓ × 1.1 = 66,000ℓとなります．
	2. ×	

問題2 屋外タンク貯蔵所に防油堤を設けなければならないものとして，次のうち正しいものに○，誤っているものに×を付けよ．

1. 液体の危険物（二硫化炭素を除く）を貯蔵するすべての屋外タンク貯蔵所．	
2. 引火点を有する危険物のみを貯蔵する屋外タンク貯蔵所．	

解答		
	1. ○	屋外タンク貯蔵所に液体の危険物（二硫化炭素を除く）を貯蔵する場合，タンクの周囲には，危険物が漏れたときにその流出を防止するために，防油堤を設けます．なお，防油堤の容量は最大であるタンク容量の110%以上にします．
	2. ×	

問題3 法令上，液体の危険物（二硫化炭素を除く）を貯蔵する屋外タンク貯蔵所の防油堤の基準について，次のうち正しいものに○，誤っているものに×を付けよ．

1. 防油堤の高さは，0.5m以上としなければならない．	
2. 防油堤の容量は，当該タンク容量の100%以上とし，2つ以上の屋外貯蔵タンクの周囲に設ける防油堤の容量は，屋外貯蔵タンクの容量の合計の110%以上としなければならない．	

解答		
	1. ○	2つ以上のタンクがある場合は，その中の最大となるタンク容量の110%以上を防油堤の容量とします．タンク容量の合計の110%以上ではありません．
	2. ×	

練習問題6（地下タンク貯蔵所）

乙種の試験は 5 択だけど 2 択で問題に慣れよう

問題 1 法令上，地下タンク貯蔵所の位置，構造および設備の技術上の基準について，次のうち正しいものに○，誤っているものに×を付けよ．ただし，二重殻タンクおよび危険物の漏れを防止することができる構造のタンクを除く．

1. 1 つのタンク室に 2 以上の地下貯蔵タンクを設ける場合は，その相互間に 0.3 m 以上の間隔を保たなければならない．	
2. 地下貯蔵タンクの配管は，当該タンクの頂部に取り付けなければならない．	

解答		
1. ×	1 つのタンク室に 2 以上の地下貯蔵タンクを設ける場合は，その相互間に **1 m** 以上の間隔を保ちます．なお，2 以上の地下貯蔵タンクの容量の総和が指定数量の 100 倍以下の場合であれば，0.5 m 以上の間隔を保ちます．	
2. ○		

問題 2 法令上，地下タンク貯蔵所の位置，構造および設備の技術上の基準について，次のうち正しいものに○，誤っているものに×を付けよ．

1. 地下貯蔵タンク（二重殻タンクを除く．）は，外面にさびどめのための塗装をして，地盤面下に直接埋没しなければならない．	
2. 地下貯蔵タンクの注入口は，屋外に設けなければならない．	

解答	
1. ×	地下貯蔵タンク（二重殻タンクを除く．）を直接埋没する場合，防水措置を講じた**コンクリートでタンクを被覆**します．なお，地下貯蔵タンクの注入口は**屋外**に設けます．
2. ○	

問題 3 法令上，地下タンク貯蔵所の位置，構造および設備の技術上の基準について，次のうち正しいものに○，誤っているものに×を付けよ．

1. 地下タンク貯蔵所は，容量を 30,000 ℓ 以下としなければならない．	
2. 地下タンク貯蔵所には，規則で定めるところにより，通気管または安全装置を設けなければならない．	

解答	
1. ×	地下タンク貯蔵所のタンクと屋外タンク貯蔵所のタンクには容量制限が設けられていません．
2. ○	

乙種の試験は５択だけど２択で問題に慣れよう

●練習問題7（簡易タンク貯蔵所）

問題 1 法令上，簡易タンク貯蔵所の位置，構造および設備の技術上の基準について，次のうち正しいものに○，誤っているものに×を付けよ．

1. 1 つの簡易タンク貯蔵所には，同一品質の危険物の簡易貯蔵タンクを 3 基まで設けることができる．	
2. 屋外に簡易貯蔵タンクを設ける場合は，当該タンクの周囲に 1m 以上の幅の空地を保有しなければならない．	

解答		
	1. ×	1 つの簡易タンク貯蔵所に設置できる簡易タンクの数は 3 基までですが，同一品質の危険物の簡易タンクは **2 基**までしか設置できません．
	2. ○	

問題 2 法令上，危険物の貯蔵の技術上の基準について，次のうち正しいものに○，誤っているものに×を付けよ．

1. 地下貯蔵タンクの計量口は，計量するとき以外は閉鎖しておかなければならない．	
2. 簡易貯蔵タンクの通気管は，危険物を入れ，または出すとき以外は閉鎖しておかなければならない．	

解答		
	1. ○	簡易貯蔵タンクの通気管は，タンク内の圧力変化を防ぐためのものなので，常に開けておきます．タンク内が増圧したときに通気管からタンク内のガスを排出し，減圧したときに通気管から大気を吸入することで，タンク内の圧力変化を防ぐことができます．
	2. ×	

問題 3 法令上，簡易タンク貯蔵所の位置，構造および設備の技術上の基準について，次のうち正しいものに○，誤っているものに×を付けよ．

1. 簡易貯蔵タンクは，容易な移動を防ぐため，地盤面，架台等に固定するとともに，タンク専用室に設ける場合は，タンクと専用室の壁との間に 1 m 以上の間隔を保たなければならない．	
2. 簡易貯蔵タンクは，さびを防ぐためにその表面を塗装しなければならない．	

解答		
	1. ×	簡易貯蔵タンクを屋外に設置したときの保有空地は 1 m 以上です．専用室に設置したとき壁との間には 0.5 m 以上の間隔を保ちます．
	2. ○	

乙種の試験は 5 択だけど 2 択で問題に慣れよう

練習問題8（移動タンク貯蔵所）

問題 1 法令上，移動タンク貯蔵所の位置，構造および設備の技術上の基準について，次のうち正しいものに○，誤っているものに×を付けよ．

1. 移動タンク貯蔵所を常置する場合は，病院，学校等から一定の距離（保安距離）を保有しなければならない．	⊗
2. 移動貯蔵タンクの配管は，先端部に弁等を設けなければならない．	⊗

解答		
	1. ×	移動タンク貯蔵所を常置する場所には，保安距離の規定はありません．移動タンク貯蔵所は，屋外であれば防火上安全なところに常置し，屋内であれば耐火構造または不燃材料で造った建物の 1 階とします．
	2. ○	

問題 2 法令上，危険物の貯蔵の技術上の基準について，移動タンク貯蔵所に備え付けておかなければならない書類について，次のうち備え付けるものに○，備え付けないものに×を付けよ．

1. 譲渡または引渡届出書	⊗
2. 危険物保安監督者選任・解任届出書	⊗

解答		
	1. ○	移動タンク貯蔵所に常時備え付ける書類は，「譲渡･引渡届出書」「品名･数量または指定数量の倍数の変更届出書」「完成検査済証」「定期点検記録簿」の 4 つです．
	2. ×	

問題 3 危険物の取扱いの技術上の基準について，次の（　）に当てはまる法令に定められている温度として，正しいものに○，誤っているものに×を付けよ．

「移動貯蔵タンクから危険物を貯蔵し，または取り扱うタンクに引火点が（　）の危険物を注入するときは，移動タンク貯蔵所の原動機を停止させること．」

1. 40 ℃ 未満	⊗
2. 50 ℃ 未満	⊗

解答		
	1. ○	引火点が 40℃ 未満の危険物を注入するときは，移動タンク貯蔵所の原動機を停止させます．
	2. ×	

乙種の試験は5択だけど2択で問題に慣れよう

練習問題9（給油取扱所）

問題1 法令上，給油取扱所の「給油空地」に関する説明として，次のうち正しいものに○，誤っているものに×を付けよ．

1. 固定給油設備のうちホース機器の周囲に設けられた，自動車等に直接給油し，および給油を受ける自動車等が出入りするための，間口10m以上，奥行6m以上の空地のことである．	
2. 消防活動および延焼防止のため，給油取扱所の敷地の周囲に設けられた幅3m以上の空地のことである．	

解答		
	1. ○	給油空地とは「固定給油設備のうちホース機器の周囲に設けられた，自動車等に直接給油し，および給油を受ける自動車等が出入りするための，間口10m以上，奥行6m以上の空地」のことです．なお，「消防活動および延焼防止のための敷地の周囲に設けられた幅」は保有空地のことで，給油取扱所に保有空地の規定はありません．
	2. ×	

問題2 法令上，給油取扱所（航空機，船舶および鉄道給油取扱所を除く．）における危険物の取扱いの技術上の基準について，次のうち適合するものに○，適合しないものに×を付けよ．

1. 自動車に給油するときは，固定給油設備を使用して直接給油しなければならない．	
2. 自動車の一部が給油空地からはみ出したままで給油するときは，防火上の細心の注意を払わなければならない．	

解答		
	1. ○	自動車の一部または全部が給油空地からはみ出したままで給油してはいけません．
	2. ×	

問題3 法令上，給油取扱所の給油空地について，次のうち正しいものに○，誤っているものに×を付けよ．ただし，特例基準が適用されるものを除く．

1. 漏れた危険物が流出しないよう，浸透性のあるもので舗装しなければならない．	
2. 耐火性を有するもので舗装しなければならない．	

解答		
	1. ×	給油空地の舗装は，①漏れた危険物の浸透防止②荷重による損傷防止③耐火性を有することが必要であるため，コンクリートで舗装しています．
	2. ○	

練習問題10（セルフ型スタンド）

乙種の試験は5択だけど2択で問題に慣れよう

問題1 法令上，顧客に自ら自動車等に給油させる給油取扱所（セルフ型スタンド）の位置，構造および設備の技術上の基準について，次のうち正しいものに○，誤っているものに×を付けよ．

1. 固定給油設備には，顧客の運転する自動車等が衝突することを防止するための対策を施さなければならない．	
2. 当該給油取扱所は，建築物内に設置してはならない．	

解答		
1. ○	セルフ型スタンドを建物内に設置できない規定はありません．
2. ×	

問題2 法令上，顧客に自ら給油等をさせる給油取扱所に表示しなければならない事項として，次のうち該当するものに○，該当しないものに×を付けよ．

1. 自動車等の進入路の表示	
2. ホース機器等の使用方法の表示	

解答	
1. ×	セルフ型スタンドに自動車等の進入路は表示しなくてもかまいません．
2. ○	

問題3 顧客に自ら給油等をさせる給油取扱所における取扱基準として，次のうち正しいものに○，誤っているものに×を付けよ．

1. 顧客は顧客用固定給油設備以外の固定給油設備を使用して給油することができる．	
2. 顧客の給油作業等を直視等により監視すること．	

解答	
1. ×	顧客用固定給油設備で給油するため，”顧客用固定給油設備以外”は使用できません．
2. ○	

乙種の試験は 5 択だけど 2 択で問題に慣れよう

●練習問題11（販売取扱所）

問題 1 法令上，第一種および第二種販売取扱所の位置，構造および設備の技術上の基準について，次のうち正しいものに○，誤っているものに×を付けよ．

1. 建物の 1 階に設置しなければならない．	⊗
2. 危険物を保管する場所に窓を設けてはならない．	⊗

解答		
	1. ○	第一種および第二種販売取扱所は，建物の 1 階のみに設置できます．窓に関する基準は「第一種は，窓および出入口には防火設備を設けること．第二種は，店舗部分のうち延焼のおそれのない部分に限り，窓を設けることができるものとする」です．以上のことから第一種および第二種販売取扱所には窓を設けることができます．
	2. ×	

問題 2 法令上，販売取扱所の区分ならびに位置，構造および設備の技術上の基準について，次のうち正しいものに○，誤っているものに×を付けよ．

1. 販売取扱所は，指定数量の倍数が 15 以下の第一種販売取扱所と指定数量の倍数が 15 を超え 40 以下の第二種販売取扱所に区分される．	⊗
2. 第一種販売取扱所は，建築物の 2 階に設置することができる．	⊗

解答		
	1. ○	第一種および第二種販売取扱所は，建物の 1 階のみに設置できます．
	2. ×	

問題 3 第一種販売取扱所と第二種販売取扱所の基準について，次のうち正しいものに○，誤っているものに×を付けよ．

1. 第一種販売取扱所は窓の位置に関する制限はないが，第二種販売取扱所には延焼のおそれのない部分に限り，窓を設けることができる．	⊗
2. 第一種および第二種販売取扱所には，危険物を配合する部屋は設けることができない．	⊗

解答		
	1. ○	第一種および第二種販売取扱所は，危険物を配合する部屋を設けることができます．
	2. ×	

5章●消火設備と運搬方法とは

消火設備は第1種から5種まであるんだ

まだまだ覚えることが多そうですね

イチゴがいないスープに○○大小カキよ!

そう，この歌のように，ゴロ合わせを活用して覚えれば大丈夫!!

これなら楽しく覚えられそうです!!

2編 5-1

消火設備 ～消火設備は第 1 種から第 5 種～

絵を見て覚えよう　消火設備(第 1 種から第 5 種)

第 1 種
- 屋外消火栓設備
- 屋内消火栓設備

第 2 種
- スプリンクラー設備

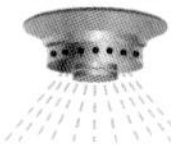

第 3 種　○○消火設備
- 固定消火設備
- 水蒸気消火設備
- 水噴霧消火設備
- 泡消火設備
- 不活性ガス消火設備
- ハロゲン化物消火設備
- 粉末消火設備

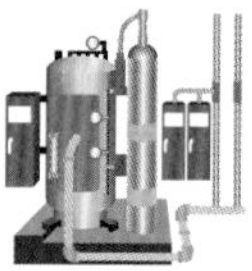

第 4 種
- 大型消火器

第 5 種　↓赤文字の 3 つはすべての火災に使える
- **膨張真珠岩**　・**乾燥砂**　・**膨張ひる石**
- 小型消火器　・水バケツ　・水槽

※主に小規模火災や初期消火のための消火設備

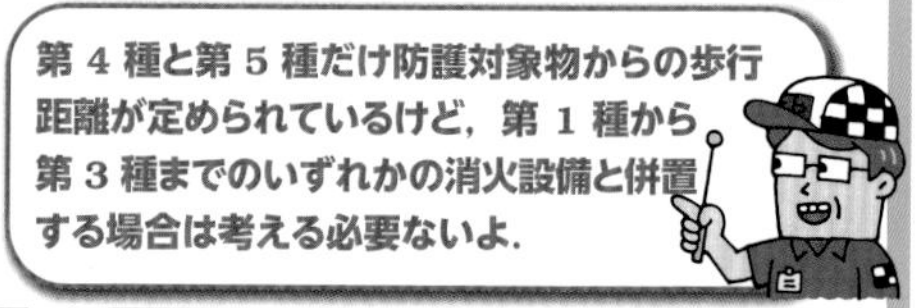

第 4 種と第 5 種だけ防護対象物からの歩行距離が定められているけど，第 1 種から第 3 種までのいずれかの消火設備と併置する場合は考える必要ないよ．

暗記　消火設備を暗記

第1種～第5種	第1種	第2種	第3種	第4種	第5種

歌詞♪ **消火設備は　イ チ ゴ　がいない　スープに　○○　大　小　カキ♪**

(消火設備は　1～5種　屋外屋内　スプリンクラー　○○消火設備　大型　小型消火器)

製造所等に設ける消火設備の所要単位の計算方法

所要単位とは，製造所等に対してどのくらいの消火能力を有する消火設備が必要であるかを定める単位のことで，製造所等の構造や面積または危険物の量によって次のように計算します．

製造所等の構造と危険物		1 所要単位あたりの数値
製造所 取扱所	耐火構造	延面積 100 m^2
	不燃材料	延面積 50 m^2
貯蔵所	耐火構造	延面積 150 m^2
	不燃材料	延面積 75 m^2
屋外の製造所等		外壁を耐火構造として水平最大面積を建坪として算出する
危険物		指定数量の **10倍**

【計算例】外壁が耐火構造でできている製造所（延べ床面積 400 m^2）でガソリンを 4,000 ℓ 製造しているときの所要単位を求めよ．

※ガソリンの指定数量 200 ℓ

【式】耐火構造が 100 m^2 あたり 1 必要なので

400÷100＝4

危険物の指定数量 200 ℓ の 10 倍あたり 1 必要なので

4,000 ℓ ÷(200 ℓ ×10)＝2

よって，所要単位は 4＋2＝6

解いてみよう

重要度 ★★

法令上，消火設備の区分について，次のうち正しいものはどれか．

1．粉末消火設備 …………………………… 第 1 種の消火設備
2．屋内消火栓設備 ………………………… 第 2 種の消火設備
3．スプリンクラー ………………………… 第 3 種の消火設備
4．二酸化炭素を放射する小型の消火器 ……… 第 4 種の消火設備
5．乾燥砂 ………………………………… 第 5 種の消火設備

攻略の 3 ステップ

① 左ページの 歌詞♪ に注目!
② 歩行距離 とくれば 第 4 種…30 m 以下，第 5 種…20 m 以下
③ 所要単位の問題は「危険物に対して指定数量の何倍が 1 所要単位になる」が出題 多

解説

× 1．粉末消火設備 ……………………… 第 1 種の消火設備 ➡ 第 3 種
× 2．屋内消火栓設備 …………………… 第 2 種の消火設備 ➡ 第 1 種
× 3．スプリンクラー …………………… 第 3 種の消火設備 ➡ 第 2 種
× 4．二酸化炭素を放射する小型の消火器 … 第 4 種の消火設備 ➡ 第 5 種
○ 5．乾燥砂 ……………………………… 第 5 種の消火設備 ➡ **第 5 種**

解答 5

解いてみよう

重要度 ★★

法令上，次の（ ）内に当てはまる数値はどれか．
「製造所等に設ける消火設備の所要単位の計算方法は，危険物に対しては指定数量の（ ）倍を 1 所要単位とする．」

1．5　　2．10　　3．50　　4．100　　5．150

解説

危険物の 1 所要単位あたりの数値は指定数量の **10 倍**です．

解答 2

第 5 種消火設備の膨張真珠岩，乾燥砂，膨張ひる石はすべての種類（乙 1 ～乙 6 まで）の危険物の消火に適応する，まさに“小規模火災では最強の消火設備”と覚えよう！

2編
5-2

警報設備と避難設備 ～警報設備は指定数量 10 倍 !? ～

絵を見て覚えよう

警報設備の種類 ➡火災や危険物の流出等の事故を知らせる設備

非常ベル装置

拡声装置

5種類

自動火災報知設備

電話

警鐘

指定数量
10倍以上
で設置

移動タンク貯蔵所には不要

⓪自動火災報知設備を設けなければならない製造所等

①一般取扱所　②製造所　③屋外タンク貯蔵所　④屋内貯蔵所
⑤給油取扱所※　⑥屋内タンク貯蔵所

※ 一方開放の屋内給油取扱所と上部に上階を有する屋内給油取扱所が対象

覚えるコツ　一般①に象②がいた③屋内④に児童放置⓪で急⑤に泣いた⑥
とゴロ合わせで覚える

暗記 警報設備を暗記

歌詞	
刑法　10条♪	(警報設備は　指定数量10倍以上で設置)
♪いどタン除く	(移動タンク貯蔵所を除く)
ベル　かく　自動を♪	(非常ベル装置　拡声装置　自動火災報知設備)
♬伝承しよう	(電話　警鐘)

避難設備と設置しなければならない特定の給油取扱所

誘導灯(避難設備)
火災が発生したとき，避難を容易にするために非常電源を備えた誘導灯を設置します．

設置しなければならない特定の給油取扱所

- 建築物の2階に店舗，飲食店または展示場がある給油取扱所
- 一方開放の屋内給油取扱所のうち，敷地外へ直接通じる避難口が設けられて，壁等で区画された事務所を有するとき

解いてみよう

重要度 ★

法令上，警報設備の設置義務について，次の文の（　　）に当てはまるものは，次のうちどれか．

「指定数量の倍数が（　）以上の危険物を取り扱う製造所等（移動タンク貯蔵所を除く）では，警報設備の設置が義務付けられている．」

1．5　　2．10　　3．20　　4．30　　5．50

攻略の 2 ステップ

① **警報設備の設置義務がある製造所等は指定数量の何倍以上か確認**
② **移動タンク貯蔵所には不要**

解説

指定数量の倍数が **10** 以上の危険物を取り扱う製造所等（移動タンク貯蔵所を除く）では，警報設備の設置が義務付けられています．

解答　2

解いてみよう

重要度 ★

指定数量の 10 倍以上の危険物を貯蔵し，または取り扱う製造所等（移動タンク貯蔵所を除く）には警報設備を設置しなければならないが，次のうちで警報設備に該当しないものはどれか．

1．発煙筒　　2．自動火災報知設備
3．消防機関に報知ができる電話　　4．非常ベル装置　　5．警鐘

攻略の 2 ステップ

① **左ページの 歌詞♪ に注目！**
② **製造所等は火気厳禁**

解説

警報設備に該当しないものは**発煙筒**です．

解答　1

発煙筒は，火薬を用いて点火することにより，炎と煙を出す道具で，おもに自動車や船舶等に装備されているよ．火がでるから製造所等には不適切だよね．
発煙筒

2編 5-3

貯蔵および取扱いの基準 ～未満は火災，以上は政令!?～

危険物の規制 ➡消防法令における危険物の規制は３つ

①指定数量**以上**…消防法，**政令**，規則等による規制
②指定数量**未満**…**市町村条例**（**火災予防条例**）による規制
③危険物の運搬…指定数量に関係なく消防法，政令，規則等による規制

主な製造所等に共通する貯蔵および取扱いの基準

①危険物…“品名以外の危険物”や“数量・指定数量の倍数を超える危険物”を貯蔵・取り扱わない
②火気の使用と出入り…**みだりに**火気を使用したり，**みだりに**係員以外の者を出入りさせない
③製造所等の環境…危険物の性質に応じ，**遮光**や**換気**を行い，適正な温度，湿度，圧力を保つ
④危険物を収納する容器…破損，腐食等がなく，**みだりに**転倒，落下，衝撃を加えない
⑤危険物の管理…漏れ，あふれ，飛散，変質，異物の混入等がないように必要な措置を講ずる
⑥保護液中に保存している危険物…危険物を保護液から露出させない
⑦整理・清掃…**みだりに**空箱その他の不必要な物件を置かない
⑧危険物のくず，かす等の廃棄…１日に１回以上 ➡危険物の性質に応じて安全な場所で廃棄
⑨危険物の海中や水中への流出…原則，海中や水中への**流出や投下はしてはならない**
⑩危険物を焼却して廃棄…必ず**見張り人**をつけて安全な場所で焼却して廃棄
⑪貯留設備や油分離装置に溜まった危険物…あふれないよう**随時くみ上げる**
⑫可燃性蒸気が滞留する場所や可燃性微粉が著しく浮遊する場所…火花を発するもの**使用禁止**
⑬危険物が残存している設備や機械器具や容器等の修理…危険物を**完全に除去**した後に行う

類ごとに共通する貯蔵および取扱いの基準

過熱を避ける …………………………	**すべての類**（第３類禁水性物品を除く）
衝撃または摩擦を避ける ………………	第１類と第５類
分解を促す物品との接近を避ける ……	第１類と第６類
可燃物との接触もしくは混合を避ける	第１類と第６類

補足 一部の物品で注意

水との接触を避ける………… 第１類アルカリ金属の過酸化物，第３類禁水性物品
水や酸との接触を避ける…… 第２類鉄粉，金属粉，マグネシウム
空気との接触を避ける……… 第３類自然発火性物品

歌って覚える！

暗記 危険物の規制を暗記
●**指定数量以上➡政令**　**指定数量未満➡市町村条例（火災予防条例）**

暗記 危険物のくず，かす等の廃棄回数
●**１日に１回以上**

歌詞 **くず かす は　1日　1回　掃き掃除**（危険物のくずやかすは１日１回以上廃棄）

解いてみよう

重要度 ★★★

危険物の貯蔵・取扱いの技術上の基準として，次のうち誤っているものはどれか．

1. 危険物のくず，かす等は 1 日に 1 回以上当該危険物の性質に応じて，安全な場所で廃棄その他適当な処置をしなければならない．
2. 可燃性の蒸気が滞留するおそれのある場所において，火花を発する機械器具，工具等を使用する場合には注意して行わなければならない．
3. 法別表第一に掲げられる類を異にする危険物は，原則として同一の貯蔵所（耐火構造の隔壁で完全に区分された室が 2 以上ある貯蔵所においては，同一の室）において貯蔵してはならない．
4. 危険物を貯蔵しまたは取扱う場合においては，当該危険物が漏れ，あふれまたは飛散しないように必要な措置を講じなければならない．
5. 危険物を焼却する場合は，安全な場所で，燃焼または爆発によって他に危害を及ぼすおそれのない方法で行わなければならない．

解説 可燃性の蒸気が滞留するおそれのある場所において，火花を発する機械器具，工具等は**使用できません**．

解答 2

解いてみよう

重要度 ★★★

法令上，危険物の貯蔵・取扱いの技術上の基準として，次のうち誤っているものはどれか．

1. 製造所等には，係員以外の者をみだりに出入りさせてはならない．
2. 危険物が残存している設備，機械器具，容器等を修理する場合は，危険物がこぼれないようにしなければならない．
3. 危険物を貯蔵し，または取扱う建築物その他の工作物または設備は，当該危険物の性質に応じ，遮光または換気を行わなければならならない．
4. 製造所等においては，常に整理および清掃を行うとともに，みだりに空箱その他の不必要な物件を置いてはならない．
5. 危険物は，温度計，湿度計，圧力計その他の計器を監視して，当該危険物の性質に応じた適正な温度，湿度または圧力を保つように貯蔵または取り扱わなければならない．

解説 危険物が残存している設備，機械器具，容器等を修理する場合は，危険物を**完全に除去した後**に修理します．

解答 2

主な製造所等に共通する基準を確認しよう！

2編 5-4

運搬(容器と容器外部への表示)〜運搬と移送は意味が違う〜

運搬と移送の違い ➡指定数量未満であっても消防法適用

危険物の運搬とは，移動タンク貯蔵所を除く車両等に規定の運搬容器に収納した危険物を別の場所に運ぶことをいい，指定数量**未満**についても運搬に関する規定が適用されます．運搬は危険物取扱者の同乗は必要ありませんが，積み下ろしの時には危険物取扱者の**立会い**が必要です．

移送とは，移動タンク貯蔵所で危険物を運ぶことと，移送取扱所のパイプラインで危険物を運ぶことをいいます．移動タンク貯蔵所で危険物を運ぶ時には，危険物取扱者が**同乗**する必要があります．

運搬

トラック等
・危険物免状**不要**

移送

移動タンク貯蔵所
・危険物免状**必要**

覚えるコツ 運搬 ➡ 車両で運ぶ　移送 ➡ 移動タンク貯蔵所で移送
運搬 ➡ 危険物取扱者の乗車不要だが積み下ろしに立会い必要

歌詞 ♪運搬に　免許なんて　いらないよ♪

運搬容器の規定 ➡運搬容器を保護する吸収材や緩衝(かんしょうざい)材等を外装容器という

① 運搬容器の材質は，鋼板，アルミニウム板，ブリキ板，ガラス等を用います．

② 運搬容器の構造は，最大容積は危険物の種類に応じて規則で定められており，堅固で容易に破損することなく，収納された危険物が漏れることがないようにします．

※同一の外装容器には，原則として類を異にする危険物を収納してはならない．

覚えるコツ **運搬容器に陶器(とうき)は使用不可！**

運搬容器外部の表示➡第 4 類は“火気厳禁”

運搬容器に表示する項目は右の 6 つです．

覚えるコツ **運搬容器の表示に消火方法は不要！**

運搬容器外部の表示例

① 品名	第 4 類アルコール類
② 危険等級	危険等級Ⅱ
③ 化学名	**エチルアルコール**
④ 水溶性	水溶性
⑤ 数量	18 ℓ
⑥ 注意事項	**火気厳禁**

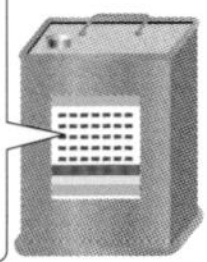

危険等級のまとめ(第 1 類危険物から第 6 類危険物)

類	品名等	危険等級
第1類	第 1 種酸化性固体	Ⅰ
	第 2 種酸化性固体	Ⅱ
	第 3 種酸化性固体	Ⅲ
第2類	硫黄，赤リン，硫化リン等	Ⅱ
	鉄粉，引火性固体等	Ⅲ
第3類	黄リン，カリウム，ナトリウム等	Ⅰ
	危険等級Ⅰに掲げる危険物以外のもの	Ⅱ

類	品名等	危険等級
第4類	特殊引火物	Ⅰ
	第 1 石油類(ガソリン，ベンゼン，トルエン等)，アルコール類(メタノール等)	Ⅱ
	第 2 石油類(灯油，軽油等)，第 3 石油類（重油等)，第 4 石油類（ギヤ油等)，動植物油類(アマニ油等)	Ⅲ
第5類	第 1 種自己反応性物質	Ⅰ
	第 2 種自己反応性物質	Ⅱ
第6類	第 6 類すべて（過塩素酸，過酸化水素，硝酸）	Ⅰ

解いてみよう 重要度★★

法令上，危険物の運搬容器の外部に危険等級Ⅱと表示するものは，次のうちどれか．ただし，最大容量 2.2ℓ以下の運搬容器を除く．

1. 硫黄　2. 黄リン　3. 過塩素酸
4. カリウム　5. 特殊引火物

解説 **硫黄**は危険等級Ⅱで，それ以外は危険等級Ⅰです．

解答 1

解いてみよう 重要度★★

法令上，危険物を運搬する場合，原則として運搬容器の外部に表示する項目として定められていないものは，次のうちどれか．

1. 危険物の品名，危険等級および化学名
2. 第４類の危険物のうち，水溶性の性状を有するものにあっては「水溶性」
3. 危険物の数量
4. 収納する危険物に応じた消火方法
5. 収納する危険物に応じた注意事項

解説 運搬容器の外部に表示する項目は
① 品名　② 危険等級　③ 化学名　④ 水溶性　⑤ 数量　⑥ 注意事項
の６つで，運搬容器の表示に**消火方法は不要**です．

解答 4

運搬容器の外部に表示する注意事項はコレ！
第１類（アルカリ金属の過酸化物含む）…「火気・衝撃注意」,「可燃物接触注意」,「禁水」
第１類（上記以外のその他のもの）…「火気・衝撃注意」,「可燃物接触注意」
第２類（鉄粉，金属粉，マグネシウム含む）…「火気注意」,「禁水」
第２類（引火性固体）…「火気厳禁」
第２類（上記以外のその他のもの）…「火気注意」
第３類（自然発火性物品）…「空気接触厳禁」,「火気厳禁」
第３類（禁水性物品）…「禁水」
第４類…「火気厳禁」
第５類…「火気厳禁」,「衝撃注意」
第６類…「可燃物接触注意」

2編 5-5

運搬（積載方法と運搬方法）～異なる類でも混載できるものもある!?～

積載方法➡指定数量未満でも積載方法の技術上の基準適用

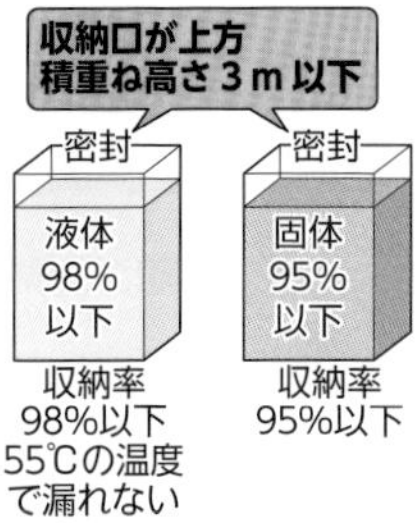

① 運搬容器に収納して積載

- 温度変化等により危険物が漏れないように運搬容器を密封
- 固体危険物は収納率を内容積の **95%**以下
- 液体危険物は収納率を内容積の **98%**以下にし，かつ **55℃** の温度で漏れないように十分な空間容積をとる

② 運搬容器を転落，落下，転倒，破損させない

③ 運搬容器の収納口を**上方**に向けて積載し，積み重ね高さは 3 m 以下

④ 第 4 類の特殊引火物は日光の直射を避けるため，**遮光性**のもので覆う

⑤ 同一車両で異なる類の危険物を混載できるものは『歌って覚える!』を確認

運搬方法➡指定数量以上ならば前後に「危」!!

① 運搬容器が著しく摩擦や動揺が起きないように運搬

② 指定数量以上の危険物を運搬するとき

- 車両の前後の見やすい箇所に「危」の標識を掲げる
- 運搬する危険物に適応した消火設備を備える
- 積替え，休憩，故障等のために車両を一時停止させるときは，安全な場所を選び，かつ，運搬する危険物の保安に注意
- 運搬中，危険物が著しく漏れる等の災害が発生するおそれがある場合は，災害防止のために応急措置を講じ，最寄りの消防機関等に通報

歌って覚える!

暗記 同一車両で異なった類の危険物が混載できる組合せ

	第1類	第2類	第3類	第4類	第5類	第6類
第1類		×	×	×	×	○
第2類	×		×	○	○	×
第3類	×	×		○	×	×
第4類	×	○	○		○	×
第5類	×	○	×	○		×
第6類	○	×	×	×	×	

注：○は混載可能　×は混載禁止．混載に関しては指定数量の 1/10 以下の危険物には適用しない．

覚えるコツ 混載できる類の組合せ

1類（イチ）	6類（ロー）		
2類（に）	4類（し）	5類（こ）	
3類（さ）	4類て（し）		
4類（よん）	2類（に）	3類（サン）	5類（ゴ）
5類（ご）	2類（に）	4類（し）	
6類（ろ）	1類（い）		

歌詞

イチローに　四股（しこ）さして♪

4にサンゴ　5にしろい♫

解いてみよう

重要度 ★★

危険物の運搬について，次のうち誤っているものはどれか．

1. 運搬容器は収納口を上に向けて積載しなければならない．
2. 運搬容器および包装の外部に危険物の品名，数量等を表示して積載しなければならない．
3. 運搬する危険物が指定数量以上のときは，危険物運搬車両に標識と消火設備を設置しなければならない．
4. 特殊引火物を運搬する場合は，直射日光をさけるため，遮光性の被覆で覆わなければならない．
5. 指定数量の 10 倍以上の危険物を車両で運搬する場合は，市町村長等に報告しなければならない．

攻略の 2 ステップ

① 収納口 とくれば 上，　容器の外部 とくれば 品名数量表示

② 運搬車両 とくれば 消火設備設置，特殊の運搬 とくれば 遮光性

解説

5. 指定数量の 10 倍以上の危険物を車両で運搬する場合は，市町村長等に報告しなければならない．✕

（指定数量にかかわらず危険物を車両で運搬する場合は，市町村長等に報告する必要はありません．）

解答　5

解いてみよう

重要度 ★★

法令上，指定数量の 10 分の 1 を超える数量の危険物を車両で運搬する場合，混載が禁止されているものは，次のうちどれか．

1. 第 1 類危険物と第 4 類危険物
2. 第 2 類危険物と第 4 類危険物
3. 第 2 類危険物と第 5 類危険物
4. 第 3 類危険物と第 4 類危険物
5. 第 4 類危険物と第 5 類危険物

攻略の 2 ステップ

① 混載できる組合せを歌詞で確認　② イラストでイメージ

解説

第 1 類危険物と第 4 類危険物は**混載**が禁止されています．

解答　1

歌詞さえ覚えちゃえば
この問題は楽勝だね！

標識と掲示板 ～第 4 類の危険物は火気厳禁～

絵を見て覚えよう

標識

危険物の製造所等であることがわかるように見やすい箇所に設置するものです.

移動タンク貯蔵所を除く製造所等の標識

- 幅 0.3 m 以上, 長さ 0.6 m 以上
- 地は白色, 文字は黒色
- 製造所等の名称を記載

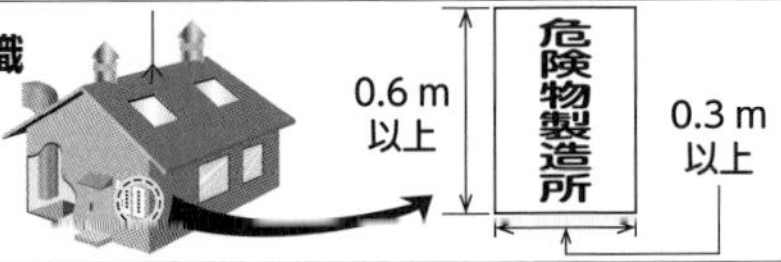

移動タンク貯蔵所の標識

- 一辺 0.3 m 以上 0.4 m 以下の正方形
- 地は黒色, 文字は黄色の反射塗料等
- **車両の前後**の見やすい位置に掲げる

※運搬車両の標識は同じ形状で大きさが 0.3 m×0.3 m になります.

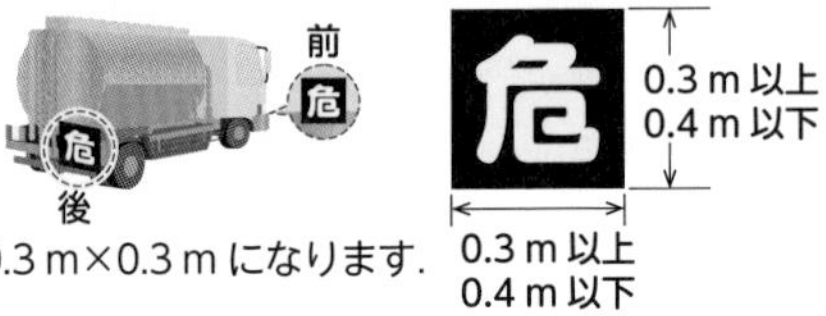

掲示板

製造所等で取り扱う危険物に関する品名, 数量, 注意事項等が記載されます.

類別等の掲示板

- 幅 0.3 m 以上, 長さ 0.6 m 以上
- 地は白色, 文字は黒色
- 記載内容　危険物の類
  危険物の品名
  貯蔵または取扱いの最大数量
  指定数量の倍数
  危険物保安監督者の氏名または職名

（0.3 m 以上 × 0.6 m 以上）
危険物の品名
貯蔵または取扱いの最大数量
指定数量の倍数
危険物保安監督者の氏名または職名

注意事項の掲示板

- 幅 0.3 m 以上, 長さ 0.6 m 以上
- 地の色と文字の色は危険物の性質により異なる

火気注意
該当する危険物
第 2 類危険物(引火性固体以外)

給油中 エンジン停止
該当する危険物
給油取扱所

火気厳禁
該当する危険物
第 2 類危険物(引火性固体)
第 3 類危険物(自然発火性物質)
第 4 類危険物
第 5 類危険物

禁　水
該当する危険物
第 1 類危険物(アルカリ金属の過酸化物含む)
第 3 類危険物(禁水性物質)

該当する貯蔵所

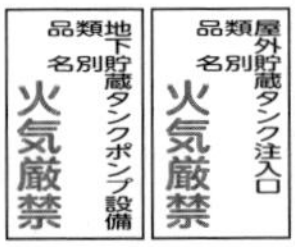

引火点 21℃未満の危険物を取扱うタンク貯蔵所

歌詞♪ 注意事項の　花が咲いたわ　花器厳禁（最多は　火気）
(製造所等で使用されている掲示板の注意事項には, 火気厳禁が多い)

重要度 ★

解いてみよう

法令上，製造所等に設ける標識，掲示板について，次のうち誤っているものはどれか．

1. 屋外タンク貯蔵所には，危険物の類別，品名および貯蔵または取扱最大数量，指定数量の倍数ならびに危険物保安監督者の氏名または職名を表示した掲示板を設けなければならない．
2. 移動タンク貯蔵所には，「危」と表示した標識を車両の前後の見やすい箇所に設けなければならない．
3. 第 4 類の危険物を貯蔵する地下タンク貯蔵所には，「取扱注意」と表示した掲示板を設けなければならない．
4. 給油取扱所には，「給油中エンジン停止」と表示した掲示板を設けなければならない．
5. 第 4 類の危険物を貯蔵する屋内貯蔵所には，「火気厳禁」と表示した掲示板を設けなければならない．

攻略の 2 ステップ

① 左のページの絵を見て標識と掲示板をイメージ
② 第 4 類の危険物 とくれば 火気厳禁（「取扱注意」ではない!）

解説　第 4 類の危険物を貯蔵・取り扱う製造所等には，「取扱注意」ではなく，「**火気厳禁**」と表示した掲示板を設けます．

解答　3

重要度 ★

解いてみよう

法令上，製造所等に設ける標識，掲示板について，次のうち誤っているものはどれか．

1. 給油取扱所には，「給油中エンジン停止」と表示した掲示板を設けなければならない．
2. 第 4 類の危険物を貯蔵する地下タンク貯蔵所には，「取扱注意」と表示した掲示板を設けなければならない．
3. 第 5 類の危険物を貯蔵する屋内貯蔵所には，「火気厳禁」と表示した掲示板を設けなければならない．
4. 灯油を貯蔵する屋内タンク貯蔵所には，危険物の類別，品名および貯蔵最大数量を表示した掲示板を設けなければならない．
5. 移動タンク貯蔵所には，「危」と表示した標識を車両の前後の見やすい箇所に設けなければならない．

解説　第 4 類の危険物を貯蔵・取り扱う製造所等には，「取扱注意」ではなく，「**火気厳禁**」と表示した掲示板を設けます．

解答　2

乙種の試験は5択だけど2択で問題に慣れよう

練習問題1（消火設備）

問題1 法令上，製造所等に設置する消火設備の区分について，次のうち正しいものに○，誤っているものに×を付けよ．

1. 消火設備は第1種から第6種までに区分されている．	
2. 乾燥砂は第5種の消火設備である．	

解答		
1. ×	消火設備は第1種から第5種までに区分されています．なお，乾燥砂は第5種の消火設備です．
2. ○	

問題2 法令上，第4類危険物の火災に適応する第5種消火設備の種類として，次のうち正しいものに○，誤っているものに×を付けよ．

1. 水消火器（棒状）	
2. 強化液消火器（霧状）	

解答	
1. ×	第4類の多くは水より軽く水に浮くため，火災の際に棒状の水をかけると水の表面に油膜が広がり燃焼の範囲が広くなります．
2. ○	

問題3 製造所等に設置する消火設備の区分について，第5種の消火設備として，次のうち正しいものに○，誤っているものに×を付けよ．

1. スプリンクラー設備	
2. 二酸化炭素を放射する小型消火器	

解答	
1. ×	スプリンクラー設備は，第2種の消火設備です．なお，小型消火器は第5種の消火設備です．
2. ○	

消火設備を歌で確認しよう！

歌詞 **消火設備は　イチゴ　がいない**

スープに　○○　大　小　カキ

練習問題2（警報設備）

問題１ 法令上，指定数量の倍数が 10 以上で警報設備を設置しなければならないと義務付けられている製造所等として，次のうち正しいものに○，誤っているものに×を付けよ．

1．簡易タンク貯蔵所	
2．移動タンク貯蔵所	

解答		
	1．○	「移動タンク貯蔵所には警報設備を設置しなくてもよい」とされています．移動タンク貯蔵所以外の指定数量の倍数が 10 以上の危険物を貯蔵または取り扱う製造所等には警報設備を設置します．
	2．×	

問題２ 製造所等に設置しなければならない警報設備の区分として，次のうち規則で定められているものに○，規則で定められていないものに×を付けよ．

1．警鐘	
2．自動式サイレン	

解答		
	1．○	自動式サイレンは警報設備に定められていません．警報設備は，非常ベル，拡声装置，自動火災報知設備，消防機関に報知ができる電話，警鐘の５つです．
	2．×	

問題３ 法令上，一定以上の規模になると，警報設備のうち自動火災報知設備を設けなければならない旨の規定が設けられている製造所等として，次のうち正しいものに○，誤っているものに×を付けよ．

1．第一種販売取扱所	
2．屋内貯蔵所	

解答		
	1．×	自動火災報知設備を設けなければならない製造所等は下記の６か所です． ①一般取扱所　②製造所　③屋外タンク貯蔵所　④屋内貯蔵所 ⑤給油取扱所　⑥屋内タンク貯蔵所
	2．○	

練習問題3（貯蔵・取扱い1）

問題１ 法令上，製造所等における危険物の貯蔵および取扱いのすべてに共通する技術上の基準について，次のうち正しいものに○，誤っているものに×を付けよ．

1. 危険物が残存している設備，容器等を修理する場合は，安全な場所において，危険物を完全に除去したのちに行わなければならない．	
2. 製造所等においては，火災予防のため，いかなる場合であっても火気を使用してはならない．	

解答		
1. ○	危険物が残存している設備，容器等を修理する場合は，安全な場所において，危険物を完全に除去したのちに行います．製造所等においては「みだりに」火気を使用してはならないのであって，いかなる場合でも火気の使用を禁じているわけではありません．
2. ×	

問題２ 法令上，製造所等における危険物の貯蔵および取扱いのすべてに共通する技術上の基準について，次のうち正しいものに○，誤っているものに×を付けよ．

1. 油分離装置にたまった危険物は，希釈してから排出しなければならない．	
2. 危険物を貯蔵し，または取り扱う建築物その他の工作物または設備は，当該危険物の性質に応じ，遮光または換気を行わなければならない．	

解答	
1. ×	貯留設備または油分離装置にたまった危険物は，あふれないように随時くみ上げをします．希釈はしません．危険物を貯蔵し，または取り扱う建築物その他の工作物または設備は，当該危険物の性質に応じ，遮光または換気を行います．
2. ○	

問題３ 法令上，指定数量未満の危険物を貯蔵し，または取り扱う場合の技術上の基準を定めることとされているものとして，次のうち正しいものに○，誤っているものに×を付けよ．

1. 都道府県条例	
2. 市町村条例	

解答	
1. ×	指定数量未満のときの技術上の基準を定めることとされているものは市町村条例（火災予防条例）です．
2. ○	

乙種の試験は5択だけど2択で問題に慣れよう

練習問題4（貯蔵・取扱い2）

問題1 法令上，製造所等における危険物の取扱いの技術上の基準として，次のうち正しいものに○，誤っているものに×を付けよ．

1. 危険物を焼却して廃棄する場合には，見張人をつけること．ただし，安全な場所で，かつ，燃焼または爆発によって他に危害または損害を及ぼすおそれのない方法で行うときは，見張人をつけなくてよい．	
2. 販売取扱所においては，危険物は店舗において容器入りのままで販売しなければならない．	

解答		
1. ×	危険物を焼却して廃棄する場合には，必ず見張人をつけます．安全な場所で，かつ，燃焼または爆発によって他に危害または損害を及ぼすおそれのない方法で行います．販売取扱所においては，危険物は店舗において容器入りのままで販売します．
2. ○	

問題2 危険物を容器で貯蔵する場合の貯蔵，取扱いの基準として，次のうち正しいものに○，誤っているものに×を付けよ．

1. 危険物のくず，かす等は1日1回以上，危険物の性質に応じ安全な場所および方法で処理すること．	
2. 屋内貯蔵所においては，容器に収納して貯蔵する危険物の温度が60℃を超えないように必要な措置を講ずること．	

解答	
1. ○	危険物のくず，かす等は1日1回以上，危険物の性質に応じ安全な場所および方法で処理します．屋内貯蔵所においては，容器に収納して貯蔵する危険物の温度が60℃ではなく55℃を超えないように必要な措置を講じます．
2. ×	

2編 5-3の貯蔵および取扱いの基準は
“本文”を読んで覚えよう！

乙種の試験は5択だけど2択で問題に慣れよう

練習問題5（運搬その1）

問題1 法令上，危険物を運搬容器へ収納する場合の方法として，次のうち正しいものに○，誤っているものに×を付けよ．

1. 危険物は，毒性または引火性ガスの発生によって運搬容器内の圧力が上昇するおそれがある場合は，ガス抜き口を設けた運搬容器に収納しなければならない．	⊗
2. 原則として，同一の外装容器には，類を異にする危険物を収納してはならない．	⊗

解答	1. ×	危険物から発生するガスに毒性や引火性があるならば，ガス抜き口を設けた運搬容器に収納してはならない．なお，外装容器とは運搬容器を保護する吸収材や緩衝材等のことで，同一の外装容器に類を異にする危険物は収納しません．
	2. ○	

問題2 法令上，危険物の運搬容器の外部に危険等級Ⅲと表示するものとして，次のうち正しいものに○，誤っているものに×を付けよ．ただし，最大容量2.2ℓ以下の運搬容器を除く．

1. メタノール	⊗
2. 重油	⊗

解答	1. ×	第4類の危険物の危険等級は「危険等級Ⅰは特殊引火物，危険等級Ⅱは第1石油類やアルコール類，危険等級Ⅲは第2～4石油類や動植物油」です．メタノールはアルコール類なので危険等級Ⅱです．重油は第3石油類なので危険等級Ⅲです．
	2. ○	

問題3 法令上，危険物を運搬する場合，原則として運搬容器の外部の表示として定められているものに○，定められていないものに×を付けよ．

1. 収納する危険物に応じた消火方法	⊗
2. 収納する危険物に応じた注意事項	⊗

解答	1. ×	運搬容器の外部に注意事項は表示されていますが，消火方法は表示されていません．
	2. ○	

乙種の試験は5択だけど2択で問題に慣れよう

練習問題6（運搬その2）

問題1 法令上，危険物を車両で運搬する場合の技術上の基準として，次のうち正しいものに○，誤っているものに×を付けよ．

1. 運搬は，危険物取扱者が行わなければならない．	
2. 指定数量以上の危険物を運搬する場合は，当該危険物に適応する消火設備を備え付けなければならない．	

解答		
1. ×	運搬はトラック等の車両で運搬するため，危険物取扱者が乗車しなくても構いませんが，危険物の積み降ろしは危険物取扱者が行うか，立ち合いが必要です．	
2. ○		

問題2 法令上，第4類の危険物と他の類の危険物を車両に混載して運搬する場合，次のうち正しいものに○，誤っているものに×を付けよ．ただし，各危険物の量は指定数量が1/10を超えているものとする．

1. 第3類のものとは，混載することができない．	
2. 第6類のものとは，混載することができない．	

解答	
1. ×	第4類の危険物と他の類の危険物を車両に混載して運搬できるものは，第2類，第3類，第5類です．よって，第3類のものとは，混載することができます．
2. ○	

問題3 法令上，危険物の運搬について，次のうち正しいものに○，誤っているものに×を付けよ．

1. 指定数量未満の危険物を運搬する場合は，積載方法の技術上の基準は適用されない．	
2. 指定数量以上の危険物を車両で運搬する場合において，積替え，休憩，故障等のために車両を一時停止させるときは，安全な場所を選び，かつ，運搬する危険物の保安に注意しなければならない．	

解答	
1. ×	指定数量未満でも積載方法の技術上の基準は適用されます．
2. ○	

練習問題7（標識・掲示板）

乙種の試験は5択だけど2択で問題に慣れよう

問題1 法令上，製造所等に設置する標識および掲示板について，次のうち正しいものに○，誤っているものに×を付けよ．

1. アルカリ金属の過酸化物を含む第1類の危険物を貯蔵する屋内貯蔵所には，赤地に白文字で「火気注意」と記した掲示板を設置する．	
2. 引火性固体を除く第2類の危険物を貯蔵する屋内貯蔵所には，赤地に白文字で「火気注意」と記した掲示板を設置する．	

解答	1. ×	第1類のアルカリ金属の過酸化物を貯蔵する屋内貯蔵所には，青地に白文字で「禁水」と記した掲示板を設置します．
	2. ○	

問題2 法令上，製造所等に設ける標識，掲示板について，次のうち正しいものに○，誤っているものに×を付けよ．

1. 給油取扱所には，「給油中エンジン停止」と表示した掲示板を設けなければならない．	
2. 第4類の危険物を貯蔵する地下タンク貯蔵所には，「取扱注意」と表示した掲示板を設けなければならない．	

解答	1. ○	第4類の危険物を貯蔵する地下タンク貯蔵所には，「取扱注意」ではなく「火気厳禁」と記した掲示板を設置します．
	2. ×	

問題3 法令上，製造所等には，貯蔵し，または取り扱う危険物に応じた注意事項を表示した掲示板を設けなければならないが，次の危険物と注意事項の組合せとして，次のうち正しいものに○，誤っているものに×を付けよ．

1. すべての第3類の危険物 … 火気厳禁	
2. すべての第5類の危険物 … 火気厳禁	

解答	1. ×	第3類の危険物には禁水性物質もあるため，禁水性物質であれば「禁水」と記した掲示板を設置します．
	2. ○	

3編 基礎的な物理学および基礎的な化学

1章●燃焼から消火

消火器って火災の種類によって色が違うんですよね…

♪油はきいろく～　電気あお～

油火災用は黄色，電気火災用は青色ってことですね！ これなら覚えられそうです！

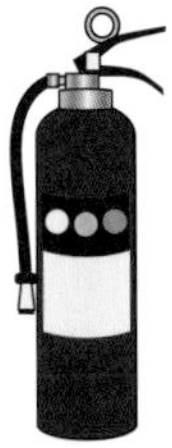

その調子！
このように，歌やイラストで覚えればバッチリ！
それでは，基本となる燃焼と消火について学習しよう！

燃　焼
～燃焼するための要素は 3 つだけ !? ～

燃　焼 ➡ 炎の発生を伴う有炎（ゆうえん）燃焼と炎の発生を伴わない無炎（むえん）燃焼がある!

燃焼とは，物質が熱と光の発生を伴う化学反応で，酸素と激しく結合する**酸化反応**です．熱と光が伴わなければ燃焼にあたらないため，鉄が酸素と結びついて錆びることや窒素が酸素と結びついて酸化窒素になる酸化反応は，発光を伴わないので燃焼とはいえません．

完全燃焼と不完全燃焼

狭い室内で酸素 O_2 が足りないから不完全燃焼で一酸化炭素が発生した！
CO 発生
CO 発生
CO 発生
一酸化炭素中毒で頭痛や吐き気がする…有毒ね！

●完全燃焼とは

可燃物が燃焼する際，**十分な酸素**の供給によって燃え尽き，二酸化炭素 CO_2 や水蒸気 H_2O などを生じます．

●不完全燃焼とは

可燃物が燃焼する際，**酸素不足**のまま燃焼することで，**有毒**な一酸化炭素 CO などを生じます．

燃焼する条件　❗ 燃焼しない例：不活性ガス（窒素，ヘリウム），二酸化炭素，三酸化硫黄，五酸化リン

物質が燃焼するためには可燃性物質（可燃物），酸素供給源，点火源（熱源）の 3 つの要素が必要であり，このうち 1 つでも欠けると燃焼しません．この 3 つの要素のことを**燃焼の三要素**といいます．

歌詞♪ **燃焼条件　可燃　酸素と点火源　3 つで燃える三要素**

●可燃性物質（可燃物）➡ 水素，メタン，一酸化炭素，天ぷらの揚げかす，硫化水素，亜鉛粉

燃える物質（酸化される物質）のことをいいます．油，石炭，一酸化炭素，第 4 類の引火性の蒸気等があります．しかし，すでに酸化されている二酸化炭素は不燃性物質（不燃物）となります．

●酸素供給源 ➡ 酸素，空気，過酸化水素（第 6 類），第 1 類，第 5 類

燃焼に必要な酸素を供給するものをいいます．燃焼するためには，ある濃度以上の酸素が必要です．酸素は空気中に**約 21%**含まれていますが，空気だけではなく，第 5 類危険物のような物質中に酸素を含んだものや，第 1 類，第 6 類危険物のような分解により酸素を発生させる物質も酸素供給源になります．

●点火源（熱源）➡ 火花，ライターの炎，酸化熱，摩擦熱，放射熱

燃焼するきっかけで，酸化反応を起こさせるためのエネルギーを与えるものをいいます．点火源には，火気・電気・静電気・摩擦・衝撃による火花，酸化熱があります．

解いてみよう

重要度 ★★

燃焼について，次のうち誤っているものはどれか．

1. 燃焼とは，発熱と発光を伴う急激な酸化反応である．
2. 可燃物を，空気中で燃焼すると，より安定な酸化物に変わる．
3. 有機物の燃焼は，酸素の供給が不足すると一酸化炭素を発生し，不完全燃焼となる．
4. 一般に，液体の可燃物は，燃焼により加熱され蒸発または分解し気体となって燃える．
5. 燃焼に必要な酸素供給源は空気であり，分子中に含まれる酸素では燃焼しない．

攻略の 2 ステップ

① **燃焼** とくれば **熱＋光　を伴う酸化反応**

② **酸素供給源** とくれば **空気　や　物質内の酸素**

解説

酸素供給源は空気だけとは限らず，第 5 類危険物のように物質中に酸素を含んだものや，第 1 類，第 6 類危険物のように分解によって酸素を発生させる物質も酸素供給源になり，その酸素でも燃焼します．

解答　5

解いてみよう

重要度 ★★

燃焼について，次のうち誤っているものはどれか．

1. 燃焼とは，可燃性物質が酸素などの酸化性物質と反応して，光と熱を発する現象のことである．
2. 密閉された室内で，可燃性液体が激しく燃焼すると，一時に多量の発熱が起こり，圧力が急激に増大して，爆発することがある．
3. 石油類は，主として蒸発により発生した可燃性蒸気が燃焼する．
4. 石油類は，酸素の供給が不足すると不完全燃焼を起こし，大量の二酸化炭素を発生する．
5. 可燃物は完全燃焼によって安定な酸化物に変化する．

攻略の 2 ステップ

① **不完全燃焼** とくれば **一酸化炭素 CO　発生 ⬅ 毒性あり，燃える**

② **完全燃焼** とくれば **二酸化炭素 CO_2　発生 ⬅ 毒性なし，燃えない**

解説

酸素の供給が不足し，不完全燃焼を起こした場合，**一酸化炭素 CO が発生**します．完全燃焼の場合は，二酸化炭素 CO_2 が発生します．

解答　4

3編 1-2 静電気
～静電気の火花は点火源になる!?～

静電気 ➡ 帯電した物体に分布している，流れのない電気を静電気という!

静電気とは物体が帯電している状態または帯電している電気（電荷）そのもののことをいい，2 種類の不導体（電気が流れにくい物質）を互いに摩擦すると，**電子の移動**が起こり，一方が正，他方が負に帯電します．静電気は，固体，気体，液体でも発生します．可燃性液体は一般に不導体なので，パイプやホース中を流れると，静電気が発生しやすくなります．この静電気の火花が点火源（着火源）となるため，静電気を発生させない対策が必要です．

静電気の発生を少なくする方法

発生を少なくする方法
・摩擦を少なくする． ・導電性（電気が流れやすい）材料を使用する． ・送油作業では油の流速を遅くする． ・ホースの先端のノズルの断面積を大きくする．
蓄積させないようにする方法
・物体と大地を電気抵抗の小さい導体で接続する． ・帯電しない作業着（木綿など）を着用する． ・室内の空気をイオン化する．　　・湿度を高くする．

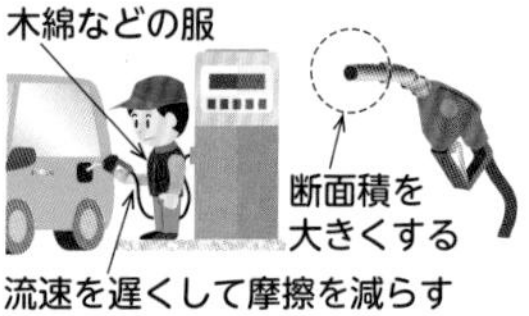
木綿などの服
断面積を大きくする
流速を遅くして摩擦を減らす

湿度を上げるために水をまく

接地（アース）する

歌って覚える!

暗記 電気が流れにくい ▶ 静電気が発生しやすいキーワードはコレ

『不導体』 ➡ 電気が流れにくい
『絶縁性が高い』 ➡ 電気が流れにくい
『絶縁抵抗が大きい』 ➡ 電気が流れにくい
『導電率が低い』 ➡ 電気が流れにくい
『湿度が低い』 ➡ 乾燥しているため，電気が流れにくい

歌詞
静電気なら　点火源 ♪　（静電気は点火源となる）
電気流れず　たまってく　（絶縁性や不導体にたまる）
乾燥注意の静電気 ♫　（空気が乾燥しているときに発生しやすい）

可燃性液体が日光に長時間さらされても静電気が帯電することはないよ．

解いてみよう

重要度 ★★★

静電気に関する説明として，次のうち誤っているものはどれか．

1. 静電気は，固体だけでなく，気体，液体でも発生する．
2. 静電気の帯電量は，物質の絶縁抵抗が大きいものほど少ない．
3. ガソリン等の液体がパイプやホースの中を流れるときは，静電気が発生しやすい．
4. 2 種類の不導体を互いに摩擦すると，一方が正，他方が負に帯電する．
5. 静電気の放電火花は，可燃性ガスや粉じんがあるところでは，しばしば着火源となる．

攻略の 2 ステップ

① **左ページを読んで静電気の特徴を理解**

② **静電気 連想→ 電気を流しづらい物質に発生 連想→ 抵抗 大**

解説

絶縁抵抗が大きい物質ほど，静電気が放電しにくくなるため，**帯電量が多くなります**．

解答 2

解いてみよう

重要度 ★★

次の文の（　）内の A ～ C に当てはまる語句の組合せとして，正しいものはどれか．

「可燃性液体は一般に電気の（A）であり，これらの液体がパイプやホース中を流れるときは，静電気が発生しやすい．この静電気の蓄積を防止するには，なるべく流速を（B）し，電気の（C）により接地するなどの方法がある．」

	A	B	C
1.	導体	遅く	絶縁体
2.	不導体	速く	導体
3.	不導体	遅く	導体
4.	導体	速く	絶縁体
5.	導体	遅く	導体

解説

可燃性液体は一般に電気の**不導体**です．これらの液体がパイプやホース中を流れるときは，静電気が発生しやすく，この静電気の蓄積を防止するには，なるべく流速を**遅く**したり，電気の**導体**により接地するなどの方法があります．

解答 3

3編 1-3

燃焼の難易 ～金属を粉にしたら燃える!?～

物質の燃焼は，物質の性質や条件で，燃焼のしやすさが変わってきます．下の絵を見てイメージして覚えましょう．

絵を見て覚えよう

大きいものほど燃えやすい

① 発熱量
➡ **発熱量が大きい**ほど多量の熱が生じるため燃えやすい

② 空気(酸素)との接触面積
➡ 空気との**接触面積が広く**なれば酸素と結びつきやすくなり，燃えやすい ➡ ※表面積 大＝燃えやすい

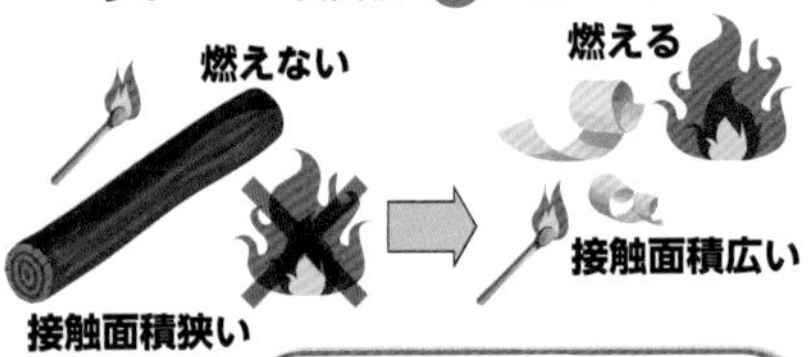

丸太がおがくずになると空気との接触面積が増えて燃えやすくなるよ

③ 酸素との結合力
➡ **酸化されやすい**ほど反応が進行しやすくなるため燃えやすい

④ 温度
➡ **温度が高い**ほど化学反応が活発になり燃えやすい

⑤ 燃焼範囲
➡ **燃焼範囲が広い**方が燃えやすい

⑥ 燃焼速度
➡ **燃焼速度が速い**方が燃え広がりやすい

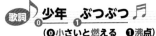

小さい(低い・少ない)ものほど燃えやすい

- 沸点
  ➡ 沸点が低いほど低い温度で**蒸発しやすく**なる(可燃物が可燃性蒸気を出しやすくなる)ため燃えやすい
- 発火点
  ➡ 発火点が低いほど低い温度で発火するため，発火点が高いものより燃えやすい
- 含水量
  ➡ 含水量が少ないほど乾燥しているため，燃えやすい
- 比熱
  ➡ 比熱が小さいほど少ない熱で温度が上昇するため，燃えやすい
- 燃焼範囲の下限値
  ➡ 燃焼範囲の下限値が低いほど少量の可燃性ガスで燃焼しやすくなるため，燃えやすい
- 熱伝導率(熱の伝わりやすさの度合い)
  ➡ 熱伝導率が小さいと，熱が伝わりにくく，熱の逃げ場がなくなり，温度が下がりにくくなるため，燃えやすい

歌詞 **やすさがうりの伝導率**

- 引火点
  ➡ 引火点が低いほど低い温度で引火するため，引火点が高いものより燃えやすい

歌詞 **⓪少年 ①ぶつぶつ**
(⓪小さいと燃える ❶沸点)

②発 ③がん ④批 ⑤判か!?
(❷発火点 ❸含水量 ❹比熱 ❺燃焼範囲の下限値)

⑥熱で ⑦引火の引火点
(❻熱伝導率 ❼引火点)

解いてみよう

重要度 ★★★

危険物の性状について，燃焼のしやすさに直接関係ない事項は，次のうちどれか．

1. 引火点が低いこと．
2. 発火点が低いこと．
3. 酸素と結合しやすいこと．
4. 燃焼範囲が広いこと．
5. 気化熱が大きいこと．

攻略の 2 ステップ

① 用語の意味を理解

② 気化熱とは，液体が気化（蒸発）するときに吸収する熱のこと

解説

気化熱が大きいことは燃焼のしやすさには直接関係ありません．引火点や発火点が低いと燃焼しやすくなります．また，酸素と結合しやすいものや燃焼範囲が広いものも燃焼しやすくなります．

解答 5

解いてみよう

重要度 ★★

可燃物が燃焼しやすい条件として，次の A ～ D のうち，正しい組合せはどれか．

A. 発熱量が大きい
B. 表面積が小さい
C. 熱伝導率が小さい
D. 含水量が多い

1. A　2. A, B　3. B, D　4. A, C　5. B, C, D

解説

A. 発熱量が大きい………燃焼しやすい
B. 表面積が小さい………表面積が大きいと燃焼しやすい
C. 熱伝導率が小さい……燃焼しやすい
D. 含水量が多い…………含水量が少ないと燃焼しやすい

豆知識
表面積とは立体すべての表面の面積のこと

解答 4

①発熱マンが ②酸素と接触し ③結合することで ④体温が高くなり ⑤広範囲を ⑥速いスピードで移動できる．

（大ほど燃える➡①発熱量②接触面積③結合力④温度⑤燃焼範囲⑥燃焼速度）

3編 1-4 燃焼の仕方 ～第 4 類はすべて蒸発燃焼 !? ～

燃焼の種類

気体の燃焼…［種類］予混合（よこんごう）燃焼，拡散（かくさん）燃焼

可燃性ガスを，空気と一定範囲の濃度で混合することで燃焼します．

液体の燃焼…［種類］蒸発燃焼

液体の表面から発生する蒸気（可燃性蒸気）が空気と混合することで燃焼します．

固体の燃焼…［種類］表面燃焼，分解燃焼，内部（自己）燃焼，蒸発燃焼

固体の燃焼は，「固体のまま燃焼するもの」と，「熱分解した可燃性蒸気が燃焼するもの」と，「蒸発した蒸気が燃焼するもの」の 3 つに分類されます．

燃焼の用語の解説

予混合燃焼……可燃性ガスと空気があらかじめ混合した状態で燃焼すること
拡散燃焼………可燃性ガスと空気が別々に供給され，混合しながら燃焼すること
蒸発燃焼………液体や固体から蒸発した可燃性蒸気が，空気と混合して燃焼すること
分解燃焼………熱分解で発生した可燃性ガスが燃焼すること
表面燃焼………可燃物の表面のみが燃焼すること
内部（自己）燃焼…酸素を含有している物質が，その酸素を使って燃焼すること

燃焼の仕方と可燃物　！ 3編 1-6 の自然発火の原因となる熱とは異なる

分解燃焼………木材，石炭
表面燃焼………木炭，コークス，金属粉
蒸発燃焼………硫黄，ナフタレン，第 4 類すべて
内部（自己）燃焼………セルロイド，ニトロセルロース

セルロイドなどは分解で発熱することで自然発火するけど，分解燃焼ではなく，内部の酸素を使って燃焼する自己燃焼が正しいぞ．

粉じん爆発

粉砕した粉じん状の石炭，小麦粉，アルミニウム粉，マグネシウム粉等の固体の可燃物が粉末状で空気中に浮遊しているとき，点火源があれば爆発することがあります．

歌って覚える！

暗記 燃焼の仕方　覚えるコツ 第 4 類はすべて蒸発燃焼！

歌詞
❶ぶんかい　もくざい　❷ひょうめん　もくたん
❸じょうはつねんしょう　いようなふたり
❸ガソリンだって　じょうはつねんしょう
❹さんそもってる　じこねんしょう

❶分解燃焼→木材
❷表面燃焼→木炭
❸蒸発燃焼→硫黄 ナフタレン
　　　　　→ガソリン
❹内部（自己）燃焼→酸素含有

解いてみよう

重要度 ★★

可燃物と燃焼の仕方との組合せとして，次のうち誤っているものはどれか．

1. 灯油………………蒸発燃焼
2. 木炭………………表面燃焼
3. 木材………………分解燃焼
4. 重油………………表面燃焼
5. セルロイド………内部（自己）燃焼

攻略の 2 ステップ

① **危険物には液体と固体しかないため，液体と固体の燃焼の種類に注目**

② **第 4 類の危険物 とくれば すべて蒸発燃焼**

解説

重油は**蒸発燃焼**です．第 4 類危険物はすべて蒸発燃焼です．

解答 4

解いてみよう

重要度 ★★

次の物質の組合せのうち，常温（20℃）1 気圧において，通常どちらも蒸発燃焼するものはどれか．

1. ガソリン，硫黄
2. ニトロセルロース，コークス
3. エタノール，金属粉
4. ナフタレン，木材
5. 木炭，石炭

解説

1. ガソリン ………………蒸発燃焼　　硫黄……………蒸発燃焼
2. ニトロセルロース ……内部（自己）燃焼　　コークス………表面燃焼
3. エタノール ……………蒸発燃焼　　金属粉…………表面燃焼
4. ナフタレン ……………蒸発燃焼　　木材……………分解燃焼
5. 木炭 ……………………表面燃焼　　石炭……………分解燃焼

解答 1

木炭：低酸素・高温下で木材を炭化させて，炭素部分だけを残した燃料
（木材から揮発成分・木タール・水分などを除く）
コークス：石炭を乾留（蒸し焼き）して，炭素部分だけを残した燃料
（石炭から揮発成分・コールタールなどを除く）
つまり、木炭とコークスはすでに可燃性ガスが除かれているので表面燃焼で，
木材と石炭は熱分解により発生した可燃性ガスが燃焼するため分解燃焼だよ．

燃焼範囲
～混合気体？ それとも空気量？～

燃焼範囲

　可燃性蒸気と空気が一定の割合で混合したときに，点火源があれば燃焼します．この燃焼する濃度の範囲を燃焼範囲といい，可燃性蒸気の全体に対する容量〔vol%〕で表します．燃焼範囲の濃度が低い方を燃焼下限界，濃度の高い方を燃焼上限界といいます．燃焼範囲が広く，下限界の小さいものほど引火の危険性が高くなります．

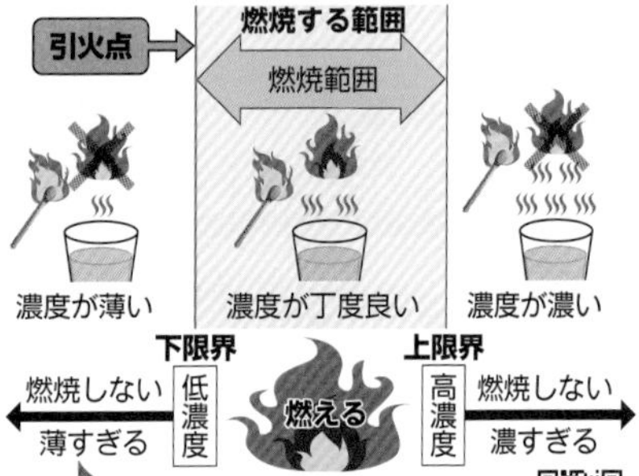

歌詞 燃焼範囲じゃなきゃ燃えないぜ

燃焼範囲の問題例

【例題】ガソリンと空気の混合気体の容積を 100 ℓ に，以下のガソリン蒸気が含まれている場合，点火源を近づけると燃焼するものはどれか．なお，ガソリンの燃焼範囲は 1.4 ～ 7.6 vol%である．

ガソリンの蒸気 1ℓ➡ ガソリン蒸気 1ℓ÷混合気体 100 ℓ×100＝1 vol% ➡ 燃えない

ガソリンの蒸気 2ℓ➡ ガソリン蒸気 2ℓ÷混合気体 100 ℓ×100＝2 vol% ➡ **燃える**

ガソリンの蒸気 5ℓ➡ ガソリン蒸気 5ℓ÷混合気体 100 ℓ×100＝5 vol% ➡ **燃える**

ガソリンの蒸気 8ℓ➡ ガソリン蒸気 8ℓ÷混合気体 100 ℓ×100＝8 vol% ➡ 燃えない

つまり，ガソリンの燃焼範囲（1.4 ～ 7.6 vol%）内ならば ➡ **燃える**

これだけ覚える！

暗記 燃焼範囲内であれば燃える，範囲外は燃えない！

覚えるコツ 蒸気量 ÷ 混合気体（蒸気量＋空気量）したものに ×100 するだけ ⬅ この数値が燃焼範囲内ならば燃える

暗記 混合気体は100になるとは限らないため注意する！

覚えるコツ 例を見て混合気体の量を確認

【例 1】蒸気量 1 ℓ に空気量 100 ℓ ➡ 1 ℓ ＋100 ℓ ＝混合気体の量　101 ℓ

【例 2】蒸気量 10 ℓ に空気量 80 ℓ ➡ 10 ℓ ＋80 ℓ ＝混合気体の量　90 ℓ

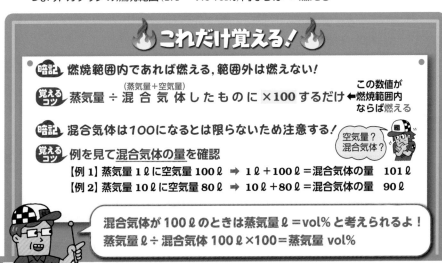

混合気体が 100 ℓ のときは蒸気量 ℓ ＝vol% と考えられるよ！
蒸気量 ℓ ÷ 混合気体 100 ℓ ×100＝蒸気量 vol%

解いてみよう

重要度 ★★

次の文から，引火点および燃焼範囲の下限界の数値として考えられる組合せはどれか．

「ある引火性液体は，液温 40℃で液面付近に濃度 8 vol% の可燃性蒸気を発生した．この状態でマッチの火を近づけたところ引火した．」

1. 引火点：25℃　燃焼範囲の下限界：10 vol%
2. 引火点：30℃　燃焼範囲の下限界：6 vol%
3. 引火点：35℃　燃焼範囲の下限界：12 vol%
4. 引火点：40℃　燃焼範囲の下限界：15 vol%
5. 引火点：45℃　燃焼範囲の下限界：4 vol%

攻略の 2 ステップ

① 引火点について 3編 1-6 をチェック！
引火点とは，点火源を近づけたときに燃焼が始まる最低の液温のこと

② 燃焼範囲の下限界から上限界の間の範囲であれば燃える

解説

液温 40℃で濃度 8 vol% のときに引火しているため，引火点は 40℃以下で燃焼範囲の下限界の数値は 8 vol% 以下ということがわかります．選択肢の中から消去法で考えると「2．引火点：30℃　燃焼範囲の下限界：6 vol%」のみが該当します．

解答　2

解いてみよう

重要度 ★★

次の燃焼範囲の危険物を 100ℓの空気と混合させて，その均一な混合気体に電気火花を発したとき，燃焼可能な蒸気量はどれか．

- 燃焼下限界　1.3 vol%
- 燃焼上限界　7.1 vol%

1. 1ℓ　2. 5ℓ　3. 10ℓ　4. 15ℓ　5. 20ℓ

攻略の 2 ステップ

① 混合気体なのか，空気量なのかしっかりと確認

② 空気量ならば蒸気量を足すと混合気体になる
(空気量+蒸気量)=混合気体

解説

混合気の蒸気の濃度が，燃焼範囲（1.3 〜 7.1 vol%）内であれば燃焼します．混合気の蒸気の濃度＝蒸気量／(空気量＋蒸気量) × 100%で計算します．

5ℓ ÷（100ℓ＋5ℓ）×100%≒4.76 vol% となります．燃焼範囲内であることから「2」が燃焼可能な蒸気量です．

解答　2

3編 1-6

引火点と発火点 ～引火点と発火点は重要～

引火点とは

可燃性液体が，空気中で点火したとき燃焼するのに十分な濃度の蒸気を液面上に発生する最低の液温をいいます．

例）引火点 10℃なら液温が 10℃になったとき燃焼する濃度の蒸気が出始めるため，点火源を近づけると燃える．

発火点とは

可燃物を空気中で加熱した場合，点火しなくても，自ら燃え出す最低の液温をいいます．　! 高 発火点>引火点 低

例）発火点 100℃ならば 100℃に加熱すると点火源なしで自ら燃え出す．

自然発火とは

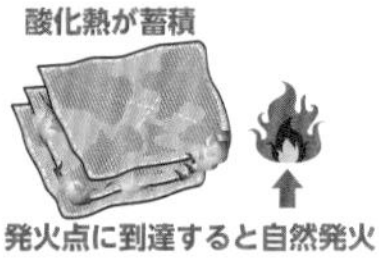

物質が空気中で常温（20℃）のとき自然に発熱し，発火する現象のことをいいます．自然発火の原因には，分解熱，**酸化熱**，吸着熱などによるものがあります．分解熱の例には，**セルロイド**などがあり，酸化熱による例の多くは不飽和結合を有するアマニ油やキリ油などの**乾性油**があります．

自然発火に関する語句の組合せ ➡ ○○熱とくれば□□という風に暗記 !!

酸化熱……… アマニ油，キリ油，ゴム粉，石炭，原綿，金属粉，天ぷらの揚げかす
分解熱……… セルロイド，ニトロセルロース
吸着熱……… 活性炭などの炭素粉末類
低発火点….. アルキルアルミニウム

天ぷらの揚げかすでも放置していたら酸化熱が蓄積するから注意！

酸化熱で自然発火を起こす要因 ⇔ 酸化熱で自然発火を起こしにくい要因

起こす
- 気温が高い
- 堆積物内の温度が高い
- 空気中の湿度が高い
- 含水率が大きい（保温効果が良い）
- 酸素との接触面積が広い
- 熱伝導率が小さい

起こしにくい
- 通風が良い
- 乾燥している

酸化熱で自然発火を起こす物質は湿気を吸湿すると発熱する性質があるぞ．だから，乾燥していると自然発火を起こしにくいぞ．

歌詞

火源で燃える蒸気発生　引火点♪　（火源があれば燃える蒸気を発生する液温：引火点）
火源なくても燃えちゃう　発火点　（火源がなくても燃える液温：発火点）
動物植物　自然に発火♪　（動植物油の乾性油は布に染み込むと酸化熱を蓄積し酸化熱が発火点まで達すると自然発火する）
布に　染み込み　酸化熱 ♬

解いてみよう 重要度 ★

引火点の説明として，次のうち正しいものはどれか．

1. 可燃物を空気中で加熱した場合，点火しなくても，自ら燃え出す最低の液温をいう．
2. 発火点と同じものであるが，その可燃物が気体または液体の場合は発火点といい，固体の場合は引火点という．
3. 燃焼範囲の上限界以上の蒸気を出すときの液体の最低温度をいう．
4. 可燃性液体が，空気中で点火したとき燃焼するのに十分な濃度の蒸気を液面上に発生する最低の液温をいう．
5. 可燃物の燃焼温度は燃焼開始時において最も低く，時間の経過とともに高くなっていくが，その燃焼開始時における炎の温度をいう．

攻略の 2 ステップ

① 引火点と発火点の説明を覚える
② 引火点の重要ワード
『燃焼するのに十分な濃度の蒸気が液面上に発生する最低の液温』

解説

引火点とは，可燃性液体が，**空気中で点火したとき燃焼するのに十分な濃度の蒸気を液面上に発生する最低の液温**で，発火点とは，可燃物を空気中で加熱した場合，点火しなくても，自ら燃え出す最低の液温です．

解答 4

解いてみよう 重要度 ★★

発火点(300℃)の意味として正しいものは次のうちどれか．

1. 300℃に加熱すると自ら燃え出す．
2. 300℃に加熱した熱源があると瞬時に燃え出す．
3. 300℃に加熱すると火源があると燃える．
4. 300℃以下の加熱では火源があっても燃えない．
5. 300℃以上に加熱すると燃焼範囲内の可燃性気体が発生する．

解説

発火点とは，可燃物を空気中で**加熱した場合，点火しなくても，自ら燃え出す最低の液温**をいいます．よって，「1. 300℃に加熱すると自ら燃え出す.」が正しいです．

解答 1

3編 1-7 消火に関する単語の意味 ～単語を覚えて理解力 UP ～

消火に関する単語の意味を絵を見て頭でイメージして覚えましょう.

絵を見て覚えよう

除去消火(じょきょ)とは
可燃物を取り除くことによって消火する方法

【キーワード】
除去　ロウソク　元栓閉める

窒息消火(ちっそく)とは
燃焼を維持するために必要な酸素の供給を遮断することによる消火方法

【キーワード】
窒息　酸素遮断　CO_2　泡で覆う

冷却消火(れいきゃく)とは
燃焼している可燃物から熱を取り去ることによる消火方法

【キーワード】
冷却　注水　熱を取り去る

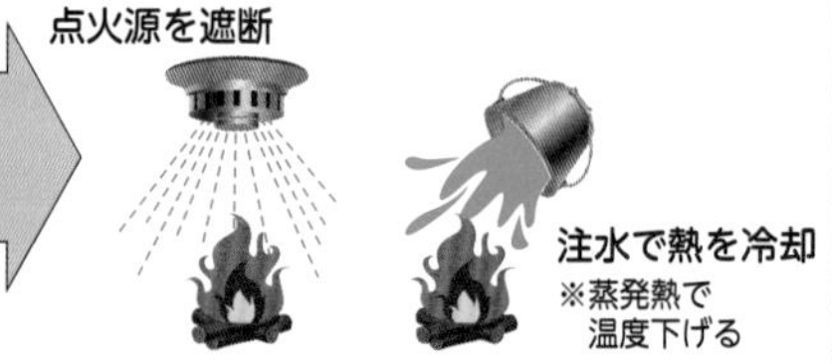

抑制消火(負触媒消火)(よくせい)(ふしょくばい)とは
燃焼という酸化の連続反応を中断させたり，遅らせたりすることで消火する方法 ➡粉末消火剤，ハロゲン化物消火剤

【キーワード】
抑制　負触媒　酸化　ハロゲン

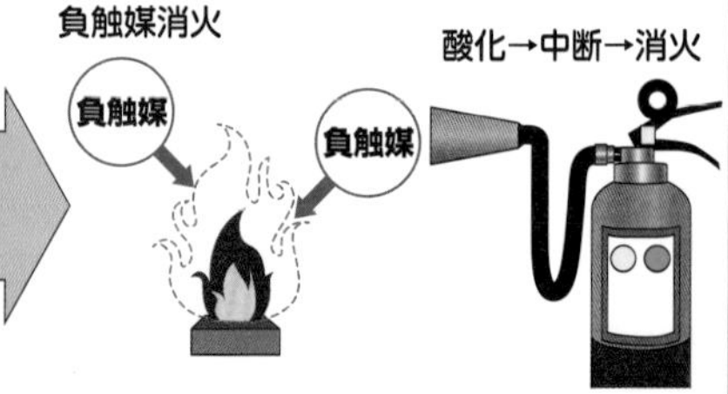

歌詞

除去は　ロウソク　ガスしめる♪	(除去消火：可燃性蒸気や可燃物を除去)
なべ　ぶた　しめて　酸素　窒息	(窒息消火：酸素の供給を遮断)
水で　熱取り　冷却消火♬	(水は熱を取り除き　冷却効果がある)
酸化進まず　燃焼中断　抑制消火	(抑制消火：酸化を進ませず燃焼を中断させる)

解いてみよう

重要度 ★

窒息消火に関する説明として，次のうち誤っているものはどれか．

1. 二酸化炭素を放射して，燃焼物の周囲の酸素濃度を約 14 ～ 15 vol% 以下にすると窒息消火する．
2. 内部（自己）燃焼性の物質の消火には効果がない．
3. 燃焼物への注水により発生した水蒸気は，窒息効果もある．
4. 一般に不燃性ガスにより窒息消火する場合，そのガスは空気より重い方が効果的である．
5. 水溶性液体の火災に注水して消火することがあるが，この主たる消火効果は窒息である．

攻略の 2 ステップ

① 絵を見て消火の単語をイメージ　② 泡，水蒸気，砂，霧で覆う

とくれば 酸素供給遮断▶窒息

解説 水溶性液体の火災に注水して消火することは，**冷却消火**です．

解答 5

解いてみよう

重要度 ★★

消火方法について，次の A ～ D のうち正しいもののみをすべて掲げている組合せはどれか．

A. 燃焼を維持するために必要な酸素の供給を遮断することによる消火方法を除去消火という．
B. 燃焼を維持するために必要な可燃物の供給を遮断する消火方法を窒息消火という．
C. 燃焼を維持するために必要な可燃物を除去することによる消火方法を除去消火という．
D. 燃焼している可燃物から熱を取り去ることによる消火方法を冷却消火という．

1. B　2. C　3. A, B　4. C, D　5. B, C, D

解説 消火方法の C と D が正しい組合せです．

A. 除去消火ではなく，窒息消火です．
B. 窒息消火ではなく，除去消火です．
C. 正しい．
D. 正しい．

解答 4

左ページのイラストを見てイメージしよう！

火災区分と消火剤
～歌って消火剤を暗記せよ～

火災の区分と消火器の標識色

火災はA級火災(普通火災)，B級火災(油火災)，C級火災(電気火災)の3つに区分され，消火器には適応する火災を識別する標識色が規定されています.

消火器の標識色

火災
- A級火災(普通火災) ……… 白色 普通
  木材，紙，衣類などが燃える火災
- B級火災(油火災) ……… 黄色 油
  石油やガソリン，油脂類などが燃える火災
- C級火災(電気火災) ……… 青色 電気
  電気設備や電気器具など感電のおそれのある電気施設を含む火災

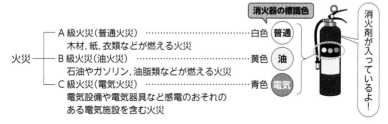

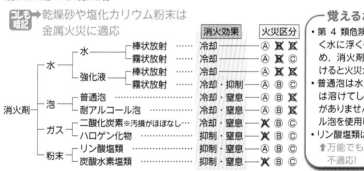

消火に用いる消火剤

コレも暗記 → 乾燥砂や塩化カリウム粉末は金属火災に適応

消火剤			放射	消火効果	火災区分
水	水		棒状放射	冷却	Ⓐ ×Ⓑ ×Ⓒ
			霧状放射	冷却	Ⓐ ×Ⓑ Ⓒ
	強化液		棒状放射	冷却	Ⓐ ×Ⓑ ×Ⓒ
			霧状放射	冷却・抑制	Ⓐ Ⓑ Ⓒ
泡	普通泡			冷却・窒息	Ⓐ Ⓑ ×Ⓒ
	耐アルコール泡			冷却・窒息	Ⓐ Ⓑ ×Ⓒ
ガス	二酸化炭素	※汚損がほぼなし…		冷却・窒息	×Ⓐ Ⓑ Ⓒ
	ハロゲン化物			抑制・窒息	×Ⓐ Ⓑ Ⓒ
粉末	リン酸塩類			抑制・窒息	Ⓐ Ⓑ Ⓒ
	炭酸水素塩類			抑制・窒息	×Ⓐ Ⓑ Ⓒ

覚えるポイント
- 第4類危険物は水より軽く水に浮くものが多いため，消火剤として水をかけると火災が広がります.
- 普通泡は水溶性危険物には溶けてしまうため効果がありません. 耐アルコール泡を使用しましょう.
- リン酸塩類は万能消火剤.
  ⬆万能でも金属火災には不適応!

歌って覚える!

暗記 消火器の標識色や消火剤についてのポイントを暗記

歌詞
消火器シールを買いに行こう. ①油は黄色く ②電気あお.
③ハロゲン抑制, ④リン酸 万能, ⑤霧状 強化 で 抑制効果,
⑥水には 冷却効果あり 油にかけると 燃え広がる
⑦泡で覆って 窒息効果.
⑧水溶性に泡消火は 意味がないない 意味がな～い

消火器の標識色は：❶油火災用は黄色，❷電気火災用は青色，❸ハロゲン化物消火剤：抑制効果，❹リン酸塩類：万能消火剤，❺霧状の強化液は抑制効果がある，❻水は冷却効果がある，❼泡で覆うと窒息効果がある，❽水溶性に泡消火剤は効果がないため耐アルコール泡を使う

解いてみよう

重要度 ★

次の A ～ E の消火剤のうち，油火災および電気設備の火災のいずれにも適するものは，いくつあるか.

A. 炭酸水素塩類を主成分とする消火粉末
B. リン酸塩類を主成分とする消火粉末
C. 二酸化炭素　　D. 水　　E. 泡

1. 1つ　2. 2つ　3. 3つ　4. 4つ　5. 5つ

攻略の 2 ステップ

① 左ページの B 級火災(油火災)と C 級火災(電気火災)の○印に注目
② 水や泡は電気が流れて感電するため，電気火災には適さない

解説　消火剤の A，B，C は油火災および電気設備の火災のいずれにも適します．D の水はどちらにも適しません．E の泡は油火災には適しますが，電気火災には適しません．

解答　3

解いてみよう

重要度 ★

消火剤等に関する説明として，次のうち誤っているものはどれか．

1. 二酸化炭素は安定な不燃性ガスで，空気よりも重い性質を利用した消火剤である．
2. 強化液は水の消火効果に加え，消火後の再燃防止に効果がある．
3. ハロゲン化物はハロゲンが燃焼の負触媒として働くことにより，燃焼抑制効果がある．
4. リン酸塩類を主成分とする消火粉末は，建物火災および電気設備の火災には適応するが，油火災には適応しない．
5. 水溶性液体用消火薬剤は，アルコール類の消火に適応する．

攻略の 2 ステップ

① 二酸化炭素 とくれば 窒息効果，ハロゲン化物 とくれば 抑制効果
② リン酸塩類 とくれば 万能消火剤，水溶性液体用 とくれば 水溶性最適

解説　リン酸塩類を主成分とする消火粉末は万能消火剤や ABC 消火剤といわれており，A 級火災の普通火災，B 級火災の油火災，C 級火災の電気火災のすべてに有効です．

解答　4

●練習問題1（燃焼）

問題 1 燃焼について，次のうち正しいものに○，誤っているものに×を付けよ．

1. 燃焼とは，すべて炎の発生を伴う酸化反応である．	○×
2. 水蒸気爆発は，物理的変化なので燃焼ではない．	○×

解答		
	1. ×	燃焼には炎の発生を伴う有炎燃焼と，炎の発生を伴わない無炎燃焼があります．「すべて炎の発生を伴う」という部分が誤っています．なお，水蒸気爆発は物理変化で燃焼ではありません．
	2. ○	

問題 2 燃焼の３要素の可燃物または酸素供給源に該当するものとして，次のうち正しいものに○，誤っているものに×を付けよ．

1. 窒素	○×
2. メタン	○×

解答		
	1. ×	窒素は可燃物にも酸素供給源にも該当しません．窒素は不活性ガスです．メタンは可燃物に該当します．
	2. ○	

問題 3 燃焼について，次の文の［　　］内のＡ～Ｃに当てはまる語句の組合せとして，次のうち正しいものに○，誤っているものに×を付けよ．

「物質が酸素と反応して［ A ］を生成する反応のうち，［ B ］の発生を伴うものを燃焼という．有機物が完全燃焼する場合は，酸化反応によって安定な［ A ］に変わるが，酸素の供給が不足すると生成物に［ C ］，アルデヒド，すすなどの割合が多くなる．」

1. A 還元物　B 煙と炎　C 二酸化炭素	○×
2. A 酸化物　B 熱と光　C 一酸化炭素	○×

解答		
	1. ×	燃焼は物質が酸素と反応して酸化物を生成するとき，熱と光を伴います．酸素の供給が不足すると一酸化炭素 CO などの割合が多くなります．
	2. ○	

練習問題2（静電気）

乙種の試験は5択だけど2択で問題に慣れよう

問題1 液体危険物が静電気を帯電しやすい条件について，次のうち正しいものに○，誤っているものに×を付けよ．

1. 液体が液滴となって空気中に放出されるとき．	○×
2. 直射日光に長時間さらされたとき．	○×

解答	1. ○	液体をノズルから噴射して細かい液滴にする際などに，液滴は静電気を帯電しています．直射日光に長時間さらされただけでは静電気を帯電しません．
	2. ×	

問題2 静電気について，次のうち正しいものに○，誤っているものに×を付けよ．

1. 導体に帯電体を近づけると，導体と帯電体は反発する．	○×
2. 帯電した物体に分布している，流れのない電気を静電気という．	○×

解答	1. ×	導体に帯電体を近づけると導体中の電子が引き寄せられるため，導体と帯電体は引き寄せ合います．なお，この現象を静電誘導といいます．
	2. ○	

問題3 次の文の［　　］内のA～Cに当てはまる語句の組合せとして，次のうち正しいものに○，誤っているものに×を付けよ．

「静電気による発火を防止する対策の1つである［ A ］とは，物体と大地とを［ B ］の［ C ］導体によって接続し，静電気を大地に逃がすことにより，物体の電位を下げる方法である．」

1. A 接地	B 電気抵抗	C 小さい	○×
2. A ボンディング（接着・接合・結合）	B 静電容量	C 大きい	○×

解答	1. ○	静電気の防止対策の1つに物体と大地をつなぐ接地（アース）があります．電気抵抗の小さい導体によって接続し，静電気を大地に逃がします．
	2. ×	

乙種の試験は5択だけど2択で問題に慣れよう

練習問題3（燃焼の難易）

問題1 可燃物の一般的な燃焼の難易として，次のうち正しいものに○，誤っているものに×を付けよ．

1. 熱伝導率の大きい物質ほど燃焼しやすい．	
2. 蒸発しやすいものほど燃焼しやすい．	

解答		
1. ×	熱伝導率は，熱が伝わる度合いのことで，熱が伝わりやすい物質ほど熱伝導率が大きくなります．熱伝導率が大きいと熱が伝わり熱が逃げやすい（熱が蓄積しづらい）ため燃焼しにくくなります．熱伝導率が小さいと熱が蓄積されやすく燃焼しやすくなります．加えて，蒸発しやすいもの（沸点が低いもの）は，気化して可燃性の蒸気を発生しやすいものであるため，燃焼しやすいといえます．	
2. ○		

問題2 金属を粉体にすると，燃えやすくなる理由として，次のうち正しいものに○，誤っているものに×を付けよ．

1. 単位質量あたりの表面積が大きくなるから．	
2. 単位質量あたりの発熱量が小さくなるから．	

解答		
1. ○	金属を粉体にすると，単位質量あたりの表面積が大きくなり，燃えやすくなります．太い木材よりも細かくしたおがくずのほうが，表面積が大きくなるため燃えやすくなります．加えて，発熱量とは，燃料を完全燃焼させたときに発生する熱量のことで，発熱量が小さくなると燃えにくくなります．	
2. ×		

問題3 燃焼の難易と直接関係のあるものとして，次のうち正しいものに○，誤っているものに×を付けよ．

1. 体膨張率	
2. 発熱量	

解答		
1. ×	体膨張率とは温度の上昇により，最初の体積に対する膨張した体積の割合のことで，燃焼の難易には関係ありません．発熱量は大きいほど燃焼しやすいため，燃焼の難易に関係あります．	
2. ○		

練習問題4（燃焼の仕方）

乙種の試験は5択だけど2択で問題に慣れよう

問題1 燃焼に関する説明として，次のうち正しいものに○，誤っているものに×を付けよ．

1. 硫黄は，融点が発火点より低いため，融解し，更に蒸発して燃焼する．これを分解燃焼という．	
2. 石炭は，熱分解によって生じた可燃性ガスが燃焼する．これを分解燃焼という．	

解答	1. ×	硫黄は蒸発燃焼です．熱により発生した硫黄の蒸気が燃焼します．
	2. ○	

問題2 可燃性液体の通常の燃焼について，次のうち正しいものに○，誤っているものに×を付けよ．

1. 液体の表面から発生する蒸気が空気と混合して燃焼する．	
2. 液体が熱によって分解し，その際に発生する可燃性ガスが燃焼する．	

解答	1. ○	可燃性液体の通常の燃焼は，液体の表面から発生する蒸気が空気と混合して燃焼する蒸発燃焼のことです．
	2. ×	

問題3 燃焼に関する一般的説明として，次のうち正しいものに○，誤っているものに×を付けよ．

1. 拡散燃焼では，酸素の供給が多いと燃焼は激しくなる．	
2. 静電気の発生しやすい物質ほど，燃焼が激しい．	

解答	1. ○	拡散燃焼は可燃性ガスが空気と拡散（混合）しながら燃焼することで，酸素の供給が多いと燃焼は激しくなります．なお，“静電気の発生の難易”と“燃焼の激しさ”については関係ありません．
	2. ×	

●練習問題5（燃焼範囲）

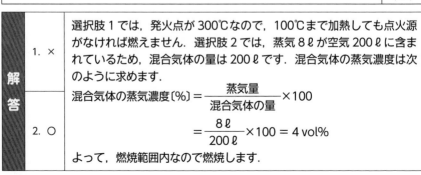

乙種の試験は5択だけど2択で問題に慣れよう

問題1　「ある可燃性液体の燃焼範囲は，1.4～7.6 vol%である.」この説明として，次のうち正しいものに○，誤っているものに×を付けよ.

1. 空気92.4ℓと可燃性蒸気7.6ℓとの混合気体が入っている場合は，点火すると燃焼する.	⊗
2. 空気100ℓと可燃性蒸気1.4ℓとの混合気体が入っている場合は，点火すると燃焼する.	⊗

解答

1. ○
2. ×

燃焼範囲とは，可燃性蒸気と空気を混合した割合のことで，燃焼範囲内ならば燃焼します．混合気体の蒸気濃度は次のように求めます.

空気と可燃性蒸気の混合気体の量＝空気量＋蒸気量

混合気体の蒸気濃度〔%〕＝蒸気量÷（空気量＋蒸気量）×100

選択肢1：$\dfrac{\text{蒸気 } 7.6\,\ell}{\text{空気 } 92.4\,\ell + \text{蒸気 } 7.6\,\ell} \times 100 = 7.6\,\text{vol\%}$

…燃焼範囲内なので燃焼する

選択肢2：$\dfrac{\text{蒸気 } 1.4\,\ell}{\text{空気 } 100\,\ell + \text{蒸気 } 1.4\,\ell} \times 100 \fallingdotseq 1.38\,\text{vol\%}$

…燃焼範囲外なので燃焼しない

問題2　ある危険物の引火点，発火点および燃焼範囲を測定したところ，次のような結果を得た．次の条件のみで，燃焼が起こるものに○，燃焼が起こらないものに×を付けよ.

条件：引火点－40℃　発火点300℃　燃焼範囲1.4～7.6 vol%

1. 100℃まで加熱した.	⊗
2. 蒸気8ℓが含まれている空気200ℓに点火した.	⊗

解答

1. ×
2. ○

選択肢1では，発火点が300℃なので，100℃まで加熱しても点火源がなければ燃えません．選択肢2では，蒸気8ℓが空気200ℓに含まれているため，混合気体の量は200ℓです．混合気体の蒸気濃度は次のように求めます.

$$\text{混合気体の蒸気濃度〔\%〕} = \frac{\text{蒸気量}}{\text{混合気体の量}} \times 100 = \frac{8\,\ell}{200\,\ell} \times 100 = 4\,\text{vol\%}$$

よって，燃焼範囲内なので燃焼します.

練習問題6（引火点）

乙種の試験は5択だけど2択で問題に慣れよう

問題1 引火点の説明として，次のうち正しいものに○，誤っているものに×を付けよ．

1. 可燃物から蒸気を発生させるのに必要な最低の液温をいう．	
2. 可燃性液体が空気中で点火したとき，燃え出すのに必要な最低の濃度の蒸気を液面上に発生する液温をいう．	

解答	1. ×	可燃物から蒸気が発生しても蒸気の濃度が薄すぎる場合，点火源を近づけても引火しません．引火点とは，点火したとき燃え出すのに必要な最低の濃度の蒸気を液面上に発生する液温のことです．
	2. ○	

問題2 引火点について，次のうち正しいものに○，誤っているものに×を付けよ．

1. 液体の温度が引火点より低い場合は，燃焼に必要な濃度の蒸気は発生しない．	
2. 液温が引火点に達すると，液体表面からの蒸気に加えて，液体内部からも気化しはじめる．	

解答	1. ○	液体の温度が引火点より低い場合は，燃焼に必要な濃度の蒸気は発生しません．液体内部から気化するのは，液温が沸点に達したときです．
	2. ×	

問題3 引火点に関する説明として，次のうち正しいものに○，誤っているものに×を付けよ．

1. 引火点とは，空気中で可燃性液体に小さな炎を近づけたとき，燃焼するのに十分な濃度の蒸気を液面に発生する最低の液温をいう．	
2. 引火点は，一般に発火点より高い温度である．	

解答	1. ○	引火点の温度より発火点の温度の方が高くなります．
	2. ×	

●練習問題7（自然発火）

問題 1 蓄熱して自然発火が起こることについて，次の文中の（　　）内のＡ～Ｃに当てはまる語句の組合せとして，次のうち正しいものに○，誤っているものに×を付けよ．

「ある物質が空気中で常温（20℃）において自然に発熱し，発火する場合の発熱機構は，分解熱，(A)，吸着熱などによるものがある．分解熱による例には，(B) などがあり，(A) による例の多くは不飽和結合を有するアマニ油，キリ油などの（C）がある．」

1. A　酸化熱　B　セルロイド　C　乾性油	
2. A　燃焼熱　B　石炭　C　半乾性油	

解答		
	1. ○	自然発火の原因の種類は，分解熱，酸化熱，吸着熱などがあります．分解熱により発熱するものにはセルロイドやニトロセルロースがあります．酸化により発熱するものにはアマニ油，キリ油などの乾性油があります．乾性油は空気中で徐々に酸化し酸化熱を蓄積するため自然発火する危険があります．
	2. ×	

問題 2 自然発火に関する次の語句の組合せとして，次のうち正しいものに○，誤っているものに×を付けよ．

1. 石炭 … 酸化熱	
2. 原綿 … 吸着熱	

解答		
	1. ○	発熱反応を示す代表的な物質は下記の通りです． 酸化熱：石炭，原綿，乾性油，ゴム粉，金属粉，天ぷらの揚げかす 分解熱：セルロイド，ニトロセルロース 吸着熱：活性炭などの炭素粉末類
	2. ×	

問題 3 乾性油，原綿，石炭，金属粉が自然発火を起こしやすい状況として，次のうち正しいものに○，誤っているものに×を付けよ．

1. 湿度が高く，気温が高いとき．	
2. 通風が良いところで，乾燥しているとき．	

解答		
	1. ○	乾性油，原綿，石炭，金属粉は湿気を吸湿すると発熱し，自然発火することがあり，気温が高いときも自然発火する要因の一つです．
	2. ×	

練習問題8（消火理論）

乙種の試験は5択だけど2択で問題に慣れよう

問題1 消火方法とその主な消火効果との組合せとして，次のうち正しいものに○，誤っているものに×を付けよ．

1. 容器内の灯油が燃えていたので，強化液消火器で消した． ［消火効果］除去効果	
2. 少量のガソリンが燃えていたので，二酸化炭素消火器で消した． ［消火効果］窒息効果	

解答		
	1. ×	強化液消火剤には，抑制効果（負触媒効果）と冷却効果があります．二酸化炭素消火剤には，窒息効果と冷却効果があります．
	2. ○	

問題2 消火理論について，次のうち正しいものに○，誤っているものに×を付けよ．

1. 燃焼の3要素のうち，1つの要素を取り去っただけでは，消火することはできない．	
2. 引火性液体の燃焼は，その液体の液温を引火点未満にすれば，消火することができる．	

解答		
	1. ×	燃焼の3要素とは，可燃性物質(可燃物)，酸素供給源，点火源(熱源)があります．そのうち，1つの要素を取り去ると消火できます．加えて，引火性液体の燃焼は，その液体の液温を引火点未満にすることで，引火するための蒸気の濃度が得られなくなります．燃焼の3要素のうちの1つの，可燃物を取り去ることになるため，消火することができます．
	2. ○	

問題3 容器内で燃焼している動植物油類に，注水すると危険な理由として，最も適切なものに○，そうではないものに×を付けよ．

1. 水が容器の底に沈み，徐々に油面を押し上げるから．	
2. 水が沸騰し，高温の油を飛散させるから．	

解答		
	1. ×	燃焼している油に注水すると一気に水が沸騰し，油を飛散させて危険です．
	2. ○	

●練習問題9（消火剤）

乙種の試験は 5 択だけど 2 択で問題に慣れよう

問題 1 消火剤に関する記述として，次のうち正しいものに○，誤っているものに×を付けよ.

1. 乾燥砂や塩化ナトリウム粉末は，金属火災における消火剤としての効果がほとんどない.	⊗
2. 二酸化炭素による消火は，放射された消火剤による汚損がほとんどない.	⊗

解答	1. ×	乾燥砂や塩化ナトリウム粉末の消火剤は金属火災に効果があります．なお，金属火災に水，強化液，二酸化炭素，ABC 消火剤は火災を飛散させたり火勢を拡大させてしまい危険です．加えて，二酸化炭素の消火剤は放射すると気化するため，汚損がほとんどありません.
	2. ○	

問題 2 強化液消火剤について，次のうち正しいものに○，誤っているものに×を付けよ.

1. 油火災に対しては，霧状にして放射しても適応性がない.	⊗
2. 電気火災に対しては，霧状にして放射すれば適応性がある.	⊗

解答	1. ×	強化液消火剤を霧状にして放射した場合，普通火災，油火災，電気火災に効果があります．ただし，強化液消火剤を棒状にして放射した場合，油火災では油が飛散して危険であり，電気火災では感電するおそれがあり危険です.
	2. ○	

問題 3 次の消火剤のうち，油火災および電気設備の火災のいずれにも適する組合せとして，次のうち正しいものに○，誤っているものに×を付けよ.

1. 炭酸水素塩類が成分の消火粉末，リン酸塩類が成分の消火粉末，二酸化炭素.	⊗
2. 棒状放射の水，泡.	⊗

解答	1. ○	泡は油火災には有効ですが，電気設備の火災には泡を伝って感電するおそれがあるため使用不可です．水は油火災の場合，燃えている油が水に浮いて炎が拡大するため使用不可です．また，水は電気設備の火災には，泡と同様感電のおそれがあるため使用は不適切です.
	2. ×	

3編 基礎的な物理学および基礎的な化学

2章 基本的な物理学とは

物質の三態って覚えるのが難しいんですよね…
何か覚えるコツはありますか??
このように手を使うと覚えやすいよ!
ぎゅーっと 凝固!
ぱっと 融解
ひらひら上へ 気化(蒸発)
顔も合わせて動かすと効果的ね!
これならわかりやすいです!
この勢いで物理学を学習しよう!

3編 2-1

熱量と比熱と熱容量
～漢字から意味を連想!?～

熱量と比熱と熱容量

熱量とは，物質の温度が変化するとき，物質にたくわえられたり，放出されたりする熱の大きさのことです．単位はJ（ジュール）で表し，次の式で求めます．

熱量 Q	=	比熱 c	×	質量 m	×	上昇した温度 t
〔J〕		〔J/g·K〕		〔g〕		〔℃〕

覚えるコツ　簡単に漢字から考えると **熱量＝熱の量**のこと

比熱とは，**物質1gの温度**を1K（ケルビン）（℃）だけ上昇させるのに必要な熱量をいい，単位はJ/g·Kで表します．同じ重さの物質を同じように加熱しても温度上昇の度合いが異なるのは比熱が異なるためです．比熱が大きい物質は温まりにくく冷めにくくなります．比熱は次の式で求めます．

比熱 c	=	熱容量	÷	質量 m
〔J/g·K〕		〔J/K〕		〔g〕

熱容量の式を比熱の式に変形

熱容量とは，**物体の温度**を1K（ケルビン）（℃）だけ上昇させるのに必要な熱量をいい，次の式で求めます．

熱容量 C	=	比熱 c	×	質量 m
〔J/K〕		〔J/g·K〕		〔g〕

参考
温度の下限（－273.15℃）を絶対零度（0K）といい，単位をK（ケルビン）で表します．

歌って覚える！

暗記 熱量の計算式を暗記

歌詞 熱（あっつー）量（しまった）＝$c \cdot m \cdot t$（あっつーしまった やけどしたー）

熱量の式に熱容量の式がある → 熱容量＝$c \cdot m$

※ ・は掛け算

暗記 比熱の定義

ある物質1gの温度を1K（ケルビン）（℃）だけ上昇させるのに必要な熱量

【例】比熱が小さい とくれば 温まりやすく，冷めやすい ＝ 鉄や銅

比熱が大きい とくれば 温まりにくく，冷めにくい ＝ 水

暗記 熱容量の定義

ある物体の温度を1K（℃）だけ上昇させるのに必要な熱量

覚えるコツ

比熱は　1gを　1K（℃）上げるための熱量

熱容量は　物体全体を　1K（℃）上げるための熱量

【共通ワード】1K（℃）上げるための熱量

解いてみよう

重要度 ★★

熱容量についての説明として，次のうち正しいものはどれか．

1. 物体の温度を 1 K（ケルビン）だけ上昇させるのに必要な熱量である．
2. 容器の比熱のことである．
3. 物体に 1 J（ジュール）の熱を与えたときの温度上昇率のことである．
4. 物質 1 kg の比熱のことである．
5. 比熱に密度を乗じたものである．

攻略の 2 ステップ

① **比熱** とくれば **1 g を 1 K（ケルビン）上げる熱量**
　熱容量 とくれば **物体全体 を 1 K 上げる熱量**

② **イラストで比熱と熱容量をイメージしよう**

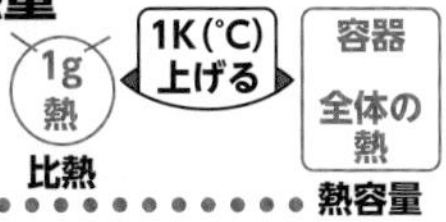

解説

熱容量とは，物体の温度を 1 K（ケルビン）だけ上昇させるのに必要な熱量をいいます．

解答　1

解いてみよう

重要度 ★★

0℃のある液体 100 g に 12.6 kJ（キロジュール）の熱量を与えたら，この液体の温度は何℃になるか．ただし，この液体の比熱は 2.1J/(g・K) とする．

1. 40℃　2. 45℃　3. 50℃　4. 55℃　5. 60℃

解説

0℃の液体に熱量を与えて温度が何度になったか知りたいため，熱量の式から温度差を求めればいいことが分かります．

熱量 Q〔J〕＝比熱 c〔J/(g・K)〕×質量 m〔g〕×温度差 t〔℃〕の式を用います．

単位をそろえるために単位の換算をすると，

熱量 $Q = 12.6\ \mathrm{kJ} = 12.6 \times 1\,000\ \mathrm{J} = 12\,600\ \mathrm{J}$ です．

$$Q = c \times m \times t$$
$$12\,600 = 2.1 \times 100 \times t$$
$$12\,600 = 210 \times t$$
$$210\,t = 12\,600$$
$$t = 12\,600/210$$
$$t = 60℃$$

解答　5

左ページの歌詞を覚えれば計算できるね！

3編 2-2 熱の移動（伝導・対流・放射）～ワードはたったの３つ～

熱の移動の仕方には，伝導，対流，放射（ふく射）の３つがあります．単語の意味を絵を見て頭でイメージして覚えましょう．

絵を見て覚えよう

伝導とは

物質中を伝わって移動する現象を伝導といい，伝導による熱の移動のしやすさを表す数値を熱伝導率といいます．数値が大きいほど熱が伝わりやすく，小さいものほど熱が伝わりにくいため熱がたまり燃えやすくなります．なお，電気伝導率は，物質中における電気の通しやすさを表しています．

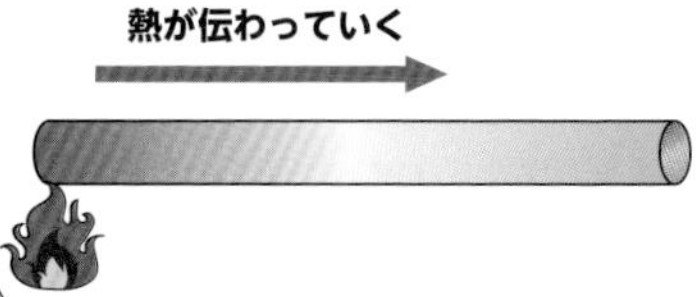

熱伝導率の大きい順（熱が伝わりやすい物質順）

伝わりやすい　銅＞アルミニウム＞水＞木材＞空気　伝わりにくい

対流とは

気体や液体が熱せられると，軽くなり上へ移動し，冷たい部分が下降するため上下が入れ替わるように動きます．この動きのことを対流といいます．

放射（ふく射）とは

高温の物体が放射熱を出して，他の物体に熱を与える現象を放射といいます．

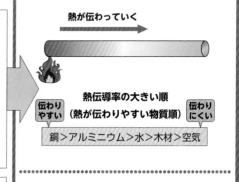

ストーブの熱　　太陽の熱

歌詞

やすさがうりの　熱伝導♪
小さいものほど　たまって燃える♪
温まると　ぷかぷか　浮かび
冷たい部分が降下し　対流♫
ストーブあちち　太陽ぎらぎら放射熱♪

（熱伝導率は伝わりやすさの数値
熱伝導率が小さいほど燃えやすい）
（温まると上へ移動し
冷たい部分が下がることが対流）
（高温の物体が　放射熱を出す）

解いてみよう

重要度 ★

熱伝導率が最も小さいものは，次のうちどれか．

1．アルミニウム　2．水　3．木材　4．銅　5．空気

攻略の 2 ステップ

① **伝導率** とくれば **○○しやすさ　を表す数値**

② **金属は熱を伝えやすく，空気は熱を伝えにくい**

解説　選択肢の物質を熱伝導率の大きい順に並べると，銅＞アルミニウム＞水＞木材＞空気となります．よって，選択肢の物質で熱伝導率の最も小さい（熱を伝えにくい）ものは**空気**です．

解答　5

解いてみよう

重要度 ★★

次の文の（　）内の A および B に当てはまる語句の組合せとして，正しいものはどれか．

「物体と熱源との間に液体が存在するときには，液体は一般に温度が高くなると比重が小さくなるので上方に移動し，それによって物体に熱が伝わる．これが（A）による熱の伝わり方である．しかし，熱源と物体との間に何もなく真空である場合にも熱は伝わる．太陽により地上の物体が温められて温度が上がるのはこの例であって，このような熱の伝わり方を（B）と呼ぶ．」

1．A　対流　B　伝導　　2．A　伝導　B　放射

3．A　伝導　B　対流　　4．A　対流　B　放射

5．A　放射　B　伝導

解説　流体の流れによって熱が伝えられる現象のことが**対流**で，離れた物体間において熱が伝わることが**放射**です．

解答　4

左ページのイラストを見て
イメージしよう！

3編 2-3 熱膨張（線膨張・体膨張）～液温上がると量が増える!?～

熱膨張

物体に熱を加えると長さや体積が変化する現象を熱膨張といいます．長さが伸びる現象を線膨張，体積が増加する現象を体膨張といいます．

気体，液体，固体の熱膨張

気体 気体は，1℃上がるごとに約273分の1ずつ体積が増えます．気体の膨張は，圧力に反比例し，温度に比例します．

液体 一般に液体は，温度が高くなると体積が増えるため，密度は小さくなります．水の場合は約4℃において密度が最大となり，そこから上がると小さくなります．※重いものは「密度が大きい」，軽いものは「密度が小さい」

固体 固体の体膨張率は，固体の線膨張率の3倍です．

液体の体膨張

1℃上昇
容器にガソリンを空間容積なしでいれると…
体膨張した分だけあふれだす

液体の危険物の貯蔵環境にもよりますが，気温が上昇すると液温も上昇します．液温が上昇すると，体膨張により体積が増加します．その体積が増えた分で容器が破損するのを防ぐために，収納する容器には空間容積（すき間）が必要です．液体の温度が1℃上昇するごとに増加する体積の割合を体膨張率といいます．体膨張した体積〔ℓ〕は次の式で求められます．

体膨張した体積〔ℓ〕＝元の体積×体膨張率×温度差

【例題】内容積1,000ℓのタンク内を満たしている液温15℃のガソリンを35℃まで上げた場合，タンク外に流出する量は何ℓか答えよ．
ただし，ガソリンの体膨張率は$1.35\times10^{-3}\mathrm{K}^{-1}$とする．

【解説】体膨張した体積〔ℓ〕＝元の体積×体膨張率×温度差　の式より求めます．
温度差は35℃－15℃＝20℃より
体膨張した体積〔ℓ〕＝元の体積1,000ℓ×体膨張率$1.35\times10^{-3}\mathrm{K}^{-1}$×温度差20℃
＝27ℓ　よって，タンク外に流出する量は27ℓになります．

歌詞 冷たいものが　あったまったら♪　量　増えたたたの　体膨張♬
（物体の温度が上がることで体積が増えることを体膨張という）

1K（ケルビン）上昇するのと，温度が1℃上昇するのとでは同じだけの温度が上昇することになるため，分かりやすくK=℃と考えるといいよ．

解いてみよう

重要度 ★★

タンクや容器に液体の危険物を入れる場合，空間容積を必要とするのは，次のどの現象と関係があるか．

1．酸化　2．還元　3．蒸発　4．熱伝導　5．体膨張

攻略の 2 ステップ

① **液温が上がって体積が増える現象は体膨張**

② **体膨張 とくれば 空間容積が必要**

解説

タンクや容器に液体の危険物を入れる場合，液温が高くなると**体膨張**するため，容器には空間容積が必要です．

解答 5

解いてみよう

重要度 ★

物質の熱膨張について，次のうち正しいものはどれか．

1．固体は，1℃上がるごとに約 273 分の 1 ずつ体積を増やす．
2．水の密度は，約 4℃において最大となる．
3．固体の体膨張率は，気体の体膨張率の 3 倍である．
4．気体の膨張は，圧力に関係するが温度の変化には関係しない．
5．一般に液体は，温度が高くなるにつれて密度が大きくなる．

解説

× 1．（×固体）は，1℃上がるごとに約 273 分の 1 ずつ体積を増やす．
　➡（○気体）
○ 2．水の密度は，約 4℃において最大となる．　➡正しい
× 3．固体の体膨張率は，（×気体の体膨張率）の 3 倍である．
　➡（○固体の線膨張率）
× 4．気体の膨張は，（×圧力に関係するが温度の変化には関係しない）．
　➡（○圧力に反比例し，温度に比例して大きくなる）
× 5．一般に液体は，温度が高くなるにつれて密度が（×大きく）なる．
　➡（○小さく）

解答 2

3編 2-4 物質の状態変化 ～手でラクラク暗記～

物質の三態（物理変化）

同じ物質でも温度や圧力により，固体，液体，気体と変化します．この３つの状態を物質の三態（さんたい）といいます．各状態間の状態変化を相変化といい，それぞれ次に示す名称があります．

❶ 凝固（液体→固体）
液体が固体に変わることで，この温度を凝固点という．
❷ 融解（固体→液体）
固体が液体に変わることで，この温度を融点という．
❸ 蒸発（液体→気体）
液体が気体に変わることで，この温度を沸点という．
❹ 凝縮（気体→液体）
気体が液体に変わることで，液化ともいう．
❺ 昇華（固体→気体）
固体が直接気体に変わること．ドライアイスなどがある．
❻ 昇華（気体→固体）
気体が固体に変わることも昇華という．

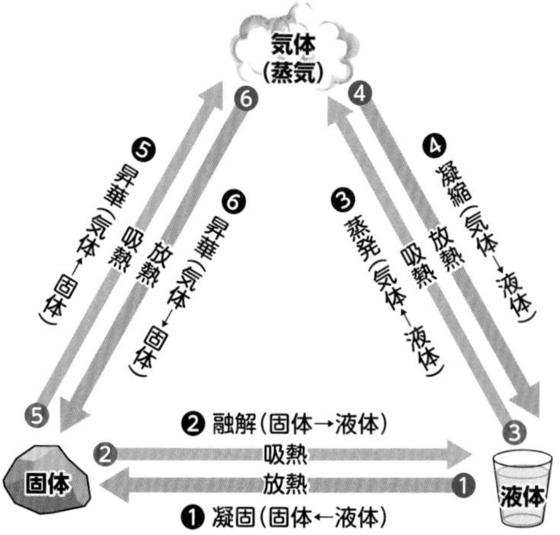

水の状態図

試験では水の状態を表した図も出題される可能性があります．横軸に温度，縦軸に圧力を表しており，温度や圧力が変化するときの水の状態を表したものです．右図を見て覚えましょう．

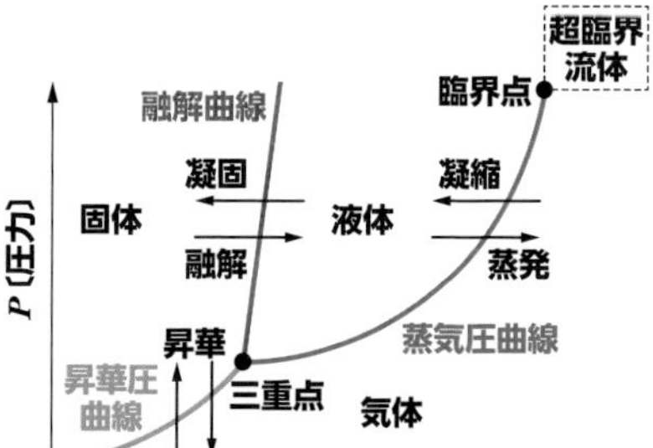

風解（ふうかい）と潮解（ちょうかい）

風解
結晶水（結晶をつくるための水分）を含む固体が水分を失ってサラサラの粉末状になる現象を風解といいます．
例）炭酸ナトリウムの結晶
　　硫酸ナトリウムの結晶

歌詞 ♪ 風解サラサラ ♪

潮解
固体の物質が空気中の水分を吸収してベトベトと溶ける現象を潮解といいます．
例）塩化マグネシウム（にがりの主成分）
　　水酸化ナトリウム（苛性ソーダ）

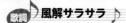

歌詞 ♪ 潮解ベトベト ♪

解いてみよう

重要度 ★

物質の三態の変化のうち，気体から液体に変化することはどれか．

1．凝固　2．融解　3．蒸発　4．昇華　5．凝縮

攻略の 2 ステップ

① 物質の三態の変化を覚える

② 覚えるコツのように手を使って暗記

歌詞 ♪物質の三態変化は　物理変化♪
ぎゅーっと　凝固，ぱっと　融解，ひらひら上へ　気化蒸発

解説 気体から液体に変化することを**凝縮**といいます．

解答 5

解いてみよう

重要度 ★★

図は，水の状態図を示している．図中の A，B，C それぞれの状態について，次のうち正しいものの組合せはどれか．なお，1 気圧は 1.013×10^5 Pa である．

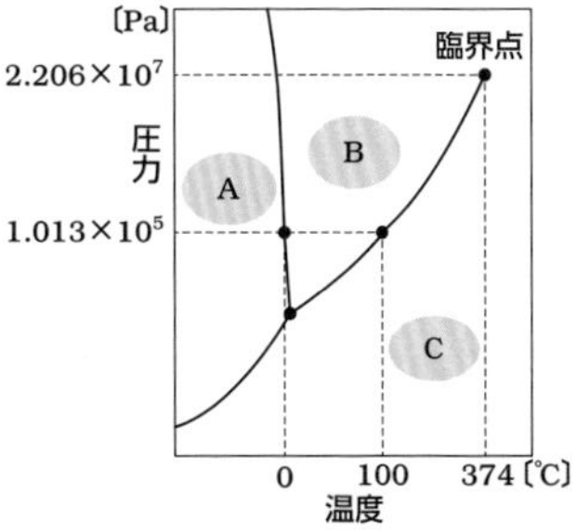

1．A　気体　B　液体　C　固体
2．A　液体　B　気体　C　固体
3．A　液体　B　固体　C　気体
4．A　固体　B　気体　C　液体
5．A　固体　B　液体　C　気体

解説 図中の A は**固体**，B は**液体**，C は**気体**です．

解答 5

沸　点 ～沸点は絵で覚える～

液体の飽和蒸気圧は，温度の上昇とともに**増大**します．その圧力が大気の圧力に等しくなるときの**温度**を沸点といいます．したがって，大気の**圧力**が低いと沸点も低くなります．沸点について絵を見て頭でイメージして覚えましょう．

絵を見て覚えよう

沸点（ふってん）とは

液体の飽和蒸気圧が外圧と等しくなるときの液温

例）水の沸点は 1 気圧で 100℃

融点（ゆうてん）とは　反対語 凝固点（液体➡固体）

固体が溶けて液体になるときの温度

例）水の融点は 0℃

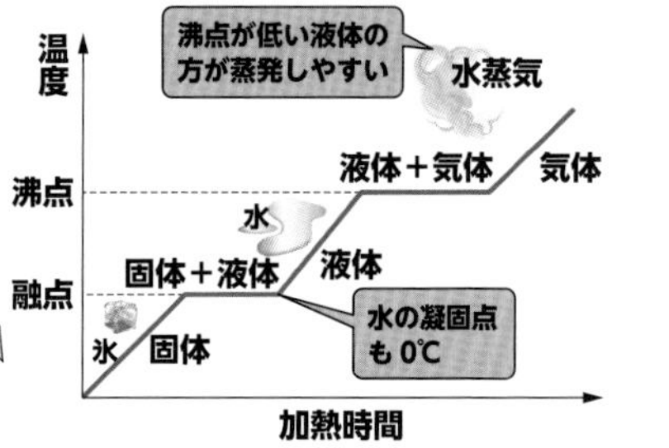

沸点の加圧と減圧

沸点は外圧が高くなれば高くなり，外圧が低くなれば低くなる

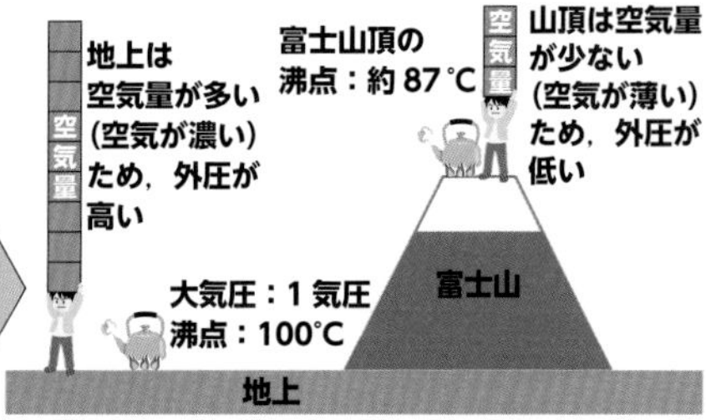

水に食塩を溶かして沸騰

1 気圧のとき水に食塩を溶かすと沸点は，100℃より高くなる

※不純物が入ると沸点は高くなる

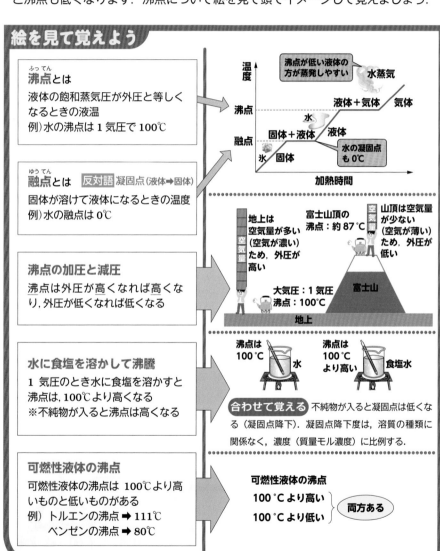

合わせて覚える 不純物が入ると凝固点は低くなる（凝固点降下）．凝固点降下度は，溶質の種類に関係なく，濃度（質量モル濃度）に比例する．

可燃性液体の沸点

可燃性液体の沸点は 100℃より高いものと低いものがある

例）トルエンの沸点 ➡ 111℃

　　ベンゼンの沸点 ➡ 80℃

可燃性液体の沸点

100 °C より高い
100 °C より低い
} 両方ある

解いてみよう　重要度 ★

沸点に関する説明として，次のうち正しいものはどれか．

1. 沸点の高い液体ほど蒸発しやすい．
2. 水に食塩を溶かした溶液の 1 気圧における沸点は，100℃より低い．
3. 沸点は，外圧が高くなれば低くなる．
4. 可燃性の液体の沸点は，いずれも 100℃より低い．
5. 水の沸点は，1 気圧において 100℃である．

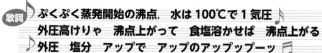

攻略の 2 ステップ

① **沸点のポイントを歌って覚える**
② **「高い」か「低い」か注意**

歌詞
♪ぷくぷく蒸発開始の沸点，水は 100℃で 1 気圧♪
外圧高けりゃ　沸点上がって　食塩溶かせば　沸点上がる
♪外圧　塩分　アップで　アップのアップップーッ♫

解説

1. 沸点の（×高い）液体ほど蒸発しやすい．➡（○低い）
2. 水に食塩を溶かした溶液の 1 気圧における沸点は，100℃より（×低い）．➡（○高い）
3. 沸点は，外圧が高くなれば（×低く）なる．➡（○高く）
4. 可燃性の液体の沸点は，（×いずれも 100℃より低い．）
   ➡（○ 100℃より高いものと低いものがある）
5. 水の沸点は，1 気圧において 100℃である．➡正しい

解答　**5**

解いてみよう　重要度 ★

次の（　）内の A～C に当てはまる語句の組合せとして，正しいものはどれか．

「液体の飽和蒸気圧は，温度の上昇とともに(A)する．その圧力が大気の圧力に等しくなるときの(B)が沸点である．大気の(C)が低いと沸点も低くなる.」

1. A　減少　　B　温度　　C　圧力
2. A　増大　　B　湿度　　C　温度
3. A　減少　　B　圧力　　C　温度
4. A　増大　　B　温度　　C　圧力
5. A　減少　　B　圧力　　C　湿度

解説

液体の飽和蒸気圧は，温度の上昇とともに**増大**します．その圧力が大気の圧力に等しくなるときの**温度**を沸点といいます．したがって，大気の**圧力**が低いと沸点も低くなります．

解答　**4**

乙種の試験は5択だけど2択で問題に慣れよう

●練習問題1（熱量）

問題1 熱に関する一般的な説明について，次のうち正しいものに○，誤っているものに×を付けよ．

1．熱伝導率の大きな物質は，熱を伝えやすい．	⊗
2．比熱が小さい物質は，温まりにくく冷めにくい．	⊗

解答		
	1．○	熱伝導率とは，熱の伝えやすさを規定する物理量なので，熱伝導率が大きければ熱は伝えやすいことになります．比熱とは1gあたりの物質の温度を1℃あげるのに必要な熱量のことで，比熱が小さいと温まりやすく冷めやすくなります．
	2．×	

問題2 ある液体200gを10℃から35℃まで高めるのに必要な熱量として，次のうち正しいものに○，誤っているものに×を付けよ．ただし，この液体の比熱は1.26 J/(g・K) とする．

1．6.3 kJ	⊗
2．12.5 kJ	⊗

解答		
	1．○	問題文の比熱〔J/(g·K)〕の単位から熱量〔J〕の式を考えてみましょう．比熱の単位より熱量を求めるには比熱 J/(g・K) に質量〔g〕と絶対温度〔K〕(ここでは温度差〔℃〕) を掛算すると熱量〔J〕が求まります． よって，熱量〔J〕＝比熱〔J/(g・K)〕×質量〔g〕×温度差〔℃〕 熱量〔J〕＝ 1.26 J/(g・K)× 200 g ×(35 − 10)℃ 熱量〔J〕＝ 6 300 J（※ kJに単位を換算するため÷1 000 します） ＝ 6.3 kJとなります．
	2．×	

問題3 比熱が c，質量が m の物質の熱容量 C を表す式として，次のうち正しいものに○，誤っているものに×を付けよ．

1．$C = c \cdot m$	⊗
2．$C = m/c$	⊗

解答		
	1．○	熱容量 C を表す式は，$C = c \cdot m$ です．
	2．×	

練習問題２（熱の移動）

問題１ 次の文の（　）内のＡおよびＢに当てはまる語句の組合せとして，次のうち正しいものに○，誤っているものに×を付けよ．

「物体と熱源との間に液体が存在するときには，液体は一般に温度が高くなると比重が小さくなるので上方に移動し，それによって物体に熱が伝わる．これが（A）による熱の伝わり方である．しかし，熱源と物体との間に何もなく真空である場合にも熱は伝わる．太陽により地上の物体が温められて温度が上がるのはこの例であって，このような熱の伝わり方を（B）と呼ぶ．」

1. A　対流　　B　放射	
2. A　放射　　B　伝導	

解答		
	1. ○	対流とは，熱せられた流体が上部へ移動し，周囲の低温の流体が流れ込むことを繰り返す現象のことをいいます．例えば水を入れたなべを例にとって説明すると，水を入れたなべを下からコンロで熱すると，下の方の水が温められます．温められた水は体積が膨張し浮力によって上昇し，上の方の冷たい水は下降します．このような熱の伝わり方を対流といい，Aには対流が入ります．太陽により地上の物体が温められて温度が上がることを放射といいます．
	2. ×	

問題２ 熱の移動について，次のうち正しいものに○，誤っているものに×を付けよ．

1. ガスコンロで水を沸かすと，水が表面から温かくなるのは熱の伝導によるものである．	
2. 冷却装置で冷やされた空気により，室内全体が冷やされるのは，熱の対流によるものである．	

解答		
	1. ×	ガスコンロで水を沸かすと，水が表面から温かくなるのは対流です．伝導とは，物体内を熱あるいは電気が移動する現象のことをいいます．
	2. ○	

練習問題3（熱膨張）

問題 1 内容積 1,000 ℓ のタンクに満たされた液温 15℃のガソリンを 35℃まで温めた場合，タンク外に流出する量として，次のうち正しいものに○，誤っているものに×を付けよ．ただし，ガソリンの体膨張率を $1.35 \times 10^{-3}\ \mathrm{K}^{-1}$ とし，タンクの膨張およびガソリンの蒸気は考えないものとする．

1. 6.75 ℓ	⊗
2. 27.0 ℓ	⊗

解答		
	1. ×	物体を温めると熱により物体の体積が膨張します．温度が 1℃上昇したとき，最初の体膨張率が $1.35 \times 10^{-3}\ \mathrm{K}^{-1}$ の意味に対する膨張した体積の割合を体膨張率といいます．ガソリンの場合は，1 ℓ のガソリンの温度が 1℃上昇すると，0.00135 ℓ 体積が膨張するということです．問題文より温度差を求めると，35℃－15℃＝ 20℃…20℃上昇した．増加する体積＝元の体積×体膨張率×温度差より $1\,000 \times 0.00135 \times 20 = 27$ ℓ　となり，増加した 27.0 ℓ がタンク外に流出したことになります．
	2. ○	

問題 2 物質の物理的性質について，次のうち正しいものに○，誤っているものに×を付けよ．

1. 水の密度は，約 4℃において最大となる．	⊗
2. 気体の膨張は，圧力に関係するが温度の変化には関係しない．	⊗

解答		
	1. ○	水の密度は，約 4℃において最大となり，そこから温度が上がるにつれて密度がだんだん小さくなります．気体の膨張は，圧力に反比例し，温度の変化に比例します．
	2. ×	

問題 3 容器に空間容積を必要とする理由として，次のうち最も関係があるものに○，そうではないものに×を付けよ．

1. 容器の体膨張による容器の破損を防ぐため．	⊗
2. 収納されている物質の体膨張による容器の破損を防ぐため．	⊗

解答		
	1. ×	容器ではなく収納されている物質が体膨張します．
	2. ○	

練習問題4（物質の状態変化）

乙種の試験は5択だけど2択で問題に慣れよう

問題1 物質の状態変化について，次のうち正しいものに○，誤っているものに×を付けよ．

1. 一般に融点は沸点よりも高い．	⊗
2. 気体が液体になることを凝縮という．	⊗

解答	1. ×	融点とは，固体が液体に変化する温度のことです．沸点は液体が気体に変化する温度のことです．わかりやすく水を例に考えると，氷が水に変化する温度が融点で，水が水蒸気に変化する温度のことを沸点といいます．よって，一般的に融点は沸点よりも低くなります．なお，気体が液体になることを凝縮や液化といいます．
	2. ○	

問題2 次の文の（　）内のAおよびBに当てはまる語句の組合せとして，次のうち正しいものに○，誤っているものに×を付けよ．

「一般に，溶液の凝固点は，純粋な溶媒の凝固点より低くなる．これを溶液の凝固点降下といい，純粋な溶媒と溶液の凝固点との差を凝固点降下度という．希薄溶液の凝固点降下度は，（A）の種類に無関係で，溶液中の溶質の質量モル濃度に（B）する．」

1. A　溶液　　B　反比例	⊗
2. A　溶質　　B　比例	⊗

解答	1. ×	凝固点は液体を冷却したとき固体に変化する温度で，水を例に考えると，水は0℃で凍るため，0℃が水の凝固点になります．これに塩を加えた塩水の場合，0℃よりさらに低い温度でないと凍らなくなります．このように，凝固点が下がることを凝固点降下といいます．溶液の場合，溶媒が先に凝固するので，溶液の濃度は次第に濃くなるため，濃度に比例して凝固点降下が起こります．以上のことから，希薄溶液の凝固点降下度は，溶質の種類に関係なく，濃度（質量モル濃度）に比例します．
	2. ○	

●練習問題5（沸点）

問題 1 沸点に関する説明として，次のうち正しいものに○，誤っているものに×を付けよ.

1. 水に食塩を溶かした溶液の１気圧における沸点は，100℃より低い.	○×
2. 水の沸点は，１気圧において100℃である.	○×

解答		
	1. ×	純粋な水は１気圧において100℃で沸騰するため，沸点は100℃です．純粋な水に食塩を溶かし食塩水とした場合，沸点は100℃より高くなります.
	2. ○	

問題 2 蒸気圧と沸点に関する説明として，次のうち正しいものに○，誤っているものに×を付けよ.

1. 一般に液体の温度が高くなると，蒸気圧は低くなる.	○×
2. 沸点は，液体の蒸気圧が外圧に等しくなり，沸騰が起こる温度である.	○×

解答		
	1. ×	一般に純物質の液体は温度が高くなると蒸気の圧力（蒸気圧）も高くなります．沸点は，液体の蒸気圧が外圧に等しくなり，沸騰が起こる温度のことをいいます．なお，外圧が高くなると沸点は上がり，外圧が低くなると沸点は下がります.
	2. ○	

問題 3 沸点に関する説明として，次のうち正しいものに○，誤っているものに×を付けよ.

1. 沸点が高い液体ほど蒸発しやすい.	○×
2. 沸点とは，液体の飽和蒸気圧と外圧とが等しくなったときの液温をいう.	○×

解答		
	1. ×	沸点が高い液体ほど蒸発しにくくなります.
	2. ○	

3編 基礎的な物理学および基礎的な化学

3章●基本的な化学とは

水平，リーベ，僕の船，七曲がり，シップス，
クラークか
これは何かわかるかな??

これ聞いたことあります!
化学の周期表を覚える時のゴロ合わせですね!

その通り!化学で学ぶ水（H_2O）とか二酸化
炭素（CO_2）のように，周期表にある元素
が関係してくるからしっかりと覚えよう!

化学も覚えることが多いけど，イラスト
と歌を使えば暗記はバッチリよ!

3編 3-1

物質の種類 ～単体，化合物，混合物の 3 種類がある !?～

単体 ⬅ 1 つの元素からなる物質のこと

元素を表すのに用いる記号を元素記号といい，下記の周期表にまとめられています．また，同じ 1 種類の元素からできているにもかかわらず，性質の異なる単体を同素体(どうそたい)といいます．

> 覚えるコツ　周期表の物質は 1 つの元素でできているため『単体』

［例］ **単体**　水素 H_2，炭素 C，酸素 O_2，ナトリウム Na，アルミニウム Al，リン P，硫黄 S，鉄 Fe，亜鉛 Zn，水銀 Hg

同素体(1 種類の元素でできているため単体)

炭素(C)の同素体…ダイヤモンド(C)，黒鉛(C)

酸素(O)の同素体…酸素(O_2)，オゾン(O_3)

硫黄(S)の同素体…斜方(しゃほう)硫黄(S_8)，単斜(たんしゃ)硫黄（S_8），ゴム状硫黄(S_X)

リン(P)の同素体…黄(おう)リン(P)，赤(せき)リン(P)

化合物 ⬅ 2 種類以上の元素が結合した物質のこと

［例］ **化合物**　水 H_2O，二酸化炭素 CO_2，硝酸 HNO_3
硫酸マグネシウム $MgSO_4$，メタノール CH_3OH，エタノール C_2H_5OH，
メタン CH_4，プロパン C_3H_8，アルミナ Al_2O_3 ⬅酸化アルミニウムのこと，
食塩 NaCl ⬅塩化ナトリウムのこと

混合物 ⬅ 2 種類以上の物質が化学結合せずに混ざり合うもの

> 覚えるコツ　石油類，食塩水，空気の 3 つの混合物が出題頻度(多)

［例］ **混合物**　石油類（ガソリン，灯油，軽油，重油，石油）
空気⬅窒素 N，酸素 O_2，アルゴン Ar，二酸化炭素 CO_2 などが混ざっている
海水や食塩水⬅食塩 NaCl と水 H_2O の化合物と化合物が混ざっている
ガラス，セルロイド

> 覚えるコツ　H から Ca までの有名なゴロ合わせがある
> **水兵，リーベ，僕の船，七曲がり，シップス，クラークか**

周期表(一部抜粋)

※中性子の数=質量数−陽子の数

原子番号(陽子の数) — 1
原子記号 — H
原子量(質量数) — 1
元素の名前 — 水素

	1族	2族	3族	4族	5族	6族	7族	8族	9族	10族	11族	12族	13族	14族	15族	16族	17族	18族
1周期	1 H 1 水素																	2 He 4 ヘリウム
2周期	3 Li 7 リチウム	4 Be 9 ベリリウム											5 B 11 ホウ素	6 C 12 炭素	7 N 14 窒素	8 O 16 酸素	9 F 19 フッ素	10 Ne 20 ネオン
3周期	11 Na 23 ナトリウム	12 Mg 24 マグネシウム											13 Al 27 アルミニウム	14 Si 28 ケイ素	15 P 31 リン	16 S 32 硫黄	17 Cl 35 塩素	18 Ar 40 アルゴン
4周期	19 K 39 カリウム	20 Ca 40 カルシウム	21 Sc 45 スカンジウム	22 Ti 48 チタン	23 V 51 バナジウム	24 Cr 52 クロム	25 Mn 55 マンガン	26 Fe 56 鉄	27 Co 59 コバルト	28 Ni 59 ニッケル	29 Cu 64 銅	30 Zn 65 亜鉛	31 Ga 70 ガリウム	32 Ge 73 ゲルマニウム	33 As 75 ヒ素	34 Se 79 セレン	35 Br 80 臭素	36 Kr 84 クリプトン
5周期	37 Rb 85 ルビジウム	38 Sr 88 ストロンチウム	39 Y 89 イットリウム	40 Zr 91 ジルコニウム	41 Nb 93 ニオブ	42 Mo 96 モリブデン	43 Tc (99) テクネチウム	44 Ru 101 ルテニウム	45 Rh 103 ロジウム	46 Pd 106 パラジウム	47 Ag 108 銀	48 Cd 112 カドミウム	49 In 115 インジウム	50 Sn 119 スズ	51 Sb 122 アンチモン	52 Te 128 テルル	53 I 127 ヨウ素	54 Xe 132 キセノン
6周期	55 Cs 133 セシウム	56 Ba 137 バリウム	ランタノイド 57～71	72 Hf 178 ハフニウム	73 Ta 181 タンタル	74 W 184 タングステン	75 Re 186 レニウム	76 Os 190 オスミウム	77 Ir 192 イリジウム	78 Pt 195 白金	79 Au 197 金	80 Hg 201 水銀	81 Tl 204 タリウム	82 Pb 207 鉛	83 Bi 209 ビスマス	84 Po (210) ポロニウム	85 At (210) アスタチン	86 Rn (222) ラドン

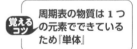

解いてみよう

重要度★★

単体，化合物および混合物について，次のうち誤っているものはどれか．

1. 水は，電気分解により酸素と水素に分解するので化合物である．
2. 硫黄やアルミニウムは，1 種類の元素からできているので，単体である．
3. ガソリンは，種々の炭化水素の混合物である．
4. 食塩水は，食塩と水の化合物である．
5. 赤リンと黄リンは，単体である．

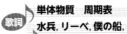

攻略の2ステップ

① **単体，化合物，混合物を歌って覚える**

② **化合物に化合物を加えたら混合物**

歌詞

単体物質　周期表

水兵，リーベ，僕の船，

七曲がり，シップス，クラークか

化合物なら 2 種類(以上)結合

ごちゃごちゃ混ざった　混合物

解説

食塩水は，食塩（塩化ナトリウム NaCl）と水（H_2O）の化合物と化合物が混ざり合っているため，混合物です．

解答 4

解いてみよう

重要度★★

単体，化合物および混合物について，次のうち正しいものはどれか．

	単体	化合物	混合物
1.	赤リン	水	硫黄
2.	炭素	二酸化炭素	重油
3.	エタノール	鉄	メタン
4.	軽油	空気	灯油
5.	プロパン	アルミニウム	酸素

解説

	単体	化合物	混合物
1.	赤リン P	水 H_2O	硫黄 S ⬅単体
2.	炭素 C	二酸化炭素 CO_2	重油
3.	エタノール C_2H_5OH ⬅化合物	鉄 Fe ⬅単体	メタン CH_4 ⬅化合物
4.	軽油 ⬅混合物	空気 ⬅混合物	灯油
5.	プロパン C_3H_8 ⬅化合物	アルミニウム Al ⬅単体	酸素 O_2 ⬅単体

よって，3 つとも○が付く「2」となります．

解答 2

3-2 物質量 mol の計算 ～mol(モル)の理解が第一歩～

この章では物質量 mol について絵を見て頭でイメージして覚えましょう.

絵を見て覚えよう

物質量 mol（モル）とは

物質の粒子（原子や分子等）の量を表す物理量のことで，単位には mol を用いる.

➡粒子の単位が mol(モル)

1 mol とは粒子（原子・分子など）を 6.0×10^{23} 個集めたものをいう.

➡ゴルフボール 12 個や鉛筆を 12 本集めたものを 1 ダースというように，粒子は小さすぎるため数は多いが 6.0×10^{23} 個集めたものを 1 mol という.

※アボガドロ定数＝6.0×10^{23} 個 /mol

※なお，「6.0×10^{23} 個」はアボガドロ定数といい，すべての気体は，同温・同圧では，同体積中に同数の分子を含むというアボガドロの法則を提唱した，アボガドロさんからその名が付けられている.

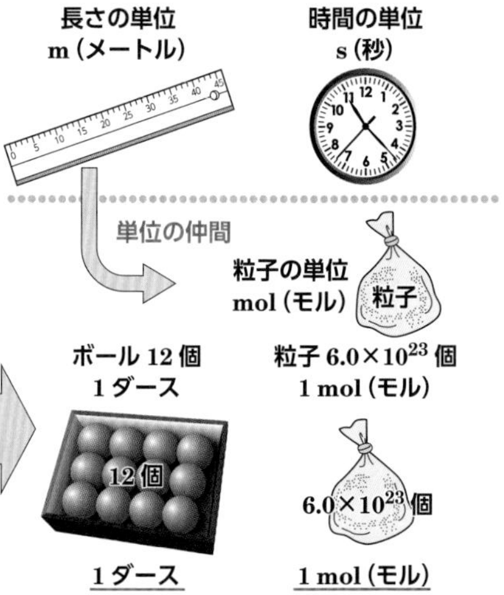

アボガドロ定数＝6.0×10^{23} 個 /mol
（同体積の気体 1mol あたり
6.0×10^{23} 個の粒子がある）

豆知識 △/■の読み方の例

燃費 10 km/ℓ …1 ℓ あたり 10 km 車が進む

風速 3 m/s …… 1s(秒)あたり 3 m 風 が進む

モル質量とは ➡1 mol の重さは？

1mol あたりの質量 g をいい，単位には，g/mol を用いる.

➡原子量 12（原子番号 12）の炭素 C は 1mol あたり 12 g あるということからモル質量は 12 g/mol

➡原子量が H：1，O：16 の水 H_2O のモル質量は $1\times2+16=18$ g/mol

モル質量 g/mol は……
原子量（原子番号）で求めることができる.

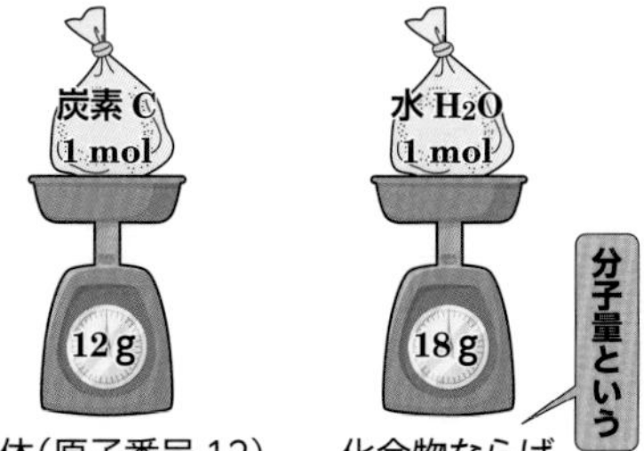

単体（原子番号 12）
モル質量 12 g/mol

化合物ならば
原子量の総和

絵を見て覚えよう

モル体積とは ➡気体 1 mol の体積は？

物質量 1 molの粒子が標準状態(0℃, 1 気圧)で占める気体の体積 ℓ のこと.

➡多くの気体は標準状態で 1 mol あたり 22.4 ℓ の体積を占める…22.4 ℓ /mol

➡2 mol になると 22.4 ℓ ×2＝44.8 ℓ

多くの気体(標準状態) 1 mol の体積…22.4 ℓ

標準状態(0℃, 1 気圧)のとき…

体積 22.4 ℓ　　体積 22.4 ℓ　　体積 44.8 ℓ

気体の密度とモル質量の関係

気体の密度は通常 1 ℓ あたりの質量 g のことで, 単位には g/ ℓ を用いる. 密度に 22.4 ℓ /mol を掛け算するとモル質量 g/mol を求めることができる.

➡単位で考えてみると

g/ ℓ × ℓ /mol＝g/mol

※固体や液体の密度の単位 kg/m³

気体の密度からモル質量を求めるには…

モル質量〔g/mol〕＝
気体の密度〔g/ ℓ 〕×22.4〔ℓ /mol〕

※つまり, 気体の密度 g/ ℓ に 1 mol あたり 22.4 ℓ の体積を掛け算すると 1 mol あたりの質量 g/mol を求めることができる.

物質量 mol の計算 ➡まとめ

物質量 mol× モル質量 g/mol＝質量 g

➡ $\cancel{mol} \times \frac{g}{\cancel{mol}} = g$

質量 g ÷ モル質量 g/mol＝物質量 mol

➡ $g \div \frac{g}{mol} = \cancel{g} \times \frac{mol}{\cancel{g}} = mol$

物質量 mol×6.0×10²³ 個 /mol＝ 粒子の個数

➡ $\cancel{mol} \times \frac{個}{\cancel{mol}} = 個$

粒子の個数 ÷6.0×10²³ 個 /mol＝物質量 mol

➡ $個 \div \frac{個}{mol} = \cancel{個} \times \frac{mol}{\cancel{個}} = mol$

物質量 mol×22.4 ℓ /mol＝気体の体積 ℓ

➡ $\cancel{mol} \times \frac{ℓ}{\cancel{mol}} = ℓ$

気体の体積 ℓ ÷22.4 ℓ /mol＝物質量 mol

➡ $ℓ \div \frac{ℓ}{mol} = \cancel{ℓ} \times \frac{mol}{\cancel{ℓ}} = mol$

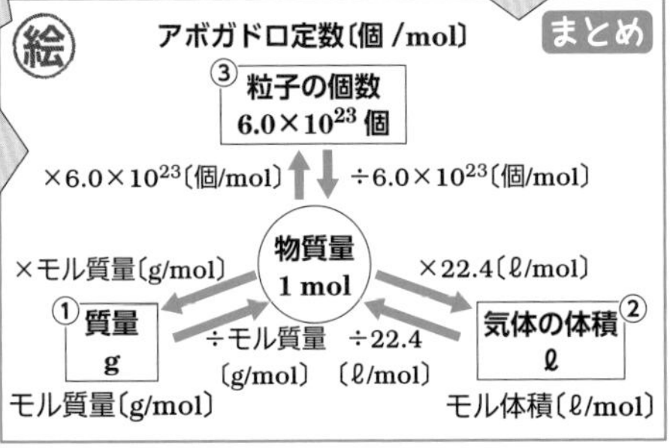

覚えるコツ　まん中に mol(モル), ① g グラム, ② ℓ リットル, ③個(コ)があるため,

人の名前のように,「×(ばつ)が ÷(わるい) なかもるぐりこ」と覚えて絵を書こう！

3編 3章 基本的な化学とは

3編

3-3 一酸化炭素と二酸化炭素とその他の元素 ～COとCO_2ではOで性状が変わる!?～

一酸化炭素COと二酸化炭素CO_2の性状の比較

一酸化炭素 ⇐ 無色無臭	二酸化炭素 ⇐ 無色無臭
毒性が強い ⇐ 一酸化炭素中毒	毒性が弱い
空気より軽い	空気より重い
液化しにくい	液化しやすい ⇐ 液化炭酸ガス
水に溶けにくい	水によく溶ける ⇐ 炭酸水(弱酸性)
燃える ⇐ 青い炎をあげて燃焼しCO_2になる	燃えない ⇐ 消火作用あり
不完全燃焼で生成 ⇐ O_2が少で生成	完全燃焼で生成 ⇐ O_2が多で生成

空気の性質

空気は混合物で，窒素N_2(約78%)と酸素O_2(約21%)のほか，アルゴンや二酸化炭素などを含んでいます．酸素が21%含まれているため，燃焼のときには酸素供給源となります．空気は混合気体なので，正確な分子量を測れないことから，蒸気比重を算出するときは，Nの原子量14とOの原子量16より，

N_2(約78%)：$14 \times 2 \times 0.78 = 21.84$

O_2(約21%)：$16 \times 2 \times 0.21 = 6.72$

$21.84 + 6.72 = 28.56 \fallingdotseq 29$　のように分子量29として扱います．

覚えるコツ　空気は窒素と酸素の混合物

覚えるコツ　窒素は水には溶けにくい

窒素N_2の性質

窒素は空気の成分では最も多く(約78%)含まれています．ほかに，アンモニウム塩，硝酸塩，タンパク質などとして生体中に含まれており，地球のほぼすべての生物に必須の元素です．高温，高圧では，他の元素と直接化合して，アンモニアや酸化窒素など多くの窒化物を作ります．液体窒素は，無色透明で流動性が大きい液体です．窒素は，水に溶けにくいですが，消火の際は有効に作用します．

酸素O_2の性質

酸素は常温常圧では無色無臭で，可燃物の燃焼を助ける性質(支燃性)をもつ気体ですが，酸素自体は燃えないため不燃性です．大気中には約21%含まれています．酸素は，触媒を利用して過酸化水素を分解して作ることができます．高温では，一部の貴金属や希ガス元素を除き，ほとんどすべての元素と反応します．酸素O_2の同素体として，オゾンO_3がありますが，性状は異なります．

歌詞♪ 酸素は燃えない四年生(支燃性)　二酸化炭素は不燃性　毒性ないけど窒息注意♪

解いてみよう 重要度 ★★

一酸化炭素と二酸化炭素に関する性状の比較について，次のうち誤っているものの組合せはどれか．

1. 一酸化炭素：毒性が強い　　二酸化炭素：毒性が弱い
2. 一酸化炭素：空気より重い　　二酸化炭素：空気より軽い
3. 一酸化炭素：液化しにくい　　二酸化炭素：液化しやすい
4. 一酸化炭素：水に溶けにくい　　二酸化炭素：水によく溶ける
5. 一酸化炭素：燃える　　二酸化炭素：燃えない

攻略の 2 ステップ

① 一酸化炭素 CO と二酸化炭素 CO_2 では性状が異なる
② 一酸化炭素と二酸化炭素を比較しながら暗記

解説　一酸化炭素 CO は空気より軽く，二酸化炭素 CO_2 は空気より重いです．

解答　2

解いてみよう 重要度 ★

窒素について，次のうち誤っているものはどれか．

1. 空気の成分では最も多く，約 78% 含まれている．
2. アンモニウム塩，硝酸塩，タンパク質などとして，生体中に存在する．
3. 高温，高圧では，他の元素と直接化合して，アンモニア，酸化窒素など多くの窒化物を作る．
4. 液体窒素は，無色透明で流動性が大きい．
5. 窒素は，水によく溶けて消火の際に有効な作用をする．

攻略の 2 ステップ

① 窒素は水に溶けにくい
② 窒素が多く含まれている　とくれば ▶ 地球上や生体中

解説　窒素は，水に溶けにくいですが，消火の際は有効に作用します．

解答　5

酸素は危険物取扱者を学習していると，いろいろな場面で登場するよ！
例）水 H_2O を電気分解すると酸素 O_2 と水素 H_2 が発生
　酸素と結びつくことを酸化といい，酸素を奪うことを還元という
　燃焼の三要素の 1 つが酸素供給源

3編 3-4 物理変化と化学変化 ～物理変化は物質の三態の復習 !?～

物質の変化には，物理変化と化学変化があります．物理変化とは，物質の性質は変化せず，状態だけが変わることをいいます．化学変化とは，もとの物質から別の物質に変わることをいいます．これらの絵を見て頭でイメージして覚えましょう．

絵を見て覚えよう

物理変化の用語

昇華，気化，蒸発，沸騰，凝縮，融解，凝固，混合

物理変化の例➡化学式変化なし

- ドライアイスが昇華し二酸化炭素（気体）になる．
- 二酸化炭素が固化してドライアイスになる．
- 氷が溶けて水になる．
- 水を加熱すると水蒸気になる．
- ナフタレン（防虫剤）が昇華する．
- 鉛を加熱すると溶ける．
- 水の中に砂糖を入れたら溶けて砂糖水になる．
- ニクロム線に電気を通じると発熱する．
- ばねが伸びたり縮んだりする．

覚えるコツ 物質の三態や物質そのものは変わらない変化のことを物理変化という

3編 2-4 をチェック！

化学変化の用語

酸化，還元，中和，化合，分解，燃焼，重合，縮合

化学変化の例➡化学式変化あり

- 紙や木炭が燃えて灰になる．
- 鉄がさびてぼろぼろになる．
- 空気中に放置したら鉄がさびる．
- 水が電気分解して酸素と水素になる．
- 水素と酸素が反応して水になる．
- 紙が濃硫酸に触れると黒くなる．
- アルコールが空気中で燃焼する．
- 水素と酸素が反応して，水ができる．
- 炭素が燃焼して二酸化炭素になる．
- エタノールが燃えて二酸化炭素と水になる．
- ガソリンが燃えて熱が発生する．

覚えるコツ 化学変化は化学式も変化する

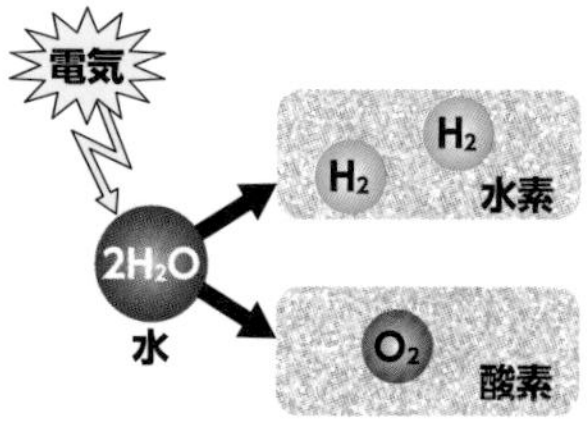

覚えるコツ 化学変化の用語のみ歌詞を覚えよう！それ以外が物理変化だと判断．

歌詞

化学変化は　どんなへんか？♬
さんかかんげん，ちゅうわかごう ♪　（酸化，還元，中和，化合）
ぶんかいねんしょう，じゅうしゅくごう　（分解，燃焼，重合，縮合）

解いてみよう

重要度 ★★

次のうち<u>化学変化でないもの</u>はどれか.

1. 木炭が燃えて灰になる.
2. ドライアイスは放置すると昇華する.
3. 鉄がさびてぼろぼろになる.
4. 水が分解して酸素と水素になる.
5. 紙が濃硫酸に触れると黒くなる.

攻略の 2 ステップ

① 化学変化ではないもの とくれば 物理変化を探す

② 物理変化 とくれば 物質の三態　を探す

解説

ドライアイスが**昇華し二酸化炭素**（気体）**になることは物理変化**です．それ以外はすべて化学変化です.

解答 2

解いてみよう

重要度 ★

次の現象のうち，<u>物理変化</u>はどれか.

1. 紙が燃えて灰になる.
2. 空気中に放置した鉄がさびる.
3. アルコールが空気中で燃焼する.
4. 水の中に砂糖を入れたら溶けた.
5. 水素と酸素が反応して，水ができた.

攻略の 2 ステップ

① 物理変化は物質そのものは変わっていない変化

② 混ぜる，固まる，溶ける，伸びる，縮む とくれば 物理変化

解説

砂糖が**水に溶解する**（溶ける）**のは物理変化**です.
残りの選択肢はすべて化学変化です.

解答 4

左ページの物理変化や化学変化の例を確認しておこう！

酸化と還元
～酸化と還元が同時に起こる!?～

　一般的に酸化とは酸素と結び付くことであり，還元はその反対に酸素を失うことです．また，物質が水素や電子を失う反応を酸化，水素や電子と結び付くことを還元といいます．酸化と還元について絵を見て頭でイメージして覚えましょう．

絵を見て覚えよう

酸化とは

・酸素と結び付く（化合する）反応
・水素を失う反応
・電子を失う反応

> 酸化してできた化合物を酸化物という

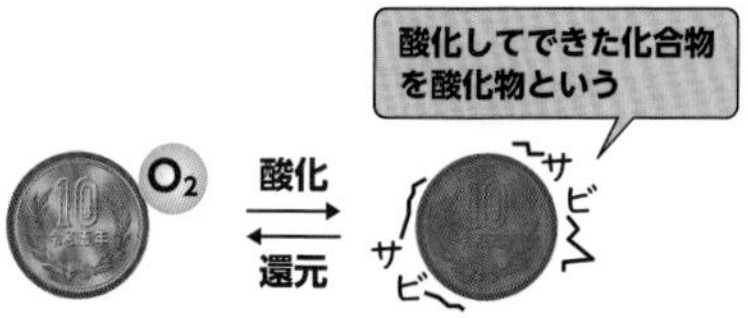

銅と酸素が結びつくと錆びる（酸化する）

$$2Cu + O_2 \rightarrow 2CuO$$

酸化剤（還元されやすい物質）とは

・他の物質を酸化させる物質を酸化剤という
［例］酸素, 塩酸, 硝酸, 硫酸, 第1類（酸化性固体）, 第6類（酸化性液体）

酸化の具体例

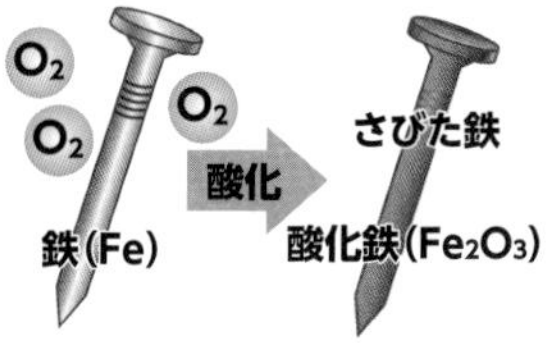

・鉄が空気中でさびる ➡ 酸素と化合するため酸化反応
　　$4Fe + 3O_2 \rightarrow 2Fe_2O_3$
・硫黄が空気中で燃える ➡ 酸素と化合するため酸化反応
　　$S + O_2 \rightarrow SO_2$
・炭素と酸素が化合して一酸化炭素になる ➡ 酸素と化合するため酸化反応
　　$2C + O_2 \rightarrow 2CO$（酸素と化合するため酸化反応）

鉄(Fe)　　さびた鉄　酸化鉄(Fe_2O_3)

還元とは

・酸素を失う反応
・水素と結び付く（化合する）反応
・電子を受け取る反応

酸化 と 還元

酸素を失う（還元）
$$CuO + H_2 \rightarrow Cu + H_2O$$
酸素を得る（酸化）

還元剤（酸化されやすい物質）とは

［例］水素, 炭素, 一酸化炭素, 硫化水素, 硫黄, 赤リン, カリウム, ナトリウム

還元の具体例

・酸化第二銅（酸化銅(Ⅱ)）が水素によって還元される．➡ 酸素を失うため還元反応
　　$CuO + H_2 \rightarrow Cu + H_2O$

> 酸化と還元はひとつの反応で同時に進行するため，セットにして覚えるといいよ.

解いてみよう

重要度 ★★

酸化と還元に関する次の説明のうち，誤っているものはどれか．

1. 物質が酸素と化合する反応を酸化といい，酸素を含む物質が酸素を失う反応を還元という．
2. 水素が関与する反応では，水素を失う反応を酸化といい，逆に水素が結びつく反応を還元という．
3. 酸化とは物質が電子を得る変化であり，還元とは物質が電子を失う変化である．
4. 一般に，酸化と還元はひとつの反応で同時に進行する．
5. 酸化剤は還元されやすい物質であり,還元剤は酸化されやすい物質である．

攻略の2ステップ

酸だけ化（酸化▶酸素だけ化合）

① **酸化** とくれば ▶ **化合するのは酸素だけ水素や電子はいなくなる**

② **還元** とくれば ▶ **酸化の逆　と覚えよう**

解説

酸化とは物質が電子を（×得る➡○失う）変化であり，還元とは物質が電子を（×失う➡○得る）変化です．

解答 3

解いてみよう

重要度 ★★★

次のうち酸化反応でないものはどれか．

1. 硫黄が空気中で燃える．
2. 鉄が空気中でさびる．
3. 黄リンを一定の条件下で加熱すると赤リンになる．
4. 一酸化炭素が酸素と化合して二酸化炭素になる．
5. 炭素と酸素が化合して一酸化炭素になる．

解説

○ 1.　硫黄が空気中で燃える．　$S + O_2 \rightarrow SO_2$　（酸素と化合する▶酸化反応）

○ 2.　鉄が空気中でさびる．$4Fe + 3O_2 \rightarrow 2Fe_2O_3$（酸素と化合する▶酸化反応）

× 3.　黄リンを一定の条件下で加熱すると赤リンになる．
（黄リンPと赤リンPはリンPの同素体なので，酸化反応ではありません．）

○ 4.　一酸化炭素が酸素と化合して二酸化炭素になる．
$2CO + O_2 \rightarrow 2CO_2$（酸素と化合する▶酸化反応）

○ 5.　炭素と酸素が化合して一酸化炭素になる．
$2C + O_2 \rightarrow 2CO$（酸素と化合する▶酸化反応）

解答 3

3編

3-6 酸と塩基 ～純水(25℃)は中性で pH 7～

酸(水に溶けて酸性になる)(水素イオンを与える)

酸とは，水に溶けて水素イオン H^+を生じる物質や他の物質に水素イオン H^+を与える物質をいい，酸素を含むもの(酸素酸)と含まないもの(水素酸)があります．

●酸(水素イオン濃度〔H^+〕多)の性質

1）酸味がある

2）青色のリトマス紙を赤くする

3）マグネシウムや亜鉛などの金属と反応して水素を発生する

4）塩基を中和する⬅中和：酸と塩基が反応し，互いにその性質を打ち消し合う

覚えるコツ　酸のとき リトマス紙は 酸性（青）➡赤（酸青 ➡ 赤　賛成しまっか）

塩基(水に溶けてアルカリ性になる)(水素イオンを受け取る)

塩基とは，水に溶けて水酸化物イオン OH^-を生じる物質，または他の物質から水素イオン H^+を受け取ることができる物質をいいます．

●塩基(水酸化物イオン濃度〔OH^-〕多)の性質

1）苦みがある　2）赤色のリトマス紙を青くする

3）手につけるとぬるぬるする　4）酸を中和する

覚えるコツ　塩基のとき リトマス紙は 酸の反対(赤 ➡ 青)

水素イオン濃度指数(pH)で酸性・塩基性の強弱チェック

酸性や塩基性の強弱を示す単位を水素イオン濃度指数 pH(ピーエイチ)といいます．pH は 0 ～ 14 の数値で表され，pH7 を中性とし，7 より小さい場合は酸性，大きい場合はアルカリ性となります．

［例］　中性…純水(pH7)　※ 25℃

酸性…塩酸(pH0)⬅酸性が非常に強い

アルカリ性…水酸化ナトリウム(pH14)

⬆アルカリ性が非常に強い

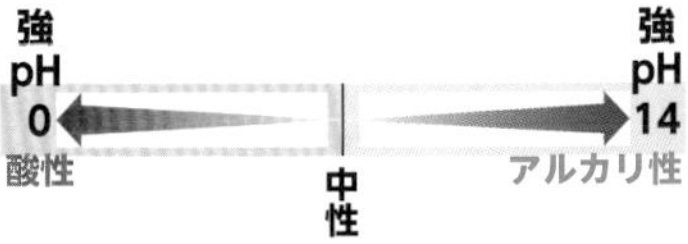

中和 ➡〔H^+〕＝〔OH^-〕＝1.0×10^{-7}mol/ℓ (pH＝7)

酸性の物質と塩基性の物質が反応して，そのいずれでもないものを生じることを中和といいます．

［例］　塩酸と水酸化ナトリウム水溶液を反応させると食塩（塩化ナトリウム）と水ができる．⬅中和

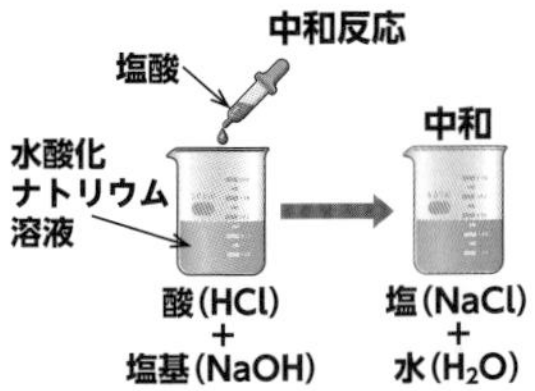

歌詞 ♪チュウは　ナナちゃん　チュウをせい♪(中和すると pH7 で中性)

水素イオン濃度〔H^+〕が増加すると酸性が強くなるため水素イオン濃度指数 pH は減少するぞ！

解いてみよう

重要度 ★★★

酸と塩基の説明について，次のうち<u>誤っているもの</u>はどれか．

1. 酸とは，水に溶けて水素イオン H^+を生じる物質，または他の物質に水素イオン H^+を与えることができる物質をいう．
2. 酸は，赤色のリトマス紙を青色に変え，塩基は，青色のリトマス紙を赤色に変える．
3. 塩基とは，水に溶けて水酸化物イオン OH^-を生じる物質，または他の物質から水素イオン H^+を受け取ることができる物質をいう．
4. 酸性・塩基性の強弱は，水素イオン濃度指数（pH）で表される．
5. 中和とは，酸と塩基が反応し互いにその性質を打ち消し合うことをいう．

攻略の 2 ステップ

① 酸 とくれば 酸性になる，水素イオンを与える，リトマス紙は青➡赤

② 塩基 とくれば アルカリ性になる，水素イオンを受け取る，酸の反対

解説

（×酸 ➡ ○塩基）は，赤色のリトマス紙を青色に変え，（×塩基 ➡ ○酸）は，青色のリトマス紙を赤色に変えます．

解答 2

解いてみよう

重要度 ★

次に示す水素イオン濃度指数（pH）について，酸性で，かつ中性に<u>最も近いもの</u>はどれか．

1. 2.0　　2. 5.1　　3. 6.8　　4. 7.1　　5. 11.3

攻略の 2 ステップ

① 水素イオン濃度指数（pH）の表を思い出そう

	酸性							中性							アルカリ性
pH	0	1	2	3	4	5	6	7	8	9	10	11	12	13	14

② 水素イオン濃度指数（pH）の中性 とくれば pH7

解説

pH（ピーエイチ）は水素イオン濃度 $[H^+]$ を表す指数です．pH = 7 のときが中性で，0 ～ 7 未満の数値が酸性を示します．

解答 3

3編 3-7 反応熱と熱化学方程式 ～燃焼熱，生成熱，中和熱～

この章では反応熱（燃焼熱，生成熱，中和熱）について理解し，熱化学方程式の計算の仕方を絵を見て頭でイメージして覚えましょう．

絵を見て覚えよう

燃焼熱とは ➡1 mol が完全燃焼

物質 1 mol（モル）が完全燃焼するときに発生する熱量のことで，単位には kJ/mol を用います．

➡熱化学方程式に書くときは 1 mol あたりの熱量を表す式であるため kJ のみとなる．

➡燃える…酸素と結び付く，酸化

燃焼熱

※物質 1mol が不完全燃焼ではなく完全燃焼した．

熱化学方程式とは

右側の例題のように，両辺を等号(=)で結び，係数を物質量 1 mol とした化学反応式に，反応熱の熱量を付加した式のこと．発熱反応であれば+と表し，吸熱反応であれば−と表します．また，原則として，物質の状態を付記します．

気体……(気)
液体……(液)
固体……(固)
水溶液… aq

燃焼熱の熱化学方程式

例 1）プロパン C_3H_8 を完全燃焼させる．

C_3H_8(気)＋$5O_2$(気)＝
$3CO_2$(気)＋$4H_2O$(液)＋2,219 kJ

➡C_3H_8 の係数が「1」であるため，プロパン 1 mol が完全燃焼すると 2,219 kJ の熱量を発生したことがわかります．

例 2）1 mol の炭素 C を完全燃焼させる

C(固)＋O_2(気)＝CO_2(気)＋394 kJ

➡1 mol の炭素と記載があるため，C の係数は「1」となり，394kJ の熱量を発生したことがわかります．

生成熱とは ➡化合物 1 mol を生成

化合物 1 mol が，その成分元素の単体から生成するときに発生するまたは吸収する熱量のことで，単位には kJ/mol を用いる．

生成熱の熱化学方程式

例 1）炭素 C と水素 H_2 からメタン CH_4 を生成する．

C(固)＋$2H_2$(気)＝CH_4(気)＋75kJ
（C：単体，$2H_2$：単体，CH_4：化合物 1 mol）

➡化合物 1mol が生成されるため，CH_4 の係数は「1」になり，左辺は必ず単体になります．よって，メタン 1mol を生成したとき，75 kJ の熱量を発生したことがわかります．

絵を見て覚えよう

中和熱とは➡水 1 mol を生成

酸と塩基が中和して，1mol の水を生成するときの熱量のことで，単位には kJ/mol を用います．

➡中和　pH7

中和熱の熱化学方程式 ➡水溶液…aq

例 1）塩酸 HCl が水酸化ナトリウム NaOH と反応して塩 NaCl と水 H_2O になる．

$$HClaq + NaOHaq = NaClaq + H_2O + 56\ kJ$$

➡中和して 1 mol の水を生成するため，H_2O の係数は「1」になります．1 mol の水を生成したとき，56 kJ の熱量を発生したことがわかります．

例題を解いてみよう

水素 H_2，炭素 C，プロパン C_3H_8 の燃焼熱がそれぞれ 286 kJ/mol（水素），394 kJ/mol（炭素），2,219 kJ/mol（プロパン）である．プロパンの生成熱として正しいものは次のうちどれか．なお，それぞれが完全燃焼する場合の化学反応式は，下記のとおりである．

1. 107 kJ/mol
2. 215 kJ/mol
3. 1,539 kJ/mol
4. 2,899 kJ/mol
5. 4,545 kJ/mol

完全燃焼する場合の化学反応式

$2H_2+O_2 \rightarrow 2H_2O$

$C+O_2 \rightarrow CO_2$

$C_3H_8+5O_2 \rightarrow 3CO_2+4H_2O$

解答

プロパン C_3H_8 が生成する熱化学方程式を考えます．ポイントは左辺は必ず単体になることと，右辺にあるプロパン C_3H_8 は 1 mol であるため，係数を「1」にすることです．

プロパンは炭素 C と水素 H_2 の 2 つの単体から生成されていることから

□ C(固)（単体）　＋　□ H_2(気)（単体）　＝　C_3H_8(気)（化合物 1 mol で係数「1」）＋　? kJ

という式を作り，C_3H_8 は，C が 3 つ，H が 8 つ（H_2 なら 4 つ）あることがわかるため，等号（＝）で結べるように左辺の □ に数値を当てはめます．

3C(固)　＋　$4H_2$(気)　＝　C_3H_8(気)＋　? kJ ……………… ⓪

問題文にそれぞれの燃焼熱が書かれていることから，化学反応式を熱化学反応式に書き換えることができます．

$2H_2$(気)＋O_2(気)＝$2H_2O$(液)＋(2×286)kJ　補足 水素 H_2 1つの燃焼熱が 286kJ …… ①

C(固)＋O_2(気)＝CO_2(気)＋394 kJ …………………………………… ②

C_3H_8(気)＋$5O_2$(気)＝$3CO_2$(気)＋$4H_2O$(液)＋2,219 kJ ………………… ③

③のプロパンの式に①②の式をそろえると，3C より（②×3）＋$4H_2$ より（①×2）となり

3C(固)＋$3O_2$(気)＝$3CO_2$(気)＋(3×394)kJ ………………………… ④

$4H_2$(気)+$2O_2$(気)＝$4H_2O$(液)＋(4×286)kJ ………………………… ⑤

④＋⑤より 3C(固)+$4H_2$(気)+$5O_2$(気)＝$3CO_2$(気)＋$4H_2O$(液)＋2,326 kJ … ⑥

③の青文字と⑥の青文字が等しいことから③の式を変形すると

$3CO_2$(気)＋$4H_2O$(液)＝C_3H_8(気)＋$5O_2$(気)－2,219 kJ ………………… ⑦

⑦を⑥の青文字部分に代入して左辺と右辺で重複する部分を消すと

3C(固)＋$4H_2$(気)＋~~$5O_2$(気)~~＝C_3H_8(気)＋~~$5O_2$(気)~~＋2,326－2,219 kJ

3C(固)　＋　$4H_2$(気)　＝　C_3H_8(気)＋　**107 kJ** となります．

3編 3章 基本的な化学とは

3編

3-8 金属の性質 ～金属でも燃える !?～

金属の性質 ➡ 遷移(せんい)元素は **3編 3-1** 周期表の第 3～11 族ですべて金属元素

- 金属の結晶は，金属元素の原子が規則正しく配列してできている
- 熱や電気をよく通す ➡ 自由電子があるため，熱伝導性や電気伝導性がよい
- 金属光沢(こうたく)と呼ばれる特有の光沢がある
- 延性(えんせい)（材料が延びやすさ）や展性(てんせい)（材料が広がりやすさ）に富んでいる
- 一般に空気中で酸素と化合して酸化物になる
- 固有(こゆう)の融点をもっている ➡ 水銀を除き，常温（20℃）では固体　※水銀は液体
- 一般に比重は大きい　❗ **水より軽いが,燃焼する金属（リチウム,カリウム,ナトリウム）**
- 比重が約 4 以下の金属を一般に**軽金属**という ➡ カリウム，アルミニウム，カルシウムなど
- 金属内の原子が**金属結合**でつながっている
- イオンになりやすさは金属の種類によって異なる ➡ イオン化傾向で判断
- 炎を出して**燃焼する金属**もある ➡ アルミニウム，鉄粉，銅粉など
- 希硝酸と反応しない金属もある ➡ 金，白金，水銀など

金属材料の特性（出題された金属材料のみ抜粋）

銅………………	展性や延性に富む，電気や熱の伝導性が大きい **用途：電線など**
ステンレス鋼 …	鉄とクロムなどの合金，さびにくい，耐薬品性が高い **用途：工場の配管など**
鉄………………	地殻中に多く存在し幅広く用いられ，乾燥した空気中でも**酸化**してさびを生じやすい
チタン…………	強度や耐食性に優れ，軽量 **用途：航空機用構造材料や腕時計など**
アルミニウム …	軟らかく展性や延性に富む **用途：建築材料や日用品など**

歌って覚える！

暗記 金属の性質を歌って覚える

歌詞
延性，展性，金属光沢，結合だって金属結合♪
熱や電気をよく通す　比重が 4 以下　軽金属 ♬
一部は軽いが水で燃焼　一部　希硝酸　無反応 ♪

暗記 金属材料の特性

覚えるコツ 銅・ステンレス鋼・鉄・チタン・アルミニウム
5 つの金属材料の特性や用途を覚えておこう！

解いてみよう 重要度★

金属（水銀を除く）についての一般的な説明として，次のうち誤っているものはどれか．

1. 金属の結晶は，金属元素の原子が規則正しく配列してできている．
2. 自由電子があるため，熱をよく伝える．
3. 金属光沢と呼ばれる特有の光沢をもっている．
4. それぞれの原子は，共有結合でつながっている．
5. 展性や延性がある．

攻略の2ステップ

① 左ページの金属の性質を確認
② 金属の性質を歌って覚える

解説

金属は，金属内の原子が**金属結合**でつながっています．共有結合とは，非金属元素のみからなる原子間の結合で，2つの原子がいくつかの価電子を互いに共有し合うことによってできる結合のことをいいます．

解答 4

解いてみよう 重要度★

金属材料に関する記述について，次のうち誤っているものはどれか．

1. 銅は，展性や延性に富み，電気や熱の伝導性が大きいので，電線などに用いられる．
2. ステンレス鋼は，鉄とクロムなどの合金で，さびにくく耐薬品性が高いので，工場の配管などに用いられる．
3. 鉄は，地殻中に多く存在し幅広く用いられるが，乾燥した空気中でも還元されてさびを生じやすい．
4. チタンは，強度や耐食性に優れ，軽量なため，航空機用構造材料や腕時計などに用いられる．
5. アルミニウムは，軟らかく展性や延性に富み，建築材料や日用品などに用いられる．

攻略の2ステップ

① 鉄がさびる とくれば 酸化　② 金属材料の特性を確認

解説

鉄は，地殻中に多く存在し幅広く用いられますが，乾燥した空気中でも（×還元⇒○酸化）してさびを生じやすいです．

解答 3

金属の腐食 ～金属が腐食する条件とは!?～

金属が腐食する条件 ➡ 地中に埋設する配管に電流が流れると腐食(電食)する

- 水分が多い
- 湿度が高い
- 塩分が多い
- 酸性が強い土壌
- 地中の金属に電流が流れる
- 直流電気鉄道の近くで迷走電流が流れている土壌
- コンクリート(アルカリ性)が中性化する ➡ 内部鉄筋の膜が破壊されて腐食

覚えるコツ　腐食させない対策　エポキシ樹脂塗料で被覆

イオン化傾向 ➡ 金属が水溶液中で電子を放出し，陽イオンになる度合い

イオン化傾向が大きいと陽イオンになりやすく，小さいと陽イオンになりにくいといえます．金属をイオン化傾向の大きい順に並べると，次のようになります．

軽金属(比重4以下)　大 ←　イオン化傾向　→ 小　重金属(比重4以上)

陽イオンになりやすい　　　　　　陽イオンになりにくい

Li	K	Ca	Na	Mg	Al	Zn	Fe	Ni	Sn	Pb	(H_2)	Cu	Hg	Ag	Pt	Au
リチウム	カリウム	カルシウム	ナトリウム	マグネシウム	アルミニウム	亜鉛	鉄(てつ)	ニッケル	スズ	鉛	水素(ひ)	銅(どう)	水銀(すいぎん)	銀(ぎん(る))	白金(はっきん)	金

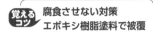

歌詞(大➡小)　**大勝利カカルナ　曲がる亜鉛　手にすず　なまりひ どすぎる　髪金　英雄(ヒーロー(えいゆう))**

Li K Ca Na　Mg Al Zn　Fe Ni Sn　Pb H_2 Cu Hg Ag　Pt　Au

Q. イオン化傾向で何がわかるの？

A. イオン化傾向から下記の問題が解けます．

[例題 1] 金属は塩酸に溶けて水素を発生するものが多いが，次のうち，塩酸に溶けないものはどれか．

1. 亜鉛　2. ニッケル　3. 白金　4. 鉄　5. スズ

解答 3

白金 Pt は，化学的に安定しているため，塩酸では溶けません．イオン化傾向とは，水溶液中の金属元素の陽イオンになりやすさを表したものです．大きな順に並べると

Li＞K＞Ca＞Na＞Mg＞Al＞Zn＞Fe＞Ni＞Sn＞Pb＞(H_2)＞Cu＞Hg＞Ag＞Pt＞Au

となるため，水素 H_2 を発生するのは，H_2 より左側の金属元素です．

[例題 2] 地中に埋設された危険物配管を電気化学的な腐食から防ぐのに異種金属を接続する方法がある．配管が鋼（炭素を含む鉄）製の場合，接続する異種の金属として，次のうち正しいものはいくつあるか．

- 亜鉛
- アルミニウム
- 銅
- 鉛
- マグネシウム

1. 1つ　2. 2つ　3. 3つ　4. 4つ　5. 5つ

解答 3

鋼は鉄の合金であるため，イオン化傾向が鉄 Fe より大きいものを接続すると電気化学的な腐食から配管を防ぐことができ，流電陽極方式という金属の腐食防止方法の 1 つです．ここでは，亜鉛 Zn，アルミニウム Al，マグネシウム Mg の 3 つが該当します．

解いてみよう 重要度 ★

次の金属の組合せのうち，イオン化傾向の大きな順に並べたものはどれか．

1. Al ＞ K ＞ Li
2. Pb ＞ Zn ＞ Pt
3. Fe ＞ Sn ＞ Ag
4. Cu ＞ Ni ＞ Au
5. Mg ＞ Na ＞ Ca

攻略の2ステップ

① イオン化傾向を確認
② イオン化傾向を歌って覚える

解説

イオン化傾向の大きな順に並べられているものは Fe ＞ Sn ＞ Ag です．

解答 3

解いてみよう 重要度 ★★

電流が土壌中に流出しやすい状況下において，鋼製の危険物配管を埋設する場合，最も腐食が起こりにくいものは，次のうちどれか．

1. 土壌埋設配管が，コンクリート中の鉄筋に接触しているとき．
2. 直流電気鉄道の軌条（レール）に近接した土壌に埋設されているとき．
3. エポキシ樹脂塗料で完全に被覆され土壌に埋設されているとき．
4. 砂層と粘土層の土壌にまたがって埋設されているとき．
5. 土壌中とコンクリート中にまたがって埋設されているとき．

解説

1. 土壌埋設配管が，コンクリート中の鉄筋に接触しているとき．
（**腐食する**：土壌埋設配管とコンクリート中の鉄筋に接触していると，配管に電流が流れやすくなるため，配管の腐食が進行します．）➡電食
2. 直流電気鉄道の軌条（レール）に近接した土壌に埋設されているとき．
（**腐食する**：電気鉄道など直流電源を使用している場合，レールなどから漏れ電流が土壌中に流出し，その一部が近隣の埋設配管やタンクなどの施設に流入することがあり，配管の腐食が進行します．）➡電食
3. エポキシ樹脂塗料で完全に被覆され土壌に埋設されているとき．
（**腐食が起こりにくい**：エポキシ樹脂塗料で完全に被覆すると配管の腐食防止に有効です．）
4. 砂層と粘土層の土壌にまたがって埋設されているとき．
（**腐食する**：土質が異なると配管に電流が流れやすくなるため，配管の腐食が進行します．）➡電食
5. 土壌中とコンクリート中にまたがって埋設されているとき．
（**腐食する**：土壌とコンクリート中にまたがって埋設されていると，配管に電流が流れやすくなるため，配管の腐食が進行します．）➡電食

解答 3

3編 3-10 色の問題（炎色反応など）～ストーリーで色を暗記～

危険物取扱者の試験では色に関連する問題が出題されています.

1 編…第 4 類の危険物の品名に対する色

2 編…顧客用給油設備と顧客用注油設備の彩色

3 編…炎色反応⬅このページで学習する

色はなかなか覚えることが大変なので，ここでは，スーパーヒーローの話とイラストを見ることでイメージして覚えましょう.

絵を見て覚えよう

1 編　第 4 類の危険物の品名に対する色

第 4 類危険物の色はほとんど無色です. 無色以外の主な物品と話で登場する物品の色を下記にまとめました. なお，第 4 石油類と動植物油類は製品により色が異なるため, ここでは除きます.

第 1 石油類

自動車用ガソリン（オレンジ着色）

第 2 石油類

軽油（淡黄（たんこう）着色）

※灯油（古くなると淡黄色に変色）

第 3 石油類

重油（暗褐色（あんかっしょく））

クレオソート油（黄色）

キィーッ

ニトロベンゼン（淡黄色）

アニリン（淡黄色）

グリセリン（無色）

エチレングリコール（無色）

特殊引火物, 第 1 石油類, アルコール類はすべて無色です.

一編 「乙 4 村の無職の住人たち」の巻

むかしむかしあるところに乙 4 村がありました. 村の住人たちはほぼ無職（無色）でした.

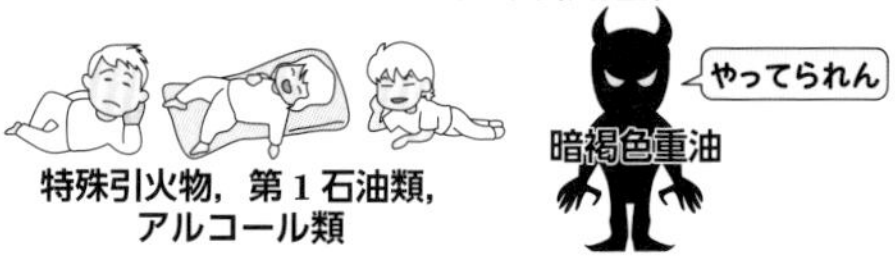
やってられん
暗褐色重油
特殊引火物，第 1 石油類，アルコール類

そんな生活に嫌気がさした暗褐色重油は第 3 石油という会社（給料 70 ～ 200 万）を立ち上げ，第 3 石油に在籍していたメンバーを炭鉱（淡黄）で働かせるようになったのです.

働けー
軽油
キィーッ

第 2 石油グループに在籍している軽油ちゃんも, 炭坑（淡黄）で働かせてもらうことになりました. 仕事の出来が悪かったグリセリンとエチレングリコールはグレて無職（無色）になりました. その会社に憧れたのが第 1 石油グループに在籍しているガソリンです. 炭坑で働いている制服が淡黄色だったため, 自分なりに着色してみたところオレンジ色になりました. 自動車で面接に行き, すぐに働くことになったのですが, 制服の色が違うことに気づいた暗褐色重油はガソリンをクビにしました.

あいつクビだ!
なぜ?
ガソリン

つづく

絵を見て覚えよう

2編　顧客用給油設備と顧客用注油設備の彩色

法令上，顧客に自ら給油等をさせる給油取扱所において，自動車ガソリン（レギュラー，ハイオク）または，軽油を給油する顧客用給油設備と，灯油を給油する顧客用注油設備があります．顧客が使用する設備に彩色を施す場合には，下記に定める色を用いる規則があります．

品　名	彩色
自動車用ガソリン（レギュラー）	赤
自動車用ガソリン（ハイオク）	黄
軽　油	緑
灯　油	青

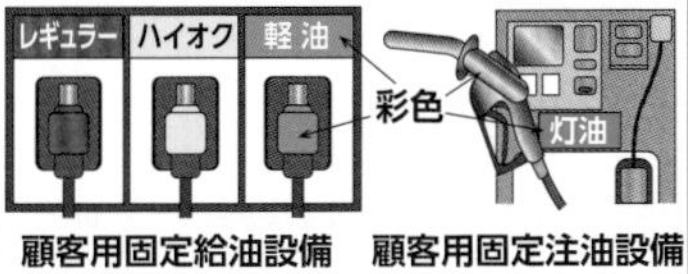

3編　炎色反応

金属を熱したときに，その金属の種類によって異なる色を示します．この反応を炎色反応といいます．下記に主な物質名と炎色反応の色をまとめました．

元素記号	元素名	色
Li	リチウム	赤
K	カリウム	赤紫
Na	ナトリウム	黄
Ca	カルシウム	橙（オレンジ）
Cu	銅	青緑
Sr	ストロンチウム	紅
Ba	バリウム	黄緑

二編・三編「再就職〔彩色〕はヒーロー!?」の巻

なぜクビにされたかわからないまま，ガソリンは乙4村の人々のためにヒーロー活動をしようと，彩炎戦隊のメンバーを募集しました．集まったメンバーがコチラです．
リ レギュラーレッド
（リチウム Li　炎色：赤　レギュラー　彩色：赤）
灯油　ブルー（灯油　彩色：青）
ハイオク　な　イエロー
（ナトリウム Na　炎色：黄　ハイオク　彩色：黄）
軽油　グリーン（軽油　彩色：緑）
赤面女子　パープル k
（カリウム k　炎色：赤紫　　彩色：なし）

5人揃って，彩炎戦隊イロレンジャーを集結させたのです．

炭坑で働いていたのに裏切られたと思った暗褐色重油は，軽油グリーンをさらっていきました．
真っ先にリレギュラーレッドが暗褐色重油と戦ったのですが，あっけなく負けました．悔しがったリレギュラーレッドは顔を真っ赤にさせて紅色の炎をまとうストロンチウムという大技を編み出したのでした．

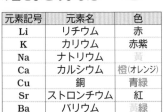

（ストロンチウム　炎色：紅）

その間，灯油ブルーとハイオクなイエローで力を合わせて軽油グリーンを助け出しました．その後，灯油ブルーと軽油グリーンは同棲（銅）したのですが上手くいかず，（銅　炎色：青緑）
助けてくれたもう一人のヒーロー，ハイオクなイエローと軽油グリーンは交際し頑バリながら生活し　子をウムようです．
（バリウム　炎色：黄緑）
沢山の子宝にも恵まれて幸せに暮らしたそうです．乙4村には再び平和が訪れ，戦闘服を脱いだリレギュラーレッドは顔を洗うために鏡を見たとき制服の色がオレンジ色だとわカルのでした．
（カルシウム　炎色：オレンジ）
あ! 淡黄色じゃなかったからクビになったのかw
めでたし，めでたし．

●練習問題1（物質の種類）

問題1 単体，化合物および混合物について，次の組合せのうち正しいものに○，誤っているものに×を付けよ．

1. 単体：硫黄　化合物：アンモニア　混合物：軽油	
2. 単体：アンモニア　化合物：エタノール　混合物：空気	

解答		
1. ○ 2. ×		単体とは，１つの元素からなる物質で，硫黄 S が該当します． 化合物とは，２種類以上の元素が結合した物質で，アンモニア NH_3 やエタノール C_2H_5OH が該当します． 混合物とは，２種類以上の物質が互いに化学結合せずに混ざり合っているもので，空気や軽油が該当します．

問題2 物質の分類として，次のうち正しいものに○，誤っているものに×を付けよ．

1. 酸素とオゾンは同素体である．	
2. メタノールとエタノールは異性体である．	

解答		
1. ○ 2. ×		同素体とは，同一の元素の原子からできていても，原子の配列や原子の数が異なるため，性質が違う単体をいいます．酸素 O_2 とオゾン O_3 は同素体です． 異性体とは，原子の種類と数が同一でも構造が異なる化合物をいいます．例えば，エタノール C_2H_5OH（C が２個，H が６個，O が１個）とジメチルエーテル CH_3OCH_3（C が２個，H が６個，O が１個）は原子の種類と数が同一でも構造が異なるため異性体です．よって，メタノール CH_3OH（C が１個，H が４個，O が１個）とエタノールは異性体ではありません．

問題3 同素体の組合せとして，次のうち正しいものに○，誤っているものに×を付けよ．

1. 黄リンと赤リン	
2. 銀と水銀	

解答		
1. ○ 2. ×		黄リンと赤リンはリン（P）の同素体です．銀（Ag）と水銀（Hg）は元素が異なる単体です．

練習問題2（酸素等の特性）

乙種の試験は5択だけど2択で問題に慣れよう

問題1 酸素の性状等について，次のうち正しいものに○，誤っているものに×を付けよ．

1. 高温では，一部の貴金属，希ガス元素を除き，ほとんどすべての元素と反応する．	
2. 酸素の同素体としてオゾンがあるが，両者の性状はほぼ同一である．	

解答		
1. ○	酸素は高温では，一部の貴金属，希ガス元素を除き，ほとんどすべての元素と反応します．酸素 O_2 の同素体としてオゾン O_3 がありますが，両者の性状は異なります．オゾンは腐食性が高く，刺激臭を持つ有毒な気体です．	
2. ×		

問題2 一酸化炭素の性状について，次のうち正しいものに○，誤っているものに×を付けよ．

1. 二酸化炭素が酸化されて生成する．	
2. 青い炎をあげて燃える．	

解答		
1. ×	炭素Cが酸化されると，不完全燃焼のとき一酸化炭素COが生成されて，完全燃焼のとき二酸化炭素 CO_2 が生成されます．一酸化炭素は，無色無臭で水に溶けにくく，有毒な気体で青い炎をあげて燃えます．燃焼後は二酸化炭素になります．	
2. ○		

問題3 次の文の［　］内のA～Dに当てはまる語句の組合せとして，次のうち正しいものに○，誤っているものに×を付けよ．

「二酸化炭素は，炭素または［A］の［B］燃焼のほか，生物の呼吸や糖類の発酵によっても生成する．二酸化炭素は，空気より［C］気体で，水に溶け，弱い［D］性を示す．」

1. A 炭素化合物　B 完全　C 重い　D 酸	
2. A 無機化合物　B 不完全　C 軽い　D アルカリ	

解答		
1. ○	二酸化炭素 CO_2 は炭素Cや炭素化合物を完全燃焼させると発生し，空気より重く水に溶かすと炭酸水となり弱酸性を示します．	
2. ×		

●練習問題3（化学の基礎）

乙種の試験は5択だけど2択で問題に慣れよう

問題 1 次の原子について，陽子・中性子・質量数の組合せとして，次のうち正しいものに○，誤っているものに×を付けよ．

$^{27}_{13}\mathrm{Al}$

1. 陽子：13　中性子：14　質量数：27	
2. 陽子：14　中性子：27　質量数：13	

解答		
	1. ○	Al はアルミニウムの元素記号です．上の数字 27 は質量数で，下の数字 13 は原子番号（陽子の数）です．質量数 27 から陽子の数 13 を引くと中性子の数（27 − 13 ＝ 14）を計算で求めることができます．
	2. ×	

問題 2 次の（1）式および（2）式の熱化学方程式が導かれる．$C+O_2 \rightarrow CO_2$ の反応熱として，次のうち正しいものに○，誤っているものに×を付けよ．

$$C + \frac{1}{2}O_2 = CO + 110.88\ \mathrm{kJ} \cdots\cdots\cdots\cdots\cdots\cdots (1)$$

$$CO + \frac{1}{2}O_2 = CO_2 + 284.34\ \mathrm{kJ} \cdots\cdots\cdots\cdots (2)$$

1. 346.92 kJ の吸熱	
2. 395.22 kJ の発熱	

解答		
	1. ×	(1)の式は，炭素 C を一酸化炭素 CO に変化させると 110.88 kJ の熱が発生することを表しています． (2)の式は，一酸化炭素 CO を二酸化炭素 CO_2 に変化させると 284.34 kJ の熱が発生することを表しています．炭素 C を二酸化炭素 CO_2 にする際に発生する熱は，C を CO にしてから CO を CO_2 にするという手順で考えると，C → CO の熱 110.88 kJ と CO → CO_2 の熱 284.34 kJ の足し算になり 　110.88 ＋ 284.34 ＝＋395.22 kJ になります．なお，反応熱の符号が＋のときは発熱反応を示し，－のときは吸熱反応を示します．
	2. ○	

●練習問題4（物理変化と化学変化）

乙種の試験は5択だけど2択で問題に慣れよう

問題1 化学変化について，次のうち正しいものに○，誤っているものに×を付けよ.

1. ドライアイスが二酸化炭素（気体）になるのは，化学変化である.	⊗
2. 鉄がさびるのは，化学変化である.	⊗

解答	1. ×	ドライアイスが二酸化炭素（気体）になるのは，物理変化です. 固体
	2. ○	のドライアイスが昇華して気体の二酸化炭素になります.

問題2 物理変化および化学変化に関する説明として，次のうち正しいものに○，誤っているものに×を付けよ.

1. 炭素が燃焼して，二酸化炭素になる反応は化合である.	⊗
2. 結晶性の物質が，空気中で粉末状態になる変化を潮解という.	⊗

解答	1. ○	化合とは，2つ以上の物質が反応して結合することで，別の物質になる化学変化のことです. 炭素Cを燃焼すると空気中の酸素O_2と化合して，二酸化炭素CO_2を生成します. 結晶性の物質が水分の消失することにより，空気中で粉末状態になる変化を風解といい，物理変化です.
	2. ×	なお，潮解とは，物質が空気中の水分を吸収し，その水に溶解して液体化する現象の物理変化です.

問題3 次の文の ☐ 内のA～Cに当てはまる語句の組合せとして，次のうち正しいものに○，誤っているものに×を付けよ.

「物質と物質が作用し，その結果，新しい物質ができる変化が ☐A☐ である. また，2種類あるいはそれ以上の物質から別の物質ができることを ☐B☐ といい，その結果できた物質を ☐C☐ という.」

1. A 物理変化　　B 混合　　C 混合物	⊗
2. A 化学変化　　B 化合　　C 化合物	⊗

解答	1. ×	物質と物質が作用して新しい物質ができる変化を化学変化といい，2種類あるいはそれ以上の物質から別の物質ができることを化合といいます. できた物質は化合物といいます.
	2. ○

乙種の試験は５択だけど２択で問題に慣れよう

●練習問題5（酸化と還元）

問題 1 酸化と還元について，次のうち正しいものに○，誤っているものに×を付けよ．

1. 化合物が水素を失うことを酸化という．	
2. 還元と酸化は同時に起こることはない．	

解答		
	1. ○	酸化とは，物質が酸素と化合したり，水素を失ったり，電子を放出したりする反応をいいます．還元とは，物質が酸素を失ったり，水素と化合したり，電子を取り入れたりする反応をいいます．なお，還元と酸化は同時に起こります．
	2. ×	

問題 2 次の化学用語の説明として，次のうち正しいものに○，誤っているものに×を付けよ．

1. 還元剤とは，他の物質を還元し，自らは酸化される物質をいう．	
2. 酸化とは，物質が酸素を失ったり，水素と化合したり，電子を取り入れたりする反応をいう．	

解答		
	1. ○	酸化剤とは，他の物質を酸化して，自らは還元される物質をいいます．還元剤とは，他の物質を還元し，自らは酸化される物質をいいます．加えて，物質が酸素を失ったり，水素と化合したり，電子を取り入れたりする反応を還元といいます．
	2. ×	

問題 3 次の物質Ａから物質Ｂへ変化するもののうち，酸化反応であるものに○，そうではないものに×を付けよ．

1. Ａ　水　⇒　Ｂ　水蒸気	
2. Ａ　木炭　⇒　Ｂ　一酸化炭素	

解答		
	1. ×	水が水蒸気となることは蒸発という物理変化で，酸化反応ではありません．木炭（C）が酸素（O_2）と化合して一酸化炭素（CO）となっているため酸化反応です．酸素の供給が不十分だと不完全燃焼となり，一酸化炭素（CO）が発生します．なお，酸素の供給が十分であれば完全燃焼して二酸化炭素（CO_2）となります．
	2. ○	

●練習問題6（酸と塩基）

問題1 酸の性状について，次のうち正しいものに○，誤っているものに×を付けよ．

1. 酸はすべて酸素を含む化合物である．	⊗
2. 硫酸等の酸を亜鉛と接触させると，水素が発生する．	⊗

解答		
	1. ×	酸には酸素を含むもの（酸素酸）と含まないもの（水素酸）があります．例えば，酸素を含まないものには，塩酸 HCl などがあり，酸素を含むものには，硫酸 H_2SO_4 などがあります．硫酸 H_2SO_4 と亜鉛 Zn を接触させると次の化学式が成り立ちます．$H_2SO_4 + Zn \rightarrow ZnSO_4 + H_2$ よって，硫酸亜鉛 $ZnSO_4$ と水素 H_2 が発生します．
	2. ○	

問題2 水素イオン濃度指数に関する説明として，次のうち正しいものに○，誤っているものに×を付けよ．

1. 純水の水素イオン濃度指数は，25℃のとき７である．	⊗
2. 水素イオン濃度が増加すると，水素イオン濃度指数も増加する．	⊗

解答		
	1. ○	純水の水素イオン濃度指数 pH は，25℃のとき中性を示す７です．水素イオン濃度 $[H^+]$ と水酸化物イオン濃度 $[OH^-]$ が等しい場合，中性の水溶液になります．純水は水素イオン濃度と水酸化物イオン濃度は等しく，25℃のとき次の濃度になります． $[H^+] = [OH^-] = 1.0 \times 10^{-7}$ mol/ℓ（中性 pH ＝ 7） この水溶液の水素イオン濃度 $[H^+]$ が増加して 1.0×10^{-3} mol/ℓ（酸性 pH ＝ 3）になった場合，水素イオン濃度指数は（7−3＝4）減少したことになります．
	2. ×	

問題3 酸と塩基の説明として，次のうち正しいものに○，誤っているものに×を付けよ．

1. 酸は赤色のリトマス紙を青色にし，塩基は青色のリトマス紙を赤色にする．	⊗
2. 酸性または塩基性の強弱は pH により表される．	⊗

解答		
	1. ×	酸は青色のリトマス紙を赤色にし，塩基は赤色のリトマス紙を青色にします．なお，酸性や塩基性の強弱は pH で表されます．
	2. ○	

練習問題7（金属の性質）

問題 1 金属について，次のうち正しいものに○，誤っているものに×を付けよ．

1. 金属は燃焼しない．	
2. 比重が約４以下の金属を一般に軽金属という．	

<table>
<tr><td rowspan="2">解答</td><td>1. ×</td><td rowspan="2">金属を粉末にすると燃焼する金属もあります．比重が約４以下の金属を一般に軽金属といい，比重が４～５以上の金属を重金属といいます．代表的な軽金属は，アルミニウムやマグネシウムなどがあり，重金属には，鉄，鉛，金，銀，銅などがあります．</td></tr>
<tr><td>2. ○</td></tr>
</table>

問題 2 金属（水銀を除く）についての一般的な説明として，次のうち正しいものに○，誤っているものに×を付けよ．

1. 金属の結晶は，金属元素の原子が規則正しく配列してできている．	
2. それぞれの原子は，共有結合でつながっている．	

<table>
<tr><td rowspan="2">解答</td><td>1. ○</td><td rowspan="2">金属の結晶は，金属元素の原子が規則正しく配列してできています．金属は，金属内の原子が金属結合でつながっています．共有結合とは，非金属元素のみからなる原子間の結合で，２つの原子がいくつかの価電子を互いに共有し合うことによってできる結合のことをいいます．</td></tr>
<tr><td>2. ×</td></tr>
</table>

問題 3 金属元素と非金属元素に関する記述として，次のうち正しいものに○，誤っているものに×を付けよ．

1. 遷移元素は，すべて金属元素である．	
2. 非金属元素は常温（20℃）で，すべて気体または固体である．	

<table>
<tr><td rowspan="2">解答</td><td>1. ○</td><td rowspan="2">遷移元素は，3編 3-1 の周期表の第３～11 族までの元素のことで，すべて金属元素です．非金属元素の第 17 族に属する臭素（Br）のみが常温（20℃）で液体です．なお，第 17 族元素の総称をハロゲンといいます．
参考 第 17 族元素の例
フッ素（気体），塩素（気体），臭素（液体），ヨウ素（固体）</td></tr>
<tr><td>2. ×</td></tr>
</table>

●練習問題8（金属の腐食）

乙種の試験は5択だけど2択で問題に慣れよう

問題1 鉄の腐食について，次のうち正しいものに〇，誤っているものに×を付けよ.

1. アルカリ性のコンクリート中では，腐食は防止される.	⊗
2. 水中で鉄と銅が接触していると，鉄の腐食は防止される.	⊗

解答

1. 〇
2. ×

コンクリートはセメント内に含まれる鉱物が水と反応することで水酸化カルシウムを生成するため，アルカリ性です．アルカリ性により表面に薄い皮膜を生成され，これにより腐食を防止することができます．加えて，鉄と銅ではイオン化傾向は鉄 Fe ＞銅 Cu のため，水中で鉄と銅が接触していると，鉄は腐食しやすくなります.

問題2 金属の腐食についての説明で，次のうち正しいものに〇，誤っているものに×を付けよ.

1. 鉄の腐食では，アルカリ性が強くなれば腐食速度が増大する.	⊗
2. 金属表面の状態によって，腐食速度が異なる.	⊗

解答

1. ×
2. 〇

鉄の腐食では，酸性が強くなれば腐食速度が増大します．金属の腐食は，金属表面から金属の内部へと腐食は進行していくため，金属表面の状態によって腐食速度が異なります.

問題3 次の文の ☐ 内の A〜C に当てはまる語句の組合せとして，次のうち正しいものに〇，誤っているものに×を付けよ.

「金属が水溶液中で ☐ A ☐ になろうとする性質をイオン化傾向という．流電陽極方式はこの性質を利用した金属の腐食防止方法の1つで，イオン化傾向の ☐ B ☐ 金属を先に溶解させることで腐食を防止する．例えば鉄の場合，主に ☐ C ☐ の合金が用いられる.」

1. A 陽イオン　　B 大きい　　　C アルミニウム	⊗
2. A 陰イオン　　B 小さい　　　C 銅	⊗

解答

1. 〇
2. ×

金属が水溶液中で陽イオンになろうとする性質をイオン化傾向といいます．イオン化傾向が鉄 Fe よりも大きいアルミニウム Al の合金を用いることで鉄の腐食を防止しています.

乙種の試験は５択だけど２択で問題に慣れよう

練習問題9（イオン化傾向）

問題 1 金属は塩酸に溶けて水素を発生するものが多いが，塩酸に溶ける金属として，次のうち正しいものに○，誤っているものに×を付けよ．

1. ニッケル	
2. 白金	

解答	
1. ○ 2. ×	イオン化傾向とは，水溶液中の金属元素の陽イオンになりやすさを表したもので，大きな順に並べるとLi＞K＞Ca＞Na＞Mg＞Al＞Zn＞Fe＞Ni＞Sn＞Pb＞(H_2)＞Cu＞Hg＞Ag＞Pt＞Auとなります．水素H_2を発生するのは，H_2より左側の金属元素です．ニッケルNiは塩酸および希硫酸にはゆっくりと溶けて水素を発生します．白金Ptは，化学的に安定しているため，塩酸では溶けません．

問題 2 金属をイオン化傾向の大きな順に並べたものとして，次のうち正しいものに○，誤っているものに×を付けよ．

1. Fe＞Sn＞Ag	
2. Mg＞Na＞Ca	

解答	
1. ○ 2. ×	イオン化傾向の大きな順に並べるとLi＞K＞Ca＞Na＞Mg＞Al＞Zn＞Fe＞Ni＞Sn＞Pb＞(H_2)＞Cu＞Hg＞Ag＞Pt＞Auとなります．

問題 3 鉄よりもイオン化傾向が大きいものの数として，次のうち正しいものに○，誤っているものに×を付けよ．

マグネシウム　銀　カリウム　白金　亜鉛

1. 3つ	
2. 4つ	

解答	
1. ○ 2. ×	鉄(Fe)よりイオン化傾向が大きいものは，カリウム(K)，マグネシウム(Mg)，亜鉛(Zn)の3つです．

模擬試験

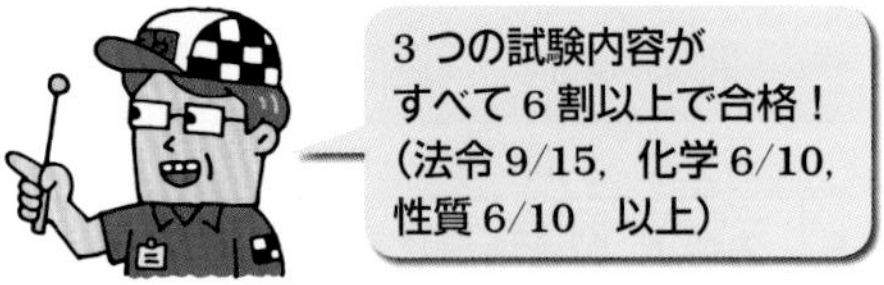
3つの試験内容が
すべて6割以上で合格！
（法令9/15，化学6/10，
性質6/10　以上）

危険物に関する法令　　15問中9問以上で合格

	問い	選択肢
1	法別表第1の性質欄に掲げる危険物の性状として，次のうち**該当しないもの**はどれか．	**1.** 可燃性気体 **2.** 自然発火性物質及び禁水性物質 **3.** 酸化性固体 **4.** 自己反応性物質 **5.** 酸化性液体
2	法令上，予防規程について，次のうち**誤っているもの**はどれか．	**1.** 予防規程を定めたときは，市町村長等の認可を受けなければならない． **2.** 自衛消防組織を設置している事業所は，予防規程を定めないことができる． **3.** 予防規程を変更したときは，市町村長等の認可を受けなければならない． **4.** 予防規程の内容は，危険物の貯蔵および取扱いの技術上の基準に適合していなければならない． **5.** 予防規程を定めなければならない製造所等で，それを定めずに危険物を貯蔵し，または取り扱った場合は罰せられることがある．
3	現在，灯油を500ℓ貯蔵している．これと同一の場所に次の危険物を貯蔵する場合，法令上，指定数量以上貯蔵することになるものはどれか．	**1.** ガソリン　100ℓ **2.** メチルアルコール　150ℓ **3.** 軽油　400ℓ **4.** 重油　800ℓ **5.** ギヤー油　2,000ℓ
4	法令上，学校および病院等の建築物等から一定の距離（保安距離）を保たなければならない旨の規定が設けられている製造所等は，次のうちどれか．	**1.** 簡易タンク貯蔵所 **2.** 地下タンク貯蔵所 **3.** 給油取扱所 **4.** 屋外タンク貯蔵所 **5.** 屋内タンク貯蔵所

危険物に関する法令		
	問い	選択肢
5	法令上，製造所等に設置する消火設備の区分について，次のうち**正しいもの**はどれか.	**1.** 消火設備は，第1種から第6種までに区分されている. **2.** 第4類の危険物に適応する消火設備を第4種という. **3.** 小型の消火器は，第4種の消火設備である. **4.** 乾燥砂は，第5種の消火設備である. **5.** 泡を放射する大型の消火器は，第3種の消火設備である.
6	法令上，製造所等の仮使用の説明として，次のうち**正しいもの**はどれか.	**1.** 製造所等の設置工事において，工事終了部分の機械，装置等を完成検査前に試運転することをいう. **2.** 製造所等を変更する場合に，変更工事に係る部分以外の部分の全部または一部を，市町村長等の承認を得て完成検査前に仮に使用することをいう. **3.** 製造所等を変更する場合，変更工事の開始前に仮に使用することをいう. **4.** 製造所等を変更する場合に，工事が終了した部分を仮に使用することをいう. **5.** 定期点検中の製造所等を10日以内の期間，仮に使用することをいう.
7	法令上，移動タンク貯蔵所による危険物の貯蔵，取扱いおよび移送について，次のうち**誤っているもの**はどれか.	**1.** 移動タンク貯蔵所には完成検査済証を備え付けておかなければならない. **2.** 危険物取扱者が乗車しなければならないのは，危険物等級Ⅰの危険物を移送する場合のみである. **3.** 危険物の移送のため乗車している危険物取扱者は免状を携帯していなければならない. **4.** 移動貯蔵タンクから引火点40℃未満の危険物を他のタンクに注入するときは，移動タンク貯蔵所の原動機を停止させなければならない. **5.** 移送のため乗車している危険物取扱者は，移動タンク貯蔵所の走行中に消防吏員から停止を命じられ，免状の提示を求められたら，これに従わなければならない.

危険物に関する法令		
問い		選択肢
8	法令上，市町村長等が製造所等の使用停止を命ずることができる場合として，次のうち**誤っているもの**はどれか．	**1.** 危険物保安監督者を定めなければならない製造所等で，危険物保安監督者を定めていたが，その者に保安の監督をさせていないとき． **2.** 定期点検が義務づけられている製造所等で，期限内に定期点検を行っていないとき． **3.** 設置の完成検査を受けないで製造所等を使用したとき． **4.** 製造所等の位置，構造または設備を無許可で変更したとき． **5.** 危険物の取扱作業に従事している危険物取扱者が，免状の返納命令を受けたとき．
9	法令に定める定期点検の点検記録簿に記載しなければならない事項として，規則に定められていないものは，次のうちどれか．	**1.** 点検をした製造所等の名称 **2.** 点検の方法及び結果 **3.** 点検年月日 **4.** 点検を行った危険物取扱者もしくは危険物施設保安員または点検に立ち会った危険物取扱者の氏名 **5.** 点検を実施した日を市町村長等へ報告した年月日
10	法令上，危険物取扱者以外の者の危険物の取扱いについて，次のうち**誤っているもの**はどれか．	**1.** 製造所等では，甲種危険物取扱者の立会いがあれば，すべての危険物を取り扱うことができる． **2.** 製造所等では，第1類の免状を有する乙種危険物取扱者の立会いがあっても，第2類の危険物の取扱いはできない． **3.** 製造所等では，丙種危険物取扱者の立会いがあっても，危険物を取り扱うことはできない． **4.** 製造所等以外の場所では，危険物取扱者の立会いがなくても，指定数量未満の危険物を市町村条例に基づき取り扱うことができる． **5.** 製造所等では，危険物取扱者の立会いがなくても，指定数量未満であれば危険物を取り扱うことができる．

危険物に関する法令		
	問い	選択肢
11	法令上，危険物保安監督者を定めなければならない製造所等に該当するものとして，次のうち**正しいもの**はどれか．	**1.** 指定数量の倍数が30の屋外貯蔵所 **2.** 指定数量の倍数が30を超える危険物を容器に詰め替える一般取扱所 **3.** 指定数量の倍数が30を超える移動タンク貯蔵所 **4.** 指定数量の倍数が30を超える引火点が40℃以上の第4類の危険物のみを取り扱う販売取扱所 **5.** 指定数量の倍数が30を超える引火点が40℃以上の第4類の危険物のみを貯蔵する屋内タンク貯蔵所
12	法令上，危険物の取扱作業の保安に関する講習について次のうち**正しいもの**はどれか．	**1.** 危険物施設保安員は，すべてこの講習を受けなければならない． **2.** 危険物保安監督者に選任されている危険物取扱者のみが，この講習を受けなければならない． **3.** 危険物取扱者であっても，現に危険物の取扱作業に従事していない者は，この講習を受ける必要はない． **4.** 危険物取扱者は，すべてこの講習を受けなければならない． **5.** 危険物の取扱作業に現に従事している者のうち，法令に違反した者のみが，この講習を受けなければならない．
13	法令上，危険物の貯蔵の技術上の基準について，移動タンク貯蔵所に備え付けておかなければならない書類に**該当しないもの**は，次のうちどれか．	**1.** 完成検査済証 **2.** 定期点検の記録 **3.** 譲渡または引渡届出書 **4.** 危険物保安監督者選任・解任届出書 **5.** 品名，数量または指定数量の倍数変更届出書
14	法令上，運搬容器の外部に表示する注意事項として，次のうち**正しいもの**はどれか．	**1.** 第2類の危険物にあっては，「衝撃注意」 **2.** 第3類の危険物にあっては，「火気・衝撃注意」 **3.** 第4類の危険物にあっては，「火気厳禁」 **4.** 第5類の危険物にあっては，「取扱注意」 **5.** 第6類の危険物にあっては，「火気注意」

危険物に関する法令		
問い		選択肢
15	法令上，顧客に自ら自動車等に給油させる取扱所の構造および設備の技術上の基準として，次のうち**誤っているもの**はどれか．	**1.** 当該給油取扱所へ進入する際，見やすい箇所に顧客が自ら給油等を行うことができる旨の表示をしなければならない． **2.** 顧客用固定給油設備は，ガソリンおよび軽油相互の誤給油を有効に防止することができる構造としなければならない． **3.** 顧客用固定給油設備の給油ノズルは，自動車等の燃料タンクが満量となったときに給油を自動的に停止する構造としなければならない． **4.** 固定給油設備には，顧客の運転する自動車等が衝突することを防止するための対策を施さなければならない． **5.** 当該給油取扱所は，建築物内に設置してはならない．

基礎的な物理学および基礎的な化学　10問中6問以上で合格		
問い		選択肢
16	一酸化炭素と二酸化炭素の性質の比較について，次のうち**誤っているもの**はどれか．	［一酸化炭素］　［二酸化炭素］ **1.** 毒性が強い　毒性は弱い **2.** 空気より重い　空気より軽い **3.** 液化しにくい　液化しやすい **4.** 水に溶けにくい　水によく溶け **5.** 燃える　燃えない
17	可燃性の物質の燃えやすい条件として，次の組合せのうち**正しいもの**はどれか．	発熱量　酸化しやすさ　周囲の温度　熱伝導率 **1.** 小　しやすい　高い　小 **2.** 小　しやすい　高い　大 **3.** 大　しにくい　低い　大 **4.** 大　しやすい　高い　小 **5.** 大　しにくい　低い　小

基礎的な物理学および基礎的な化学		
	問い	選択肢
18	次の自然発火に関する文章の(A)～(E)に当てはまるものの組合せはどれか. 「自然発火とは,他から火源を与えなくても,物質が空気中で常温(20℃)において自然に(A)し,その熱が長時間蓄積されて,ついに(B)に達し,燃焼を起こすに至る現象である.自然発火性を有する物質が,自然に発火する原因として,(C),(D),吸着熱,重合熱,発酵熱などが考えられる.(E)の中には,不飽和性のために空気中の酸素と結合しやすく,放熱が不十分なとき温度が上がり,ついには発火するものがある.」	A　B　C　D　E **1.** 発熱　引火点　分解熱　酸化熱　セルロイド **2.** 酸化　発火点　燃焼熱　生成熱　セルロイド **3.** 発熱　発火点　酸化熱　分解熱　動植物油 **4.** 酸化　燃焼点　燃焼熱　生成熱　セルロイド **5.** 発熱　引火点　分解熱　酸化熱　動植物油
19	「ガソリンの燃焼範囲の下限値が1. 4 vol%である.」このことについて**正しく説明しているもの**はどれか.	**1.** 空気100ℓにガソリン蒸気が1.4ℓを混合した場合は点火すると燃焼する. **2.** 空気100ℓにガソリン蒸気が1.4ℓを混合した場合は点火してから長時間放置すれば自然発火する. **3.** 内容積100ℓの容器中に空気1.4ℓとガソリン蒸気98.6ℓの混合気体が入っている場合は点火すると燃焼する. **4.** 内容積100ℓの容器中にガソリン蒸気1.4ℓと空気98.6ℓの混合気体が入っている場合は点火すると燃焼する. **5.** ガソリン蒸気100ℓに空気1.4ℓを混合する場合は点火すると燃焼する.

基礎的な物理学および基礎的な化学		
	問い	選択肢
20	燃焼等について，次のうち**正しいもの**はどれか．	**1.** 可燃性固体の燃焼では空気中の酸素濃度を高くすれば燃焼が激しくなる． **2.** 可燃性液体のように発生した蒸気がそのまま燃焼することを内部（自己）燃焼という． **3.** 沸点の高い可燃性液体には引火点がない． **4.** 木炭，コークスなどの燃焼を分解燃焼という． **5.** 分子内に酸素を含んでいる物質の燃焼を表面燃焼という．
21	静電気に関する次の記述のうち**誤っているもの**はどれか．	**1.** 一般に静電気は異なる2つの物質の摩擦により発生する． **2.** 静電気が蓄積すると火花放電を生じる． **3.** 静電気は湿度が低いほど発生しやすく，蓄積されやすい． **4.** 静電気の蓄積防止方法として接地（アース）する方法がある． **5.** 物質に静電気が蓄積すると発熱し，その物質を蒸発しやすくなる．
22	比熱の説明として，次のうち**正しいもの**はどれか．	**1.** 物質1gの温度を1Kだけ高めるのに必要な熱量である． **2.** 物質が水を含んだとき発生する熱量である． **3.** 物質1gが液体から気体に変化するのに必要な熱量である． **4.** 物質に1J（ジュール）の熱を加えたときの温度上昇の割合である． **5.** 物質を圧縮したとき発生する熱量である．
23	単体，化合物および混合物の組合せとして，次のうち**正しいもの**はどれか．	単体　化合物　混合物 **1.** 硫黄　アンモニア　軽油 **2.** カリウム　硫黄　ガラス **3.** アンモニア　エタノール　空気 **4.** 銅　硫黄　塩化ナトリウム **5.** 酸素　空気　ジエチルエーテル

基礎的な物理学および基礎的な化学		
	問い	選択肢
24	物理変化と化学変化についての記述で, 次のうち**誤っているもの**はどれか.	**1.** 固体のドライアイスが気体の二酸化炭素に変化するのは化学変化である. **2.** 鉄が空気中で錆びるのは, 化学変化である. **3.** ガソリンが燃焼して二酸化炭素と水ができるのは, 化学変化である. **4.** ニクロム線に電流を流すと発熱するのは, 物理変化である. **5.** 鉛を加熱すると溶けるのは, 物理変化である.
25	炎色反応の組合せとして, 次のうち**誤っているもの**はどれか.	**1.** リチウム …………… 赤色 **2.** ナトリウム ………… 青紫色 **3.** カリウム …………… 赤紫色 **4.** バリウム …………… 黄緑色 **5.** 銅 …………………… 青緑色

危険物の性質ならびにその火災予防および消火の方法　10問中6問以上で合格		
	問い	選択肢
26	第1類から第6類の危険物の性状について, 次のうち**正しいもの**はどれか.	**1.** 1気圧において, 常温(20℃)で引火するものは, すべて危険物である. **2.** すべての危険物には, 引火点がある. **3.** 危険物は, 必ず燃焼する. **4.** すべて危険物は, 分子内に炭素, 酸素または水素のいずれかを含有している. **5.** 危険物は, 1気圧において常温(20℃)で固体または液体である.
27	アクリル酸の性質について, **誤っているもの**はどれか.	**1.** 無色透明の液体である. **2.** 引火点は20℃より高い. **3.** 重合体のポリアクリル酸になったとき, 非常に爆発性が高くなる. **4.** 酸化性物質が混入すると発火の危険性がある. **5.** エチルアルコールやジエチルエーテルによく溶ける.

危険物の性質ならびにその火災予防および消火の方法		
	問い	選択肢
28	第1石油類の危険物を貯蔵および取り扱う場合の火災予防について，次のうち**誤っているもの**はどれか．	**1.** 静電気の発生を少なくするために，危険物を取り扱う場合の流動，ろ過などは短時間に速度を上げて行う． **2.** 液体から発生する蒸気は，地上をはって離れた低いところにたまることがあるので，周囲の火気に気を付ける． **3.** 取扱作業をする場合は，電気絶縁性のよい靴やナイロンその他の化学繊維などの衣類は着用しない． **4.** 貯蔵および取扱いは，換気を十分に行う． **5.** 貯蔵倉庫内の電気設備は，すべて防爆構造のものを使用する．
29	メチルアルコールやアセトンなど，水溶性液体が大量に燃えているときの消火方法として，次のうち**最も適切なもの**はどれか．	**1.** 乾燥砂を散布する． **2.** 水溶性液体用泡消火薬剤（耐アルコール泡）を放射する． **3.** 棒状の強化液を放射する． **4.** 棒状の水を放射する． **5.** 膨張ひる石または膨張真珠岩を散布する．
30	自動車用ガソリンの性状として，次のうち**誤っているもの**はどれか．	**1.** 水に溶けない． **2.** 燃焼範囲はおおむね1～8 vol%である． **3.** 無色・無臭の液体である． **4.** 発火点は約300℃である． **5.** 静電気が蓄積しやすい．
31	第4類の危険物の一般的性状について，次のうち**誤っているもの**はどれか．	**1.** 引火点を有する液体である． **2.** 液温が－40℃以下で引火するものもある． **3.** 水に溶けるものもある． **4.** 蒸気は燃焼範囲を有し，この下限界に達する液温が低いものほど引火しにくい． **5.** 発火点以上の温度になると火源がなくても発火する．
32	軽油の性状について，次のうち**誤っているもの**はどれか．	**1.** 沸点が水より高い． **2.** 水より軽い． **3.** 蒸気が空気よりわずかに軽い． **4.** ディーゼル機関等の燃料に用いられる． **5.** 引火点が45℃以上．

危険物の性質ならびにその火災予防および消火の方法		
問い		選択肢
33	ジエチルエーテルと二硫化炭素について，次のうち**誤っているもの**はどれか.	**1.** どちらも燃焼範囲は，極めて広い. **2.** どちらも発火点はガソリンより低い. **3.** どちらも水より重い. **4.** ジエチルエーテルの蒸気は麻酔性，二硫化炭素の蒸気には毒性がある. **5.** どちらも二酸化炭素，ハロゲン化物などの消火剤が有効である.
34	重油について，次の説明のうち**誤っているもの**はどれか.	**1.** 水に溶けない. **2.** 水より重い. **3.** 日本産業規格では，第1種（A重油），第2種（B重油），及び第3種（C重油）に分類される. **4.** 発火点は100℃より高い. **5.** 第3種重油の引火点は70℃以上である.
35	トルエン(トリオール)について，次のうち**誤っているもの**はどれか.	**1.** 無色の液体で水より軽い. **2.** 水に可溶である. **3.** 蒸気は空気より重い. **4.** 芳香族特有の香りをもつ. **5.** 揮発性がある.

模擬試験　解答

危険物に関する法令　　15問中9問以上で合格

問1 法別表第1の性質欄に掲げる危険物には気体はない.　**答 1**

問2 自衛消防組織を設置している事業所でも予防規程を定める.　**答 2**

問3 灯油 $\frac{500\,\ell}{1\,000\,\ell}$ ＋ガソリン $\frac{100\,\ell}{200\,\ell}$ $= 0.5 + 0.5 = 1$…指定数量以上　**答 1**

問4 保安距離は一般取扱所，製造所，屋外タンク貯蔵所，屋外貯蔵所，屋内貯蔵所で必要である.　**答 4**

問5　**答 4**
×1. 消火設備は，第1種から第5種までに区分されている.
×2. 第4類の危険物に適応する消火設備を第4種という意味ではない.
×3. 小型の消火器は，第5種の消火設備である.
○4. 乾燥砂は，第5種の消火設備である.
×5. 泡を放射する大型の消火器は，第4種の消火設備である.

問6 仮使用の説明として正しい文章は「2」である.　**答 2**

問7 移動タンク貯蔵所（タンクローリー）により危険物を移送する場合は危険等級にかかわらず危険物取扱者が乗車する.　**答 2**

問8 危険物の取扱作業に従事している危険物取扱者が，免状の返納命令を受けたとしても製造所等の使用停止には該当しない.　**答 5**

問9 定期点検の点検記録簿に記載しなければならない事項は①点検した製造所等の名称　②点検年月日　③点検方法と結果　④点検を行った者または点検に立ち会った危険物取扱者の氏名で，点検を実施した日を市町村長等へ報告した年月日は点検記録簿に記載する規則に定められていない.　**答 5**

問10 製造所等では，危険物取扱者以外の者が危険物を取り扱う場合，指定数量未満でも危険物取扱者の立会いが必要である.　**答 5**

問11　**答 2**
×1. 指定数量の倍数が30を超える場合は危険物保安監督者を定めるが，30以下は定めない.
※指定数量の倍数が30であるため，30以下に該当する.
○2. 指定数量の倍数が30を超える一般取扱所は定める.
×3. 移動タンク貯蔵所は指定数量に関係なく定めない.
×4. 引火点が40℃以上の第4類の危険物のみ取り扱い，指定数量の倍数が30を超える販売取扱所では定めない.
×5. 引火点が40℃以上の第4類の危険物のみ貯蔵し，指定数量の倍数が30を超える屋内タンク貯蔵所では定めない.

問12 ×1. 無資格者の危険物施設保安員であれば，講習を受ける必要はない. **答 3**
×2. 危険物保安監督者に選任されている危険物取扱者のみではなく，製造所等で従事している危険物取扱者に受講義務がある.
○3. 危険物取扱者であっても，現に危険物の取扱作業に従事していない者は，この講習を受ける必要はない.
×4. 製造所等で従事していない危険物取扱者に受講の義務はない
×5. 違反者のための講習ではない

問13 危険物の貯蔵の技術上の基準について，移動タンク貯蔵所に備え付けておかなければならない書類は①譲渡・引き渡し届出書　②品名・数量または指定数量の倍数変更届出書　③完成検査済証　④定期点検記録簿　※コピーは不可！！ **答 4**

問14 第4類危険物のすべてに「火気厳禁」の注意事項を表示する掲示板が必要である. **答 3**
1. 「衝撃注意」…第5類
2. 「火気・衝撃注意」…第1類
3. 「火気厳禁」…第2類（引火性固体），第3類（自然発火性物質），第4類，第5類
4. 「取扱注意」…該当なし
5. 「火気注意」…第2類（鉄粉，金属粉，マグネシウム，これらの含有品，引火性固体のものを除くその他のもの）

問15 給油取扱所は建築物内に設置できる．顧客に自ら給油等をさせる給油取扱所でも，基本的に屋外給油取扱所や屋内給油取扱所と同じ基準が適用されるため，建築物内に設置できる. **答 5**

基礎的な物理学および基礎的な化学　10問中6問以上で合格

問16 一酸化炭素は空気より軽く，二酸化炭素は空気より重い. **答 2**

問17 可燃性の物質の燃えやすい条件は下記の通りである. **答 4**

発熱量	酸化しやすさ	周囲の温度	熱伝導率
大	しやすい	高い	小

問18 「自然発火とは，他から火源を与えなくても，物質が空気中で常温（20℃）において自然に（A発熱）し，その熱が長時間蓄積されて，ついに（B発火点）に達し，燃焼を起こすに至る現象である．自然発火性を有する物質が，自然に発火する原因として，（C酸化熱），（D分解熱），吸着熱，重合熱，発酵熱などが考えられる．（E動植物油）の中には，不飽和性のために空気中の酸素と結合しやすく，放熱が不十分なとき温度が上がり，ついには発火するものがある.」 **答 3**

問19 蒸気1.4ℓ÷(蒸気1.4ℓ＋空気98.6ℓ)×100＝1.4 vol%と燃焼範囲内であるため点火すると燃焼する. **答 4**

問20	○1．空気中の酸素濃度を高くすれば燃焼が激しくなる． ×2．発生した蒸気がそのまま燃焼することを蒸発燃焼という． ×3．沸点の高い可燃性液体でも引火点はある． ×4．木炭，コークスは表面燃焼である． ×5．分子内に酸素を含んでいる物質の燃焼を内部（自己）燃焼という．	答 1
問21	物質に静電気が蓄積しても発熱も蒸発もしない．	答 5
問22	比熱とは，物質1 gの温度を1 K（ケルビン）だけ高めるのに必要な熱量のこと．	答 1
問23	単　体：硫黄，カリウム，銅，酸素 化合物：アンモニア，エタノール，塩化ナトリウム，ジエチルエーテル 混合物：軽油，ガラス，空気	答 1
問24	固体のドライアイスが気体の二酸化炭素に変化することは昇華という物理変化である．	答 1
問25	ナトリウムの炎色反応は黄色である．炎色反応では特に，ナトリウム：黄色　カリウム：赤紫色　ストロンチウム：紅（深赤）色の3つを暗記	答 2

危険物の性質ならびにその火災予防および消火の方法　10問中6問以上で合格

問26	危険物は，1気圧において常温（20℃）で固体または液体である．	答 5
問27	アクリル酸は重合しやすいため火災や爆発を生じることがあるが，ポリアクリル酸になると爆発性が低くなる．なお，ポリアクリル酸は，主に医薬品の原料や水系の増粘剤として用いられ，工業的にも広く利用されている．	答 3
問28	静電気の発生を少なくするために流動などの速度を下げる．	答 1
問29	乾燥砂，膨張ひる石，膨張真珠岩は小規模火災に適する．問題文より，水溶性液体の大規模火災であるため，水溶性液体用泡消火薬剤（耐アルコール泡）が最適である．	答 2
問30	自動車用ガソリンはオレンジ色に着色されていて，石油の特有なにおいを有する．なお，工業用ガソリンは無色である．	答 3
問31	燃焼範囲の下限界に達する液温が低いものほど早く引火する．	答 4
問32	軽油の蒸気は空気より重い（乙種4類の危険物の可燃性蒸気はすべて空気より重い）．	答 3
問33	二硫化炭素の比重は1.3で水より重く，ジエチルエーテルの比重は0.7で水より軽い．	答 3
問34	重油の比重は0.9〜1.0で水より軽い．	答 2
問35	トルエンは第1石油類の非水溶性である．	答 2

リズムに合わせて覚えよう♪

性質　危険物の性質ならびにその火災予防および消火の方法

♪歌　詞♪

性質の歌詞

●共通問題●

みまんはかさい　いじょうはせいれい
未満は火災　以上は政令
はじまるよ!

三カ年　ハッカ水　引火事故　無残
固　固　固　液　液　液
3　5　かぶって　ふねんでさんど

「ア～」溶けちゃったよ　水溶性
さくさん　ピリッと
プロプロ　グリグリ

乙4消火は　窒息消火
油に水はかけちゃだめ
電気に水もかけちゃだめ

●性質問題●

○特殊な引火で　いいんかな
燃焼範囲は　広範囲
特殊隊員 プロのレン
二流と言われて焦ってる
二硫化炭素は　水中　貯蔵

○第1石油　の　給料は
初任給で　21万
ガリベン ゼンゼン　平均点 トルエン
作戦エッチに
ぎいさんエッチで　メチャイケル
とけちゃう　あせが　ピッリピリ

歌詞の説明

性質の説明

●共通問題●

指定数量未満の危険物を貯蔵し，取扱う場合は火災予防条例（市町村条例）に従い，指定数量以上は危険物の規制に関する政令に従う

危険物は1類から6類の順に酸化性，可燃性，自然発火性及び禁水性，引火性，自己反応性，酸化性となる

水溶性は頭文字に「ア」がつく危険物と酢酸，ピリジン，酸化プロピレン，プロピオン酸，グリセリン，エチレングリコールが水溶性

第4類の危険物には　窒息消火が有効であるが，水をかけると火面が広がり危険．また，電気火災に水をかけると感電するおそれがあり危険

●性質問題●

○特殊引火物
燃焼範囲は　広範囲 で 特殊引火物には
酸化プロピレン　二硫化炭素　アセトアルデヒド　ジエチルエーテルがある
二硫化炭素は　水中に貯蔵する

○第1石油類　引火点が21℃未満
非水溶性にはガソリン　ベンゼン　ヘキサン　トルエン　酢酸エチル　ぎ酸エチル　メチルエチルケトン　がある
水溶性には　アセトン　ピリジン　がある

♪歌　詞♪	歌詞の説明
○あるこー　あるこー　アルコール 炭素数は　1から3 メチルどくどく　エチルどくなし プロピル　プロピル　イソプロパ アがつくからみんなとけちゃう	○アルコール類 炭素数は1個から3個までの水溶液で　アルコール類には，毒性があるメチルアルコールやイソプロピルアルコール(別名イソプロパノール)と毒性がないエチルアルコールやn−プロピルアルコールがあり，頭文字に「ア」がつくため水溶性
○第2石油　は　70万 2頭の豚のる　騎士のレン とクロロ便ぜんぜん 出なくて便秘気味 ほっとけー　(ほっ灯油　軽油)	○第2石油類　引火点が21℃以上70℃未満 第2石油類の非水溶性：1−ブタノール キシレン クロロベンゼン　灯油 軽油
時計ちゃうちゃう　とけいちゃう	とけいちゃう=とけちゃう=水溶性
台にアクリルつける　プロのオンナ 名は　サクさん	第2石油類の水溶性：アクリル酸　プロピオン酸　酢酸
○第3石油　は　200万 ダイさんの　クレヨンそーっと 自由に取ろう兄の名前がリン　だよん	○第3石油類　引火点が70℃以上200℃未満 第3石油類の非水溶性：クレオソート油　重油　ニトロベンゼン　アニリン
とけちゃう　とけちゃう　とろけちゃう	とけちゃう=水溶性
エチレングリグリ　グリセリン 重油以外は全部重い	第3石油類の水溶性：エチレングリコール グリセリン 重油は水より軽く浮くが，それ以外の第3石油類は水より重いものが多い
○第4石油　は　250万 歯石とり来て　ぎゃー　しり いっター　切っちゃった	○第4石油類　引火点が200℃以上250℃未満 第4石油類：ギヤー油　シリンダー油　タービン油　切削油
○動物　植物　油ぶつぶつ アヤシい油で	○動植物油 動植物油類：アマニ油(乾性油)ヤシ油(不乾性油)
かんせいゆ ヨウ素価大きく自然に発火	乾性油は　ヨウ素価が大きいため　自然発火しやすい

法令　危険物に関する法令

♪歌　詞♪ 法令の歌詞	歌詞の説明 法令の説明

得意パンチある兄さん指導 こぶし　ワンツー六千　万 休肝日の　水曜日なら ファイトマネーが　かける　2倍 バイスは　象すら　知っている	指定数量の語呂合わせで，特殊引火物50ℓ，第1石油類200ℓ，アルコール類400ℓ，第2石油類1,000ℓ，第3石油類2,000ℓ，第4石油類6,000ℓ，動植物油10,000ℓ，アルコールを除く水溶性は2倍 指定数量の倍数＝貯蔵量／指定数量
免状種類は　甲　乙　丙 甲は最高　無敵の評価 乙は1から6までで 性質種類も異なっちゃう 丙は4類一部だけ 丙種は取扱いの立会いができないぜ	危険物取扱者の免状の種類は甲種，乙種1類～6類，丙種があり，甲種は危険物のすべてを取り扱うことができる．丙種は乙種4類の一部を取り扱うことができる．丙種は無資格者に対して取扱いの立会いはできない
講習　免許は　県知事よ 書き換え写真は10年経過 亡失発見10日以内	保安講習と免許関連は都道府県知事等の仕事で，免状の写真が撮影から10年経過したときは書き換えが必要，無くした免状が見つかった場合も10日以内に都道府県知事等に提出する
保安講習3年1回3年1回　従事しながら受講しよう新入社員は1年生	保安講習は，継続して従事している方は3年以内ごと，新たに従事する方は1年以内に受講する
保安監督　6ヶ月 丙種は絶対なれないよ～	危険物保安監督者は6ヶ月以上の実務経験がある甲種または乙種の危険物取扱者から所有者等が選任し遅滞なく市町村長等に届出
移動タンク　に　監督者は　いらないぜ	移動タンク貯蔵所には危険物保安監督者は選任しない
統括管理者　免許なし 施設保安員　免許なし 象が　いっぱい　いそう な所に　選任	危険物保安統括管理者と危険物施設保安員には免許は必要なしで，選任が必要な製造所は，製造所，一般取扱所，移送取扱所
ほゆうくうちとほあんきょり 一般に　象　がいたんなら 外　いない	保有空地と保安距離：一般取扱所，製造所，屋外タンク貯蔵所，屋外貯蔵所，屋内貯蔵所で必要

♪歌　詞♪	歌詞の説明
1　2の3　で銃口ガビョーン♪ 50は重要文化財 3えむ7千　5えむはサイコーVサイン	保安距離：10m一般住宅，20m高圧ガス，30m学校　病院，50m重要文化財，3m特別高圧架空電線7,000V超，5m特別高圧架空電線35,000V超
予防規程は　認可だけ　市町が認可の ガソスタ　移送と　空地の5施設	予防規程にのみ認可というワードが使われて，必要な施設は給油取扱所，移送取扱所に追加して，保有空地が必要な5施設
定期点検　1年1回　1年1回 　3年間だけ　保存しよー	定期点検は1年に1回以上実施し，点検記録簿を3年間保存する
施設保安員　免許なくても 　点検できちゃう	危険物施設保安員は　免状がなくても　定期点検を実施できる
無資格者だって　立会いあったら 　点検できちゃう	無資格者は危険物取扱者の立会いがあれば定期点検を実施できる
丙種だって　点検だったら 　立ち会えちゃう	丙種も定期点検の立会いができる 　※無資格者の施設保安員は立合い不可
点検義務なし 内タン　簡タン　販売所 　イエイ	定期点検の義務がない施設：屋内タンク貯蔵所，簡易タンク貯蔵所，販売取扱所
頭に仮つく　かりしょうにん 　予防規程は　認可だけ 　　仮なら　承認 　　　他は許可♪ 　にんか　に　しょうにん 　　あとは　きょか	頭文字に仮がつく「仮貯蔵・仮取扱い」と「仮使用」があるが，10日以内の期間のみ仮貯蔵・仮取扱いするときは消防署長等に承認を受ける．仮使用は，変更工事に無関係の部分を仮に使用するため市町村長等に承認を受ける
ひんめい　すうりょう　10日前	品名・数量の変更は10日前までに市町村長等へ届出する
ただちに　乗 船 開 始 しよう	市町村長等に遅滞（ただちに）なく手続きが必要なキーワードは譲渡（じょう）　選任（せん）　解任（かい）　廃止（し）
使用停止の命令は　危険の度合い 　で判断しよう 使用停止は　監督者 　選任　業務を　やってな～い	市町村長等から命令される使用停止命令は危険の度合いで判断するとわかりやすい．使用停止命令は危険物保安監督者や危険物保安統括管理者が関わる内容が使用停止となることもある

♪歌　詞♪	歌詞の説明
製造所には地下室ない 屋根は不燃　窓は網入り 換気するとき高所へ排気 数量10倍　避雷針	製造所に地階は設けてはならず屋根は不燃性の材質，窓は網入りガラスを使用し，換気するときは低所から高所へ排気する．指定数量10倍以上を製造する場合は避雷針が必要
屋内貯蔵は原則　平家 屋根は不燃で天井なし 軒6　床1,000　収納高さは3メートル 屋外貯蔵のラッキーナンバー「3」と「6」 引火　マイナス　貯蔵できん	屋内貯蔵所は原則，専用の平家建て．屋根は不燃材料で天井はない．軒高6m未満，床面積が1,000m^{2}以下，収納高さ3m以下 屋外貯蔵所では，積み重ね高さや保有空地の幅が3mや6mが使用されている．引火点が0℃未満の危険物は貯蔵することができない
内タン貯蔵は　平家かチェック 内タン容量　40倍 乙4タンクは2万円 床に傾斜　窓は網入り 平家以外には窓はない 原則　平家の専用室	屋内タンク貯蔵所のタンクの容量は指定数量の40倍以下．ただし，一部を除く第4類の危険物は20,000ℓ以下．床に傾斜があり，タンク専用室の窓は網入りガラスを使用する．平家建て以外なら窓を設けない．屋内タンクは原則，平家建ての建築物に設けた，タンク専用室に設置する
外タン　けいさつ　110番	屋外タンク貯蔵所の防油堤の容量はタンク容量の110％以上
いっきに　600かんたん　かんたん	簡易タンク貯蔵所のタンクの容量は1基あたり600ℓ以下
いどたん いどたん いどたん いどたん いどたん いどたん いどたん いどたん いどたん3まん　まじきり4千 ぼうはは2千のタンクローリー 丙種だって移送できるよへっちゃらさ	移動タンク貯蔵所のタンクの容量は30,000ℓ以下とし，内部に4,000ℓ以下ごとに間仕切りを設け，防波板は，容量が2,000ℓ以上のタンク室に設ける．移送する危険物を取り扱うことができる危険物取扱者が乗車する．丙種が取り扱える危険物ならば丙種でも移送できる．
いどたん　ちかたん　消火器　2こ　2こ いどたん　40詰め替える いどたん　未満は　エンジン停止 ジョージの書類は　上品に　完成された　定期券	移動タンク貯蔵所と地下タンク貯蔵所には消火器を2個以上常備する．移動タンク貯蔵所から液体の危険物を容器に詰め替えることはできないが，引火点40℃以上の重油などの第4類危険物を詰め替えることはできる．引火点40℃未満の危険物を注入するときは移動タンク貯蔵所のエンジンを停止する．移動タンク貯蔵所に常時備える書類：譲渡・引き渡し届

♪歌　詞♪	歌詞の説明
	出書，品名・数量または指定数量の倍数変更届出書，完成検査済証，定期点検記録簿
ガソスタは建物内にも設置できちゃう 飲食店 てん 展示場	給油取扱所は建物内にも設置できる．附帯する業務の用途ならば設置できる施設：飲食店，店舗，展示場，点検整備の作業場など
販売は　1種15に2種40， 1階にしか設置ダメ 配合できる配合室 いおうな塗料は塩素臭 容器に入れて販売だ	第1種販売取扱所は指定数量の15倍以下，第2種販売取扱所は指定数量の15倍を超えて40倍以下の危険物を，どちらも1階で取り扱う．配合や詰替えは配合室のみで行い，硫黄，塗料，塩素酸塩類のみ含有するものを容器に入れて販売する
消火設備は　イチゴ　がいない 　スープに　○（まる）　○（まる）　大　小　カキ	消火設備には1～5種まであり，順に　屋外　屋内　スプリンクラー　○○消火設備　大型　小型消火器となる
刑法　10条　いどタン除く ベル　かく　自動を 伝承しよう	警報設備は移動タンク貯蔵所を除く，指定数量10倍以上の危険物を貯蔵または取扱う製造所等に設ける．種類：非常ベル装置，拡声装置，自動火災報知設備，電話，警鐘
くず　かす　は 　1日　1回　掃き掃除	危険物のくず，かすの廃棄は1日1回以上
うんぱんに　めんきょなんて 　いらないよ	運搬は移動タンク貯蔵所を除く車両等に，規定の運搬容器に収納した危険物を運ぶことをいい，危険物取扱者は乗車しなくてもよい．ただし，運搬する者が無資格者の場合，積み下ろし時に危険物取扱者の立会いが必要
こんさい こんさい こんさい こんさい こんさい こんさい こんさい こんさい イチロー に四股 さして 4にサンゴ　5にしろい	運搬時に同一車両で異なった類の危険物が混載できる組合せは，「1類と6類」，「2類と4類と5類」，「3類と4類」，「4類と2類と3類と5類」，「5類と2類と4類」，「6類と1類」
注意事項の　花が咲いたわ（最多は） 　花器（火気）厳禁	製造所等で使用されている掲示板の注意事項は火気厳禁が多い

化学　基礎的な物理学および基礎的な化学

♪歌　詞♪ 化学の歌詞 	歌詞の説明 化学の説明 
燃焼条件　可燃　酸素と点火源 3つで燃える三要素	燃焼の三要素：可燃性物質（可燃物），酸素供給源，点火源（熱源）
静電気なら　点火源 電気流れず　たまってく 乾燥注意の静電気	静電気は燃焼の三要素のうちの一つの点火源になる．2種類の絶縁性を有するものや不導体を互いに摩擦すると蓄積しやすい．また，空気が乾燥しているときにも電気が流れにくい状況であるため蓄積されやすい
やすさがうりの伝導率	熱伝導率や電気伝導率といった伝導率は「熱の伝わりやすさ」や「電気の流れやすさ」の度合いの数値のこと
少年　ぶつぶつ　発がん批判か 熱で　引火の引火点	小さい（低い・少ない）ものほど燃えやすい数値や数量：沸点，発火点，含水量，比熱，燃焼範囲の下限値，熱伝導率，引火点
ぶんかい　もくざい ひょうめん　もくたん じょうはつねんしょう いようなふたり ガソリンだって　じょうはつしよう さんそもってる　じこねんしょう	燃焼の種類：分解燃焼（木材 石炭），表面燃焼（木炭 コークス） 蒸発燃焼（硫黄 ナフタレン ガソリン 灯油 軽油 重油 アルコール） 内部（自己）燃焼（ニトロセルロース セルロイド 酸素含有）
燃焼範囲じゃなきゃ燃えないぜ	可燃性蒸気と空気が一定の割合で混合したときに，点火源があれば燃焼する．この燃焼する濃度の範囲を燃焼範囲という．燃焼範囲内だと燃焼するが，燃焼範囲外であれば燃焼しない
火源で燃える　蒸気発生　引火点 火源なくても燃えちゃう　発火点	引火点は，点火したときに燃焼する蒸気を発生する最低の液温をいい，発火点は，点火しなくても自ら発火する最低の液温のこと
動物植物　自然に発火 布に　染み込み　酸化熱	動植物油の乾性油は布に染み込ませ積み重ねておくと酸化熱を蓄積し，その熱が発火点まで達すると自然発火する

♪歌　詞♪	歌詞の説明
除去は　ロウソク　ガスしめる 　なべ　ぶた　しめて　酸素　窒息 水で　熱取り　冷却消火 　酸化進まず　燃焼中断　抑制消火	除去消火とは可燃性蒸気や可燃物を除去し，窒息消火とは酸素の供給を遮断する．水には熱を取り去る冷却効果がある．抑制消火とは，酸化の進行を遅らせたり燃焼を中断させたりする
消火器シールを買いに行こう　油は黄色く　電気あお ハロゲン抑制　リン酸　万能 　霧状　強化　で　抑制効果 水には　冷却効果あり 　油にかけると　燃え広がる 泡で覆って　窒息効果 水溶性に泡消火は 　意味がないない　意味がな～い	消火器の標識色は　油火災用は黄色，電気火災用は青色，一般火災用に白色が使用される．ハロゲン化物消火剤には抑制効果があり，リン酸塩類は万能消火剤と呼ばれている．万能でも金属火災には不適応．霧状の強化液には冷却効果の他に抑制効果がある．冷却効果がある水を油火災に注水すると，油が水に浮いて火災が広がるおそれがある． 泡消火剤の普通泡で火面を覆うと窒息効果があるが，水溶性には普通泡の泡消火剤は効果がないため，耐アルコール泡消火薬剤を使う
あっつーしまった　やけどしたー やすさがうりの　熱伝導 　小さいものほど　たまって燃える 温まると　ぷかぷか　浮かび 　冷たい部分が降下し　対流 ストーブあちち 太陽ぎらぎら　放射熱 冷たいものが　あったまったら 　量　増えたたたの　体膨張	熱量の式は　熱量（あっつー）＝c（し）・m（まっ）・t（た）　である．熱伝導は熱の伝わりやすさを表す数値で熱伝導率が小さいほど燃えやすい．対流とは気体や液体が熱せられると軽くなり上へ移動し，冷たい部分がさがる熱の流れをいう．燃料を燃やしているストーブや太陽などの高温物体は放射熱を出している 体膨張とは，物体の温度が上がることで体積が増えることをいう
風解サラサラ　潮解ベトベト	風解とは水分を失いサラサラになり，潮解とは水分を吸収してベトベトになる現象のこと
物質の三態変化は　物理変化 ぎゅーっと　凝固　　ぱっと　融解 　ひらひら上へ　気化　蒸発	物質の三態は物理変化で，凝固，融解，気化，蒸発などがある

♪歌　詞♪	歌詞の説明
ぷくぷく蒸発開始の沸点 水は100℃で1気圧 　外圧高けりゃ 　沸点上がって　食塩溶かせば 　沸点上がる　外圧　塩分 　アップで　アップのアップップーッ	沸点は，沸騰を開始する温度のことで，水は1気圧のとき100℃で沸騰する．外圧が高くなると沸点も高くなり，食塩などの不純物が溶け込んだときにも沸点は上がる
単体物質　周期表 水平　リーベ　僕の船 七曲がり　シップス　クラークか 化合物なら2種類(以上)結合 　ごちゃごちゃ混ざった　混合物 酸素は燃えない　四年生(支燃性) 　二酸化炭素は不燃性 　毒性ないけど窒息注意	物質の種類には，単体，化合物，混合物の3種類があり，単体とは周期表にある1種類の元素でできたものをいう．化合物とは2種類以上の元素が結合した物質のことをいい，混合物とは単体や化合物が混ざりあってできた物質のことをいう．酸素自体は燃えず，燃えるのを助ける支燃性がある．二酸化炭素は燃えず，毒性もないが窒息に注意
化学変化は　どんなへんか? さんかかんげん　ちゅうわかごう 　ぶんかいねんしょう 　じゅうしゅくごう 　酸化　還元　同時に起こる 　チュウはナナちゃん　チュウをせい	化学変化には，酸化，還元，中和，化合，分解，燃焼，重合，縮合がある．酸化と還元は同時に起こる．中和は酸性の物質と塩基性の物質とが反応して中性になり，pHは水と同じ7
延性　展性　金属光沢 　結合だって金属結合 熱や電気をよく通す 　比重が4以下　軽金属 一部は軽いが水で燃焼 一部　希硝酸　無反応	金属の性質：延性や展性，金属光沢があり金属結合でできている．熱や電気をよく通し，比重が4以下の金属を軽金属という．リチウム，カリウム，ナトリウムは水より軽いが水と反応し，燃焼や爆発する．金，白金，水銀などは希硝酸すら反応しない
大勝利　カカルナ 　曲がる亜鉛　手にすず 　　なまりひどすぎる 　　　ぱつきん　ヒーロー	イオン化傾向とは，金属が電子を放出し，陽イオンになる度合いのことをいい，大きい順に並べると以下のようになる． Li>K>Ca>Na>Mg>Al>Zn>Fe>Ni>Sn>Pb>(H_2)>Cu>Hg>Ag>Pt>Au.

索　引

索引

●サ　行●

索引

ラクしてうかる！乙４類危険物試験

2024 年 5 月 25 日　　第 1 版第 1 刷発行

編　　集　オーム社
発 行 者　村上和夫
発 行 所　株式会社 オーム社
郵便番号　101-8460
東京都千代田区神田錦町 3-1
電話　03(3233)0641(代表)
URL　https://www.ohmsha.co.jp/

組版　徳保企画　　印刷・製本　図書印刷
ISBN978-4-274-23081-3　Printed in Japan

消防法別表第１に掲げる第４類の危険物　乙種４類はココに該当！

品名	性質	主な物品名	特徴	指定数量
特殊引火物	非水溶性	二硫化炭素，ジエチルエーテル	ジエチルエーテル，二硫化炭素その他１気圧において，発火点が**100℃**以下のものまたは引火点が**−20℃**以下で沸点が**40℃**以下のものをいう．	**50 ℓ**
	水溶性	酸化プロピレン，アセトアルデヒド		
第１石油類	非水溶性	ガソリン，ベンゼン，n-ヘキサン，トルエン，酢酸エチル，ギ酸エチル，メチルエチルケトン	アセトン，ガソリンその他１気圧において，引火点が**21℃**未満のものをいう．	**200 ℓ**
	水溶性	アセトン，ピリジン，ジエチルアミン		**400 ℓ**
アルコール類	水溶性	メタノール，エタノール，n-プロピルアルコール，イソプロピルアルコール	１分子を構成する炭素の原子の数が**１個**から**３個**までの飽和**１価**アルコール（変性アルコールを含む）をいい，組成等を勘案して総務省令で定めるものを除く．	**400 ℓ**
第２石油類	非水溶性	灯油，軽油，n-ブチルアルコール，キシレン，クロロベンゼン	灯油，軽油その他1気圧において，引火点が**21℃**以上**70℃**未満のものをいい，塗料類その他の物品であって，組成等を勘案して総務省令で定めるものを除く．	**1,000 ℓ**
	水溶性	酢酸，プロピオン酸，アクリル酸		**2,000 ℓ**
第３石油類	非水溶性	重油，クレオソート油，アニリン，ニトロベンゼン	重油，クレオソート油その他１気圧において，引火点が**70℃**以上**200℃**未満のものをいい，塗料類その他の物品であって，組成等を勘案して総務省令で定めるものを除く．	**2,000 ℓ**
	水溶性	エチレングリコール，グリセリン		**4,000 ℓ**
第４石油類	非水溶性	ギヤー油，シリンダー油，タービン油	ギヤー油，シリンダー油その他１気圧において，引火点が**200℃**以上**250℃**未満のものをいい，塗料類その他の物品であって，組成等を勘案して総務省令で定めるものを除く．	**6,000 ℓ**
動植物油類	非水溶性	不乾性油…ヤシ油 半乾性油…ナタネ油 乾性油…アマニ油	動物の脂肉等または植物の種子もしくは果肉から抽出したものであって，１気圧において引火点**250℃**未満のものをいい，総務省令で定めるところにより貯蔵保管されているものを除く．	**10,000 ℓ**

※水にわずかに溶けるが、定義上は非水溶性に分類されているもの↓
　特殊引火物のジエチルエーテル，第１石油類の酢酸エチルとメチルエチルケトン
※指定数量とは，その危険性を勘案して政令で定められた数量で，全国同一である．

消防法別表第１に掲げる第４類の危険物の性状

品名	物品名	引火点 °C	発火点 °C	沸点 °C	燃焼範囲 vol%	液比重	蒸気比重	水溶性：水 or 非水溶性：非	色	臭い
特殊引火物	酸化プロピレン	−37	449	35	2.1~37	0.8	2.0	水	無色	エーテル
	二硫化炭素	−30以下	90	46	1.3~50	1.3	2.6	非	無色	不快
	アセトアルデヒド	−39	175	20	4.0~60	0.8	1.5	水	無色	刺激
	ジエチルエーテル	−45	160	35	1.9~36	0.7	2.6	非	無色	刺激
第1石油類	ガソリン	−40以下	約300	40~220	1.4~7.6	0.65~0.75	3~4	非	オレンジ着色	特有
	ベンゼン	−11	498	80	1.2~7.8	0.9	2.8	非	無色	芳香
	n-ヘキサン（ノルマルヘキサン）	−22	240	68.7	1.1~7.5	0.6	3.0	非	無色	特有
	トルエン	4	480	111	1.1~7.1	0.9	3.1	非	無色	特有
	酢酸エチル	−4	426	77	2.0~11.5	0.9	3.0	非	無色	果実
	ギ酸エチル	−20	440	54	2.7~16.5	0.9	2.6	非	無色	果実
	メチルエチルケトン	−9	404	80	1.4~11.4	0.8	2.5	非	無色	特異
	アセトン	−20	465	56	2.5~12.8	0.8	2.0	水	無色	特異
	ピリジン	20	482	115.5	1.8~12.4	0.98	2.7	水	無色	悪臭
アルコール類	メチルアルコール（メタノール）	11	464	64	7.0~37	0.8	1.1	水	無色	芳香
	エチルアルコール（エタノール）	13	363	78	3.3~19	0.8	1.6	水	無色	芳香
	n-プロピルアルコール（1-プロパノール）	23	412	97.2	2.1~13.7	0.8	2.1	水	無色	芳香
	イソプロピルアルコール（2-プロパノール）	12	399	82	2.0~12.7	0.8	2.1	水	無色	芳香
第2石油類	1-ブタノール（*n*-ブチルアルコール）	35~37.8	343~401	117	1.4~11.3	0.8	2.6	非	無色	芳香
	キシレン	32	463	138~144	0.9~7.0	0.9	3.7	非	無色	芳香
	クロロベンゼン	28	590	132	1.3~9.6	1.1	3.9	非	無色	特異
	灯油	40以上	220	145~270	1.1~6.0	0.8	4.5	非	無色	特有
	軽油	45以上	220	170~370	1.0~6.0	0.85	4.5	非	淡黄着色	特有
	アクリル酸	51	438	141	2.4~8.0	1.05	2.5	水	無色	刺激
	プロピオン酸	52	485	141	2.9~12.1	0.99	2.6	水	無色	刺激
	酢酸（氷酢酸）	39	463	118	4.0~19.9	1.05	2.1	水	無色	刺激
第3石油類	クレオソート油	74	336	200以上	無し	1.1	無し	非	黄色	刺激
	重油	60~150	250~380	300以上	無し	0.9~1.0	無し	非	暗褐色	特有
	ニトロベンゼン	88	482	211	1.8~40	1.2	4.3	非	淡黄色	芳香
	アニリン	70	615	185	1.2~11	1.01	3.2	非	淡黄色	特有
	エチレングリコール	111	398	198	3.2~15.3	1.1	2.1	水	無色	無臭
	グリセリン	160~199	370	291	無し	1.3	3.1	水	無色	無臭
第4石油類	ギヤー油	220程度	無し	無し	無し	0.9	無し	非	―	―
	シリンダー油	250程度	無し	無し	無し	0.95	無し	非	―	―
	タービン油	230程度	無し	無し	無し	0.88	無し	非	―	―
動植物油類	アマニ油（乾性油）	222	343	無し	無し	0.93	無し	非	―	―
	ヤシ油（不乾性油）	234	無し	無し	無し	0.91	無し	非	―	―